H. D. Motz / D. Groß · Mechanikaufgaben 3

# Mechanik-Aufgaben 3

## Kinematik und Kinetik

Prof. Dr. rer. sec. Dipl.-Ing. Heinz Dieter Motz
Prof. Dipl.-Ing. Dieter Groß

Die Deutsche Bibliothek – CIP-Einheitsaufnahme

**Mechanik-Aufgaben.** – Düsseldorf : VDI-Verl.
3. Kinematik und Kinetik / Heinz Dieter Motz ; Dieter Gross
– Neuausg., 1. Aufl. – 1992

NE: Motz, Heinz Dieter

Professor Dr. rer. sec. Dipl.-Ing. *Heinz Dieter Motz*
Professor Dipl.-Ing. *Dieter Groß*

Bergische Universität – Gesamthochschule Wuppertal
Fachbereich Maschinentechnik



ISBN-13: 978-3-642-95811-3 e-ISBN-13: 978-3-642-95810-6
DOI: 10.1007/ 978-3-642-95810-6

# Vorwort

Warum hatten die Söhne Johann Sebastian Bachs den unstrittigen Ruf, die größten Pianisten und Organisten ihrer Zeit zu sein? Begabung hin, Begabung her, – ein Geheimnis ihres Erfolges war die Lehrmethode ihres Vaters, der es mit dem Grundsatz hielt: Besser dreimal richtig und gut vorgespielt als dutzendemal falsch geübt. Wenngleich es hier nicht um Etüden, Fingersätze und Interpretationen geht, so kommt das Konzept der vorliegenden Aufgabensammlung dem Unterrichtsstil Bachs im Wesen nahe: Mit einigen Fragen, deren Antworten gegeben werden, wird auf die Problematik des jeweils folgenden Abschnitts aufmerksam gemacht, das Bekannte und Wesentliche wird rekapituliert. Anhand von Aufgaben mit ausführlichen Lösungen kann der Leser die Gedankengänge bei der Lösung konkreter Aufgabenstellungen nachvollziehen. So wird es ihm gelingen, die folgenden Aufgaben selbständig zu lösen.
Auch J. S. Bachs Söhne werden sich bei ersten Versuchen verspielt haben. Es sollte daher nicht entmutigen, wenn erste Übungen mühevoll sind. Die große Anzahl von Aufgaben eines jeden Abschnitts mag Garant dafür sein, daß sich nach Durcharbeit jeder der für sich typischen und originären Aufgaben dieser Sammlung von Kinematik- und Kinetikproblemen Routine und Gewandtheit im Umgang mit dynamischen Fragestellungen einstellen werden, die das Ziel allen Übens sind.
Bach dürfte seinen Kindern nicht gleich zu Beginn ihrer Studien die Englischen oder die Französischen Suiten vorgelegt haben, denn man kennt die kleinen Übungen im Notenbüchlein der Anna-Magdalena Bach. Selbst in der kleinsten Struktur sind die Elemente, ist das Wesentliche sichtbar – vielleicht gerade dort. Darum rümpfe niemand die Nase, wenn in diesem Buch auch einfache Grundaufgaben angesprochen werden. Diese gründlich zu bearbeiten und zu verstehen ist der Schlüssel zur weiteren Vervollkommnung.
Mit dem Erscheinen des nun vorliegenden dritten Bandes der „Mechanik-Aufgaben" liegen drei aktualisierte umfangreiche Aufgaben-Sammlungen zu den Teilgebieten Statik, Elastizitäts- und Festigkeitslehre und Kinematik/Kinetik vor. Das Lehrbuch „Ingenieur-Mechanik" von Prof. Dr. *Motz*, das 1991 im VDI-Verlag erschienen ist, bereitet den Stoff der Technischen Mechanik als Lernbuch auf. Lehrbuch und Aufgabensammlungen sind aufeinander abgestimmt und ergänzen sich. Aber nicht nur das Lehrbuch allein vermittelt dem Studenten und dem jungen Ingenieur eine sorgfältige Einführung in die Grundlagen und Anwendungen der Technischen Mechanik im Ingenieurbereich; auch die Aufgabensammlungen bereiten noch einmal in der gebotenen Kürze wiederholend die Grundlagen auf, um so zu eigenständigen Übungen anzuleiten. Somit sind die vier Bücher zwar eine Einheit, dennoch ist jeder Band in sich geschlossen.
Die Technische Mechanik hat in allen Technik-Studiengängen einen festen Platz und beansprucht auch im Curriculum eine große Anzahl von Semesterwochenstunden. Den sich daraus ergebenden Forderungen an die Vollständigkeit und auch an die Quantität des Übungsmaterials versuchen die vier Mechanik-Bände des VDI-Verlags gerecht zu werden. Die Stoffauswahl erfolgte darum sowohl im Hinblick auf die Anforderungen in Ingenieur-Studiengängen als auch mit dem Wunsch nach größtmöglichem Praxisbezug.
Dem VDI-Verlag danken wir für seine uneingeschränkte Unterstützung. Insbesondere danken die Autoren Herrn Dipl.-Ing. *Helmut Kurt* vom Lektorat, der mit seiner Mitarbeiterin abwicklungsmäßig die vier Mechanik-Lehrbücher betreute. Unser besonderer Dank gilt auch Herrn Dipl.-Ing. *Albert Cronrath*; er hat mit großer Sorgfalt Korrektur gelesen und Aufgaben nachgerechnet.

Wuppertal, August 1992

Prof. Dr. rer. sec. Dipl.-Ing. *Heinz Dieter Motz*
Prof. Dipl.-Ing. *Dieter Groß*

# Inhalt

# Verwendete Symbole

| Benennung | Formelzeichen | Einheiten (Beispiele) |
|---|---|---|
| Ableitung nach der Zeit | Beispiel: $\dot{s}$, $\ddot{s}$ | |
| Hauptachsen (HA) | 1, 2, 3 (auch als Index) | |
| Beschleunigung | $a$ | $m/s^2$ |
| Fläche | $A$ | $mm^2$, $cm^2$ |
| Winkelbeschleunigung | $\alpha$ | $1/s^2$ |
| Richtungswinkel | $\alpha$, $\beta$, $\gamma$ | Grad |
| Coriolisbeschleunigung | $a_{cor}$ | |
| Normalbeschleunigung, Zentripetalbeschleunigung | $a_n$ | $m/s^2$ |
| Tangentialbeschleunigung | $a_t$ | $m/s^2$ |
| Integrationskonstante | $C$ | |
| Federkonstante | $c$ | N/m, N/mm |
| Drehfederkonstante | $c_d$, $c_\varphi$, $c$ | Nm/grd |
| Differenz | $\Delta$ | |
| Abklingkonstante | $\delta$ | 1/s |
| differentiell kleine Größe | d (als Vorsatz) | |
| Durchmesser | $D$, $d$ | mm |
| Weg | $\Delta s$ | m |
| Energie, kinetische | $E$ | $kg\,m^2/s^2$, Nm |
| Elastizitätsmodul | $E$ | $N/mm^2$ |
| Biegesteifigkeit | $EI$, $EI_a$ | $N\,mm^2$ |
| Rotationsenergie (kinetische) | $R_{rot}$, $R_{Rot}$ | $kg\,m^2/s^2$, Nm |
| Translationsenergie (kinetische) | $E_{trans}$, $E_{T}^{r.}$ | $kg\,m^2/s^2$, Nm |
| Kraft | $F$ | N, kN |
| Federweg | $f$ | mm, m |
| Frequenz | $f$ | Hz, 1/s |
| Hebelarm des Rollwiderstandes | $f$ | mm, cm |
| Führungs-(Beschl., Geschw.) | F (als Index) | |
| Federkraft | $F_f$ | N |
| Gewichtskraft | $F_G$, $G$ | N, kN |
| Normalkraft | $F_N$, $N$ | N |
| Reibkraft | $F_R$, $R$ | N |
| Resultierende (Kraft) | $F_{Res}$ | N |
| Seilkraft | $F_S$, $S$ | N |
| Fliehkraft, Zentrifugalkraft | $F_Z$, $F_F$ | N |
| Erdbeschleunigung | $g$ | $m/s^2$ |
| Schwungmoment | $GD^2$ | $Nm^2$ |
| Wirkungsgrad | $\eta$ | |
| Höhe | $H$, $h$ | m |
| Flächenmoment 2. Ordnung (Flächenträgheitsmoment) | $I$ | $mm^4$, $cm^4$ |
| Trägheitsradius | $i$ | mm, m |
| axiales Flächenmoment 2. Ordnung | $I_a$, $I_y$, $I_z$ | $mm^4$, $cm^4$ |

| Benennung | Formel-zeichen | Einheiten (Beispiele) |
|---|---|---|
| polares Flächenmoment 2. Ordnung | $I_p$ | $mm^4$, $cm^4$ |
| Winkel (als Ort) | $\varphi$ | Bogenmaß, Grad |
| Massenträgheitsmoment | $J$ | $kg\,m^2$ |
| Dämpfungsgrad | $\vartheta$ | |
| Dämpfungskonstante | $k$ | N s/m, kg/s |
| Drehimpuls, Drall | $L$ | $kg\,m^2/s$ |
| Länge | $L, l$ | m |
| Masse | $m$ | kg |
| Moment | $M$ | N m, kN m |
| Kupplungsmoment, Kreiselmoment | $M_k$ | N m, kN m |
| Größtwert, Maximum | max (als Index) | |
| Kleinstwert, Minimum | min (als Index) | |
| reduzierte Masse | $m_{red}$ | kg |
| Reibzahl, Gleitreibzahl, Reibkoeffizient | $\mu$ | |
| Haftreibzahl | $\mu_0$ | |
| Fahrwiderstandszahl | $\mu_F$ | |
| Rollwiderstandszahl | $\mu_r$ | |
| Zapfenreibzahl | $\mu_Z$ | |
| Anzahl ganzer Umdrehungen | $N$ | |
| Drehzahl | $n$ | 1/min, $min^{-1}$ |
| normal, senkrecht | n (als Index) | |
| Momentanpol | P | |
| Leistung | $P$ | N m/s, kW |
| Impuls | $p$ | kg m/s |
| Krümmungsradius | $\varrho$ | mm, m |
| Radius | $r, R$ | mm, m |
| Ortsvektor | $\mathbf{r}$ | |
| Relativ-(Beschl., Geschw.) | rel (als Index) | |
| Ort | $s$ | mm, m, km |
| Schwerpunkt | S | |
| Zeit | $t$ | s, min |
| Schwingungszeit, Umlaufzeit | $T$ | s |
| tangential | t (als Index) | |
| Koordinaten, natürliche | $t, n$ | |
| potentielle Energie | $U$ | N m |
| Federenergie | $U_f$ | N m |
| Lageenergie | $U_h$ | N m |
| Geschwindigkeit | $v$ | m/s, km/h |
| Arbeit | $W$ | N m, J (Joule) |
| Winkelgeschwindigkeit | $\omega$ | 1/s |
| Erregerkreisfrequenz | $\Omega$ | 1/s |
| Kreisfrequenz, Eigenkreisfrequenz | $\omega_0$ | 1/s |
| Eigenkreisfrequenz der gedämpften Schwingung | $\omega_d$ | 1/s |
| Koordinaten, kartesische | $x, y, z$ | |
| Summe | $\sum$ | |

# Kinematik des Punktes

## 1 Skalare Kinematik – geradlinige und geführte Bewegung

**101** Was ist *Kinematik* und wodurch unterscheidet sie sich von der *Kinetik*?

*Antwort:*

Kinematik ist die Lehre von der Bewegung. Sie beschreibt die Zusammenhänge zwischen den Bewegungsgrößen Zeit, Ort, Geschwindigkeit und Beschleunigung.

In der Kinematik kann z. B. eine Funktion für die Abhängigkeit der Geschwindigkeit von der Zeit aufgestellt werden, oder es wird der gesetzmäßige Zusammenhang zwischen Geschwindigkeit und Beschleunigung ermittelt.

Kinematik läßt sich nach den Gegenständen unterteilen, mit denen sie sich befaßt: Punkt, Scheibe (ebenes Gebilde), Körper und Systeme, gebildet aus diesen Elementen.

Eine weitere Unterscheidung erfolgt nach der Art der Bewegung: Translation (Verschiebe-Bewegung, dazu gehört die geradlinige Bewegung), Rotation (Drehbewegung, dann heißen Bewegungsgrößen Winkel, Winkelgeschwindigkeit, Winkelbeschleunigung) und allgemeine Bewegung, die Translation und Rotation zugleich aufweist.

Skalare Kinematik bedeutet, daß nur Bewegungen längs einer Koordinate untersucht werden. Die Koordinatenachse kann gerade sein, dann spricht man von geradliniger Bewegung, bei krummliniger Koordinaten-Achse von geführter oder bahngeführter Bewegung. Im Unterschied zur Kinematik befaßt sich die Kinetik mit dem Zusammenhang zwischen Bewegung und Bewegungsursache. Ursache von Bewegungen sind Kräfte und Momente. Sie rufen Bewegungsänderungen hervor, z. B. Änderungen des Betrages oder der Richtung der Geschwindigkeit.

Fragestellungen der Kinematik sind z. B.: Wo befindet sich ein Körper zu einem bestimmten Zeitpunkt, wenn die Beschleunigungs-Zeit-Funktion bekannt ist, welche Geschwindigkeit hat er und dergleichen.

In der Kinetik wird dagegen z. B. gefragt, wie groß die Beschleunigung ist, wenn bestimmte Kräfte oder Momente auftreten.

**102** Wie unterscheidet sich die *skalare Kinematik* von der *Vektor-Kinematik*?

*Antwort:*

Während bei der skalaren Kinematik die Bahn des Körpers bekannt respektive vorgegeben ist, ermittelt die Vektorkinematik die Bewegungsbahn des Körpers aus den Komponenten des zeitabhängigen Ortsvektors, also aus den Weg-Zeit-Gesetzen in bezug auf die Richtungen eines zu beschreibenden Koordinatensystems. Bei der nichtgeführten Bewegung beschreiben die Komponenten des Ortsvektors die Lage des Körpers, dagegen kann bei der geführten Bewegung die Lage des Körpers durch eine einzige Koordinate in Bahnrichtung beschrieben werden.

**103** Wie lauten die Definitionen für die Größen *Geschwindigkeit* und *Beschleunigung* bei geführter Bewegung?

*Antwort:*

$$v(t) = \frac{\mathrm{d}s(t)}{\mathrm{d}t} = \lim_{\Delta t \to 0} \frac{\Delta s}{\Delta t}$$

*Geschwindigkeit* ist die zeitliche Änderung des Weges, mithin die Ableitung des Weg-Zeit-Gesetzes $s(t)$ nach der Zeit $t$.

$$a(t) = \frac{\mathrm{d}v(t)}{\mathrm{d}t} = \frac{\mathrm{d}^2 s(t)}{\mathrm{d}t^2} = \lim_{\Delta t \to 0} \frac{\Delta v}{\Delta t}$$

*Beschleunigung* ist definiert als zeitliche Änderung der Geschwindigkeit, also gleich der zeitlichen Ableitung des $v(t)$-Gesetzes bzw. der zweiten zeitlichen Ableitung des $s(t)$-Gesetzes.

Hierbei ist zu bedenken, daß Geschwindigkeitsänderung sowohl die Änderung des Geschwindigkeitsbetrages als auch die Änderung der Richtung des Geschwindigkeitsvektors bedeuten kann. Der Änderung des Geschwindigkeitsbetrages entspricht die Bahnbeschleunigung, sie ist in Bahnrichtung und also tangential zur Bahn gerichtet: $a_t$; der Änderung der Richtung des $v$-Vektors (auf gekrümmter Bahn) entspricht die auf den Krümmungsmittelpunkt der Bahn hin gerichtete Normalbeschleunigung: $a_n$.

$$a_t = \frac{\mathrm{d}}{\mathrm{d}t} |\overline{v(t)}|\,; \quad a_n = \frac{v^2(t)}{\varrho}; \quad \varrho = \text{Krümmungsradius der Bahn}$$

In Umkehrung der Differentiationen kann man schreiben:

$$v(t) = \int a(t) \cdot \mathrm{d}t \quad \text{und} \quad s(t) = \int v(t) \cdot \mathrm{d}t\,.$$

Deutet man die Integrale geometrisch, so ist festzustellen, daß die Fläche unter der $a(t)$-Funktion ein Maß für die Differenz der Funktionswerte der $v(t)$-Funktion im betrachteten Zeitintervall ist und daß die Fläche unter der $v(t)$-Funktion ein Maß für die Differenz der Funktionswerte der $s(t)$-Funktion im betrachteten Zeitintervall ist:

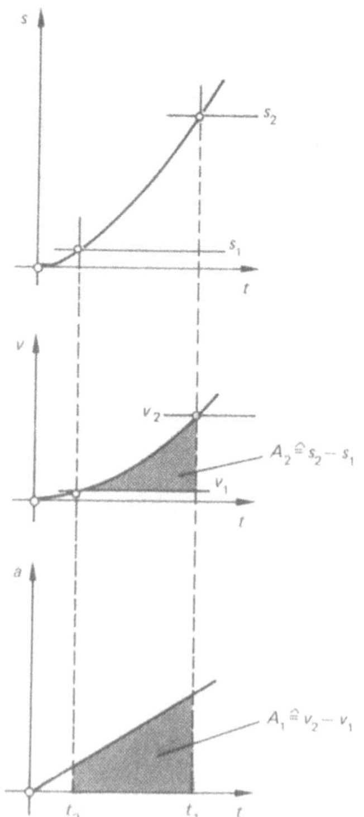

**104** Welche *Bewegungsarten* sind hinsichtlich des Beschleunigungszustandes zu unterscheiden?

*Antwort:*

Liegt eine beschleunigungsfreie Bewegung vor, so spricht die Kinematik von *gleichförmiger* Bewegung, die Geschwindigkeit längs der Bahn ist zeitlich konstant. Ändert sich die Bahngeschwindigkeit, so liegt eine *ungleichförmige Bewegung* vor; die Bahnbeschleunigung ist positiv bei wachsendem Geschwindigkeitsbetrag, sie ist negativ bei sinkendem Geschwindigkeitsbetrag. Ein Sonderfall der ungleichförmigen Bewegung ist die *gleichförmig beschleunigte Bewegung,* hier ist die Bahnbeschleunigung konstant. Die Kinetik zeigt, daß dann, wenn die an der Masse angreifenden Kräfte oder Momente zeitlich konstant sind, stets eine gleichförmig beschleunigte Bewegung die Folge ist. Sind die angreifenden Kräfte und Momente im Gleichgewicht, so ist die Beschleunigung null: das ist der Zustand der relativen Ruhe (Statik) oder der gleichförmigen Bewegung: $v=$konst.

**105** Was versteht die Kinematik unter *allgemeiner ebener Bewegung*?

*Antwort:*

Es gibt zwei Sonderfälle der Bewegung und so auch der ebenen Bewegung: Translation (Verschiebebewegung) und Rotation (Drehbewegung) um eine feste Drehachse. Bei Translation sind die Bahnen aller Punkte des Körpers zu jedem Zeitpunkt einander parallel.

Bei Rotation sind die Bahnen aller Punkte des Körpers konzentrische Kreise um den Ruhepunkt, die feste Drehachse.

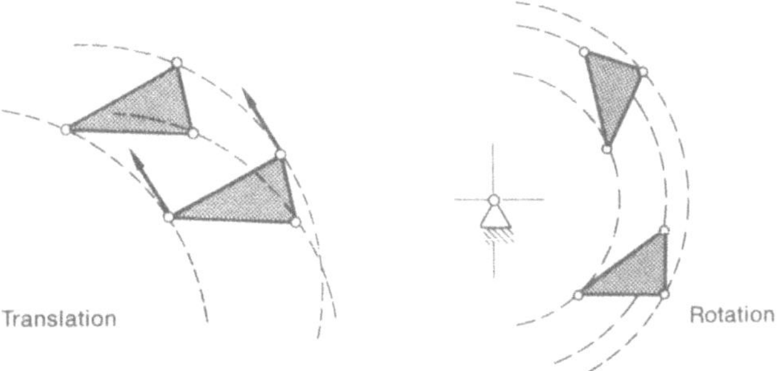


Die allgemeine ebene Bewegung beinhaltet Translation *und* Rotation.

*Beispiel:* abrollendes Rad:

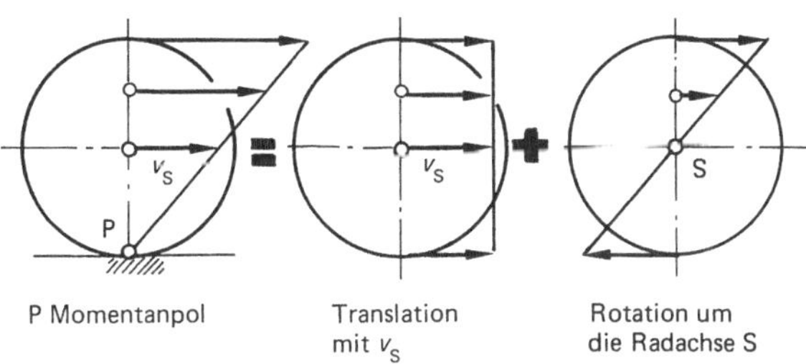

**106** Wie sind *Winkelgeschwindigkeit* und *Winkelbeschleunigung* definiert?

*Antwort:*

Liegt eine Drehbewegung des Körpers oder liegt eine allgemeine ebene Bewegung (Translation und gleichzeitig Rotation) vor, so ist der Quotient aus Geschwindigkeit eines beliebigen Körperpunktes und seiner Entfernung zur Drehachse bzw. bei allgemeiner ebener Bewegung zum augenblicklichen Ruhepunkt (Momentanpol) als Winkelgeschwindigkeit definiert. Beispiele:

Drehbar gelagerte Scheibe

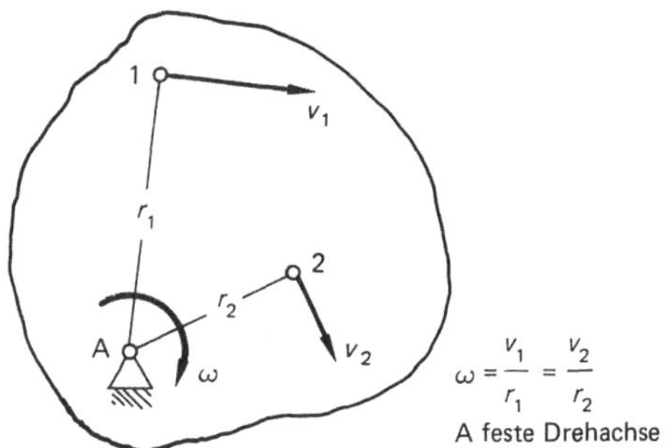


Abrollendes Rad

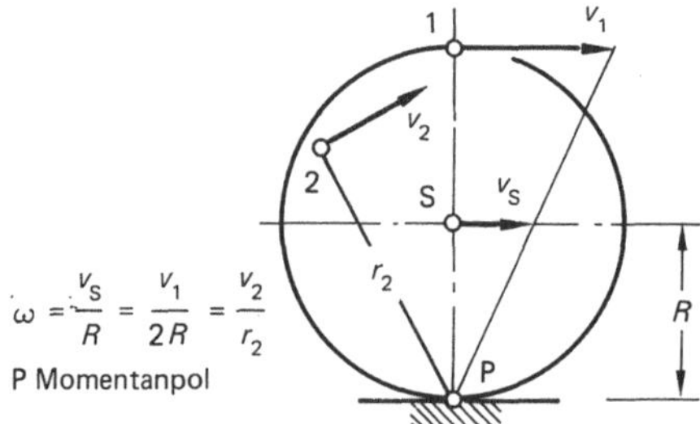


Die mathematischen Zusammenhänge zwischen den Größen *Winkel, Winkelgeschwindigkeit* und *Winkelbeschleunigung* lauten, analog zur Translationsbewegung:

$$\omega(t) = \frac{d\varphi(t)}{dt} = \text{Winkelgeschwindigkeit}$$

$$\alpha(t) = \frac{d\omega(t)}{dt} = \frac{d^2\varphi(t)}{dt^2} = \text{Winkelbeschleunigung}$$

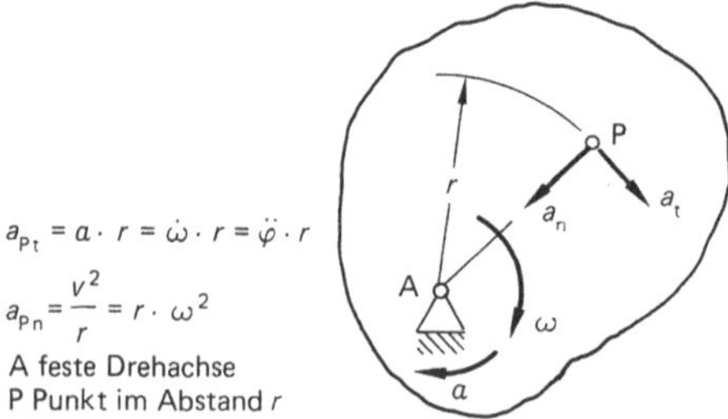

**107** Bei Nebel mit 10 m Sichtweite folgt einem Pkw 1 ($v_1 = 20$ km/h = konst.) ein Pkw 2 ($v_2 = 80$ km/h). In dem Moment, da der hintere Fahrer das vordere Fahrzeug erkennt, bremst er. Reaktionszeit beim Bremsen: $t_R = 0{,}3$ s. Die durchschnittliche Bremsverzögerung wurde im Versuch ermittelt. Der Wagen kam aus 100 km/h nach 60 m zum Stillstand. Ausweichen ist nicht möglich. Kann ein Auffahren vermieden werden?

*Lösung:*

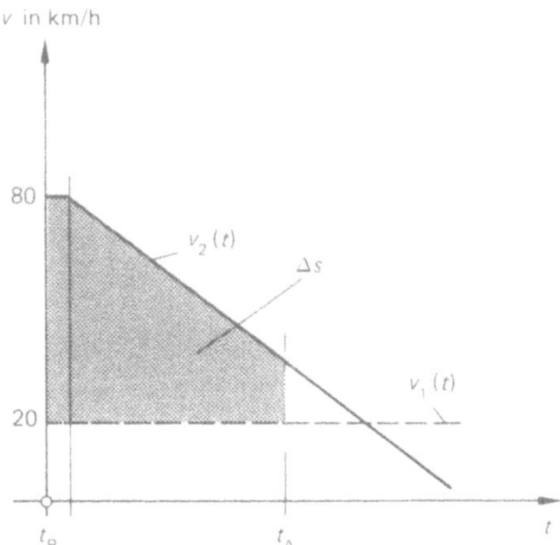


Bei Aufgaben mit konstanter Beschleunigung (oder Verzögerung) lassen sich die notwendigen Gleichungen vorteilhaft aus dem $v(t)$-Diagramm ermitteln.

Wegen $a = \frac{\mathrm{d}v(t)}{\mathrm{d}t}$ entspricht grafisch die Beschleunigung der Steigung, und wegen $\Delta s = \int_{t_0}^{t_1} v(t)\,\mathrm{d}t$ entspricht der Weg der Fläche unter der Kurve.

Die im Bild mit $\Delta s$ bezeichnete Fläche entsteht, wenn der Weg (die Fläche) von Pkw 2 vom Weg des Pkw 1 abgezogen wird, stellt also den Weg dar, den Pkw 2 relativ zu Pkw 1 zurücklegt. In dem Moment, in dem der hintere Fahrer den vor ihm fahrenden Pkw 1 erkennt, ist der Abstand gleich der Sichtweite. Pkw 2 hat also relativ zu Pkw 1 $\Delta s = 10$ m zur Verfügung, um einen Unfall zu vermeiden. Pkw 2 muß innerhalb dieses Abstandes nicht zum Stillstand kommen, ein Auffahrunfall wird vermieden, wenn seine Geschwindigkeit gleich oder kleiner der des Pkw 1 ist. Zu berechnen ist also die Geschwindigkeit $v(t_A)$, die Pkw 2 nach Überwindung des Abstandes $\Delta s$ noch hat.

Die grafische Auswertung bietet 2 Gleichungen:

1) Flächenformel: $\Delta s$ setzt sich aus Rechteck und Trapez zusammen. Zur Vereinfachung der Rechnung werden die Relativ-Geschwindigkeiten eingeführt: $v_{2\,\mathrm{rel}} = v_2 - v_1$; $v_{\mathrm{A\,rel}} = v(t_A) - v_1$

$$\Delta s = v_{2\,\mathrm{rel}} \cdot t_R + \left[\frac{v_{2\,\mathrm{rel}} + v_{\mathrm{A\,rel}}}{2} \cdot \Delta t\right] \quad \text{mit } \Delta t = t_A - t_R$$

2) Steigungsformel: Bremsverzögerung (absolut)

$$a_B = \frac{v_{2\,\mathrm{rel}} - v_{\mathrm{A\,rel}}}{\Delta t}$$

Da die Bremsverzögerung aus dem Versuch bestimmt werden soll, sind in den beiden Gleichungen 2 Unbekannte – $v_{\mathrm{A\,rel}}$, $\Delta t$ –, die bestimmt werden können.

Eliminieren von $\Delta t$ ergibt:

$$\Delta t = \frac{v_{2\,\text{rel}} - v_{\text{A rel}}}{a_\text{B}}; \ \Delta s = v_{2\,\text{rel}} \cdot t_\text{R} + \frac{v_{2\,\text{rel}} + v_{\text{A rel}}}{2} \cdot \frac{v_{2\,\text{rel}} - v_{\text{A rel}}}{a_\text{B}} = v_{2\,\text{rel}} \cdot t_\text{R} + \frac{v_{2\,\text{rel}}^2 - v_{\text{A rel}}^2}{2 \cdot a_\text{B}}$$

$$v_{\text{A rel}} = \sqrt{v_{2\,\text{rel}}^2 + 2 \cdot a_\text{B} \cdot [v_{2\,\text{rel}} \cdot t_\text{R} - \Delta s]}$$

Bremsverzögerung:

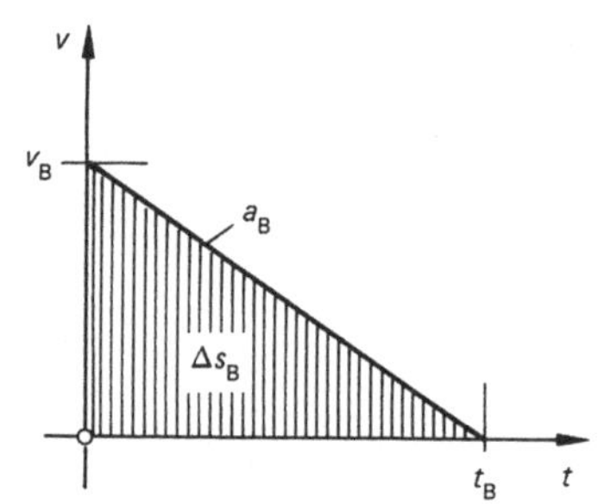


$$\Delta s_\text{B} = \frac{1}{2} \cdot v_\text{B} \cdot t_\text{B}; \quad a_\text{B} = \frac{v_\text{B}}{t_\text{B}} = \frac{v_\text{B}^2}{2 \cdot \Delta s_\text{B}}$$

Flächenformel Steigungsformel

$$a_\text{B} = \frac{\left(\frac{100}{3{,}6}\,\frac{\text{m}}{\text{s}}\right)^2}{2 \cdot 60\,\text{m}} = 6{,}43\,\frac{\text{m}}{\text{s}^2}$$

$$v_{\text{A rel}} = \sqrt{\left(\frac{60}{3{,}6} \cdot \frac{\text{m}}{\text{s}}\right)^2 + 2 \cdot 6{,}43\,\frac{\text{m}}{\text{s}^2} \cdot \left[\frac{60}{3{,}6}\,\frac{\text{m}}{\text{s}} \cdot 0{,}3\,\text{s} - 10\,\text{m}\right]} = 14{,}6\,\frac{\text{m}}{\text{s}} = 52{,}6\,\frac{\text{km}}{\text{h}}$$

Das Ergebnis sagt aus: Pkw 2 prallt mit der relativen Geschwindigkeit von 52,6 km/h auf Pkw 1 oder die Geschwindigkeit von Pkw 2 beträgt zum Zeitpunkt des Aufpralls 72,6 km/h.

Die grafische Auswertung des $v(t)$-Diagramms ist besonders nützlich, um

a) die Bewegung mehrerer Punkte (2 Pkw im Beispiel) zu erfassen.

b) die Randbedingungen anschaulich darzustellen und damit Fehlerquellen auszuschließen,

c) unabhängig von fertigen Formeln (z. B. einer Formelsammlung) zu rechnen; auch das hilft Fehler – bedingt durch die Wahl einer unzutreffenden Formel – zu vermeiden.

**108** Das mit konstanter Geschwindigkeit $v_1 = 50$ km/h fahrende Fahrzeug 1 wird von einem zweiten Fahrzeug mit $v_2 = 70$ km/h überholt. In dem Augenblick, da beide Fahrzeuge *auf gleicher Höhe* sind, erkennen sie gleichzeitig ein $s = 30$ m entferntes, ruhendes Hindernis auf der Bahn. Die Bremsansprechzeit ist vernachlässigbar klein. Zu bestimmen sind

a) der Bremsweg $s_1$ von Fahrzeug 1, wenn dieses mit der konstanten Verzögerung $a_\text{B} = 5$ m/s$^2$ abgebremst wird, sowie die Bremszeit $t_1$,

b) die Aufprallgeschwindigkeit $v_\text{A}$ von Fahrzeug 2, wenn auch dieses mit 5 m/s$^2$ verzögert wird,

c) die Zeit $t_2$ bis zum Aufprall.

*Lösung:*

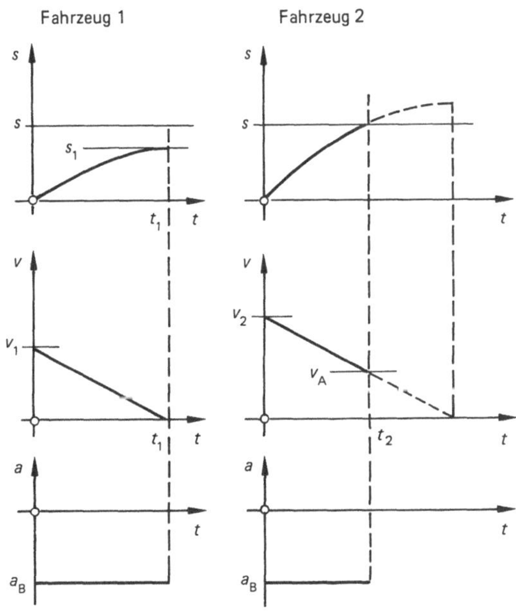


a). Fahrzeug 1:

1. Flächenbetrachtung:

$$a_B \cdot t_1 = v_1; \quad t_1 = \frac{v_1}{a_B} = \frac{\frac{50}{3{,}6}\,\mathrm{m/s}}{5\,\mathrm{m/s^2}} = 2{,}\overline{7}\,\mathrm{s}$$

In einer aus Flächenbetrachtungen entwickelten Formel sind die Größen Absolutwerte, hier: $|a_B|$

2. Flächenbetrachtung:

$$\frac{1}{2} t_1 \cdot v_1 = s_1; \quad s_1 = \frac{1}{2} \cdot 2{,}\overline{7}\,\mathrm{s} \cdot \frac{50}{3{,}6}\,\mathrm{m/s} = 19{,}29\,\mathrm{m}$$

b). Fahrzeug 2 analog:

① $a_B \cdot t_2 = v_2 - v_A$ (hierin $a_B$ absolut)

② $\frac{v_2 + v_A}{2} \cdot t_2 = s; \quad t_2 = \frac{2s}{v_2 + v_A}$ einsetzen in ①

$$a_B \cdot \frac{2s}{v_2 + v_A} = v_2 - v_A$$

$$v_A = \sqrt{v_2^2 - 2 \cdot s \cdot a_B} = \sqrt{\left(\frac{70}{3{,}6}\,\mathrm{m/s}\right)^2 - 2 \cdot 30\,\mathrm{m} \cdot 5\,\mathrm{m/s^2}} = 8{,}84\,\mathrm{m/s} \mathrel{\hat{=}} 31{,}8\,\mathrm{km/h}$$

c). $t_2 = \frac{2s}{v_2 + v_A} = \frac{2 \cdot 30\,\mathrm{m} \cdot 3{,}6}{(70 + 31{,}8)\,\mathrm{m/s}} = 2{,}12\,\mathrm{s}$

Lösung durch Integration:

Fahrzeug 1:

$$a(t) = -a_B; \quad v(t) = \int a(t) \cdot dt = -a_B \cdot t + C_1$$

1. Randbedingung: $v(t=0) = v_1; \quad C_1 = v_1$

Somit: $v(t) = v_1 - a_B \cdot t$

$$s(t) = \int v(t) \cdot dt = v_1 \cdot t - \frac{a_B \cdot t^2}{2} + C_2$$

2. Randbedingung: $s(t=0) = 0; \quad C_2 = 0$

$t_1$ aus 3. Randbedingung: $v(t=t_1) = 0$

$$0 = v_1 - a_B \cdot t_1; \quad t_1 = \frac{v_1}{a_B} = 2{,}\overline{7}\,\text{s}$$

$$s_1 = s(t=t_1) = v_1 \cdot t_1 - \frac{a_B \cdot t_1^2}{2} = 19{,}29\,\text{m}$$

Fahrzeug 2:

$$a(t) = -a_B; \quad v(t) = -a_B \cdot t + C_3$$

4. Randbedingung: $v(t=0) = v_2; \quad C_3 = v_2$

Somit: $v(t) = v_2 - a_B \cdot t; \quad s(t) = v_2 \cdot t - \frac{a_B \cdot t^2}{2} + C_4$

5. Randbedingung: $s(t=0) = 0; \quad C_4 = 0$

$t_2$ aus 6. Randbedingung:

$$s(t=t_2) = s = 30\,\text{m} = \frac{70}{3{,}6}\,\text{m/s} \cdot t_2 - \frac{5\,\text{m/s}^2}{2}\,t_2^2$$

$$t_2 = 3{,}\overline{8}\,\text{s} \overset{(+)}{-} 1{,}7673\,\text{s} = 2{,}12\,\text{s}$$

$$v_A = v(t=t_2) = v_2 - a_B \cdot t_2 = 8{,}84\,\text{m/s} \mathrel{\hat{=}} 31{,}8\,\text{km/h}$$

**109** Ein Pkw 1 (Länge 5 m; Anfangsgeschwindigkeit $v_{10} = 120$ km/h) fährt zum Zeitpunkt $t_0$ genau neben einem Pkw 2 (Länge 5 m; Anfangsgeschwindigkeit $v_{20} = 90$ km/h). In diesem Zeitpunkt beschleunigt Pkw 2 verkehrswidrig mit $a_2 = 2\,\text{m/s}^2$. Als der Fahrer des Pkw 1 merkt, daß er wieder neben Pkw 2 liegt (Zeitpunkt $t_1$), bremst er ($a_1 = -1\,\text{m/s}^2$) und ordnet sich mit einem Abstand von 10 m hinter Pkw 2 ein. Pkw 1 fährt zwischen $t_0$ und $t_1$ mit $v_{10}$. Welchen Weg $\Delta s_1$ hat Pkw 1 bis zum Wiedereinordnen zurückgelegt?

*Lösung:*

Flächenformel: Zum Zeitpunkt $t_1$ sind die zurückgelegten Wege ($\hat{=}$ Flächen unter den $v(t)$-Kurven) gleich.

$$\Delta s_{11} = \Delta s_{21} \rightarrow v_{10} \cdot t_1 = \frac{v_{20} + v_{21}}{2} \cdot t_1$$

$$v_{21} = 2 \cdot v_{10} - v_{20} = 150\,\text{km/h}$$

Steigungsformel:

$$a_2 = \frac{v_{21} - v_{20}}{t_1} \rightarrow t_1 = \frac{60\ \text{km/h}}{2\ \text{m/s}^2} = 8{,}\overline{3}\ \text{s}$$

mit $$\Delta t = t_2 - t_1$$

Steigungsformel:

$$a_1 = \frac{v_{12} - v_{10}}{\Delta t} \rightarrow v_{12} = v_{10} + a_1 \cdot \Delta t$$

Flächenformel: Zum Zeitpunkt $t_2$ ist die Differenz der Wege 15 m, siehe $s(t)$-Diagramm.

$$\Delta s_{22} - \Delta s_{12} = 15\ \text{m} \rightarrow v_{21} \cdot \Delta t - \frac{v_{10} + v_{12}}{2} \cdot \Delta t = 15\ \text{m}$$

nach Einsetzen von $v_{12} \rightarrow 2 \cdot v_{21} \cdot \Delta t - 2 \cdot v_{10} \cdot \Delta t - a_1 \cdot \Delta t^2 = 30\ \text{m}$

$$\Delta t^2 - 2 \cdot \frac{v_{21} - v_{10}}{a_1} \cdot \Delta t + \frac{30\ \text{m}}{a_1} = 0$$

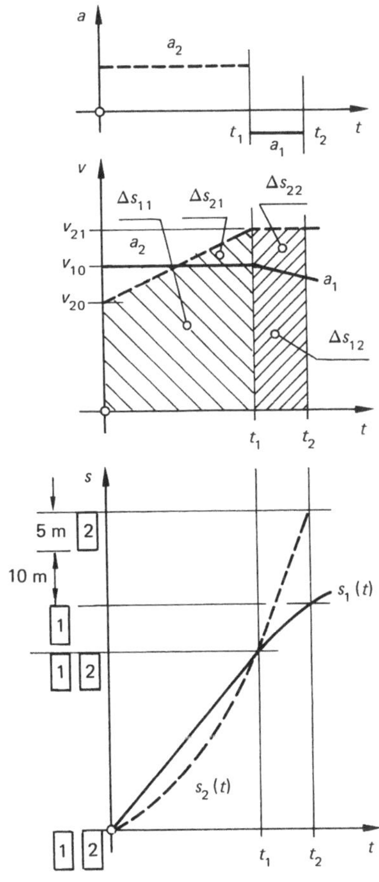

$$\Delta t_{1/2} = \frac{v_{21} - v_{10}}{a_1} \pm \sqrt{\left(\frac{v_{21} - v_{10}}{a_1}\right)^2 - \frac{30\,\text{m}}{a_1}}$$

$$\Delta t_{1/2} = \frac{150 - 120}{-1\,\text{m/s}^2} \cdot \frac{1\,\text{m}}{3{,}6\,\text{s}} \begin{matrix} + \\ (-) \end{matrix} \sqrt{\left(\frac{30}{3{,}6}\right)^2 \text{s}^2 - \frac{30}{(-1)} \cdot \text{s}^2}$$

$$\Delta t \approx 1{,}6\,\text{s}$$

$$v_{12} = v_{10} + a_1 \cdot \Delta t = 114{,}1\,\text{km/h}$$

Der gesuchte Weg ist $\Delta s_{1\,\text{ges}} = \Delta s_{11} + \Delta s_{12}$.

$$\Delta s_{1\,\text{ges}} = v_{10} \cdot t_1 + \frac{v_{10} + v_{12}}{2} \cdot \Delta t = 331\,\text{m}$$

**110** Der Fahrer des Fahrzeugs 2 mit der augenblicklichen Geschwindigkeit $v_2 = 90$ km/h erkennt das Aufleuchten der Bremslichter des vor ihm fahrenden und mit maximal möglicher Verzögerung $a_B = 6$ m/s² bremsenden Fahrzeugs 1, das im Moment des Bremsbeginns mit derselben Geschwindigkeit $v_1 = 90$ km/h fuhr. Fahrzeug 2 bremst mit gleicher Intensität nach der Bremsansprechzeit $t_R = 0{,}8$ s. Welchen Sicherheitsabstand $s_0$ müssen die Fahrzeuge haben, damit es nicht zum Auffahrunfall kommt?

*Lösung:*

Es kommt dann nicht zum Auffahrunfall, wenn die Differenz der bis zum Stillstand beider Fahrzeuge zurückgelegten Wege gleich ist dem anfänglichen Abstand $s_0$.

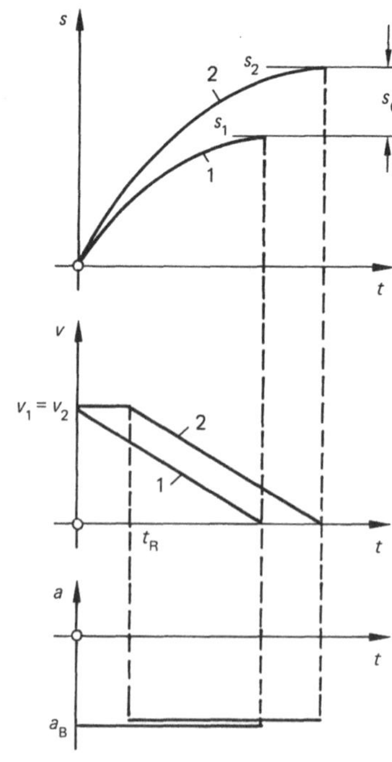

Rutschweg Fahrzeug 1 bis zum Stillstand:

$$s_1 = \frac{v_1^2}{2 \cdot a_B} = \frac{\left(\frac{90}{3{,}6}\,\text{m/s}\right)^2}{2 \cdot 6\,\text{m/s}^2} = 52{,}08\,\text{m}$$

Gesamtfahrstrecke Fahrzeug 2 bis zum Stillstand:

$$s_2 = v_2 \cdot t_R + \frac{v_2^2}{2a_B} = \frac{90}{3{,}6}\,\text{m/s} \cdot 0{,}8\,\text{s} + \frac{\left(\frac{90}{3{,}6}\,\text{m/s}\right)^2}{2 \cdot 6\,\text{m/s}^2} = 72{,}08\,\text{m}$$

Sicherheitsabstand $s_0$:

$$s_0 = s_2 - s_1 = 72{,}08\,\text{m} - 52{,}08\,\text{m} = 20\,\text{m}$$

Es ist dies die Fahrstrecke, die Fahrzeug 2 in der Bremsansprechzeit $t_R$ zurücklegt.

**111** Ein *Rotor* wird aus der Ruhelage nach dem Gesetz

$$\alpha(t) = \alpha_0\left(1 - \sin\left(\frac{\pi}{2t_1} \cdot t\right)\right)$$

beschleunigt. Nach $t_1 = 5$ s ist die Drehzahl $n_1 = 1800\,\text{min}^{-1}$ erreicht. Wieviele Umdrehungen $N_1$ hat der Rotor dann vollführt?

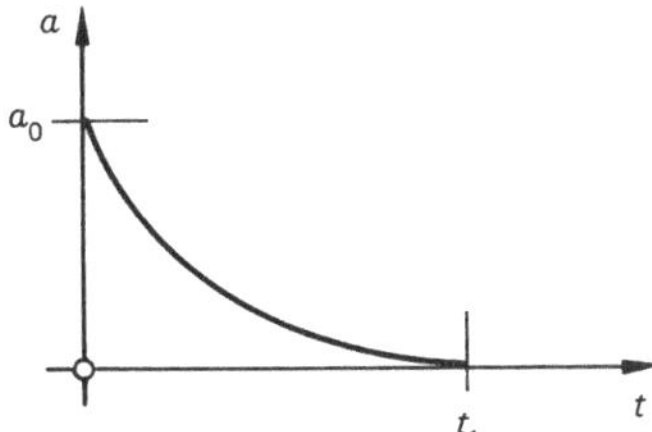


*Lösung:*

1. Integration:

$$\omega(t) = \int \alpha(t) \cdot \mathrm{d}t = \alpha_0 \cdot \int \mathrm{d}t - \alpha_0 \cdot \int \sin\left(\frac{\pi}{2t_1} \cdot t\right) \cdot \mathrm{d}t$$

$$\omega(t) = \alpha_0 \cdot t + \frac{\alpha_0 \cdot 2t_1}{\pi} \cdot \cos\left(\frac{\pi}{2t_1} \cdot t\right) + C_1$$

1. Randbedingung:

$\omega(t=0) = 0$ (anfänglicher Stillstand)

$$0 = 0 + \frac{\alpha_0 \cdot 2t_1}{\pi} \cdot \cos(0) + C_1$$

$$C_1 = \frac{-\alpha_0 \cdot 2t_1}{\pi}$$

Das $\omega(t)$-Gesetz lautet damit:

$$\omega(t) = \alpha_0 \cdot t + \frac{\alpha_0 \cdot 2t_1}{\pi} \cdot \cos\left(\frac{\pi}{2t_1} \cdot t\right) - \frac{\alpha_0 \cdot 2t_1}{\pi}$$

Darin ist $\alpha_0$ noch unbekannt!

$\alpha_0$ folgt aus der Randbedingung $\omega(t=t_1)=\dfrac{\pi\cdot n_1}{30}$

$$\frac{\pi\cdot n_1}{30}=\alpha_0\cdot t_1+\frac{\alpha_0\cdot 2t_1}{\pi}\cdot\underbrace{\cos\left(\frac{\pi}{2}\right)}_{=0}-\frac{\alpha_0\cdot 2t_1}{\pi}$$

$$\alpha_0=\frac{\pi\cdot n_1}{30t_1\cdot\left(1-\dfrac{2}{\pi}\right)}=\frac{\pi\cdot 1800}{30\cdot 5\cdot\left(1-\dfrac{2}{\pi}\right)}\,\mathrm{s}^{-2}=103{,}746\,\mathrm{s}^{-2}$$

2. Integration:

$$\varphi(t)=\int\omega(t)\cdot \mathrm{d}t$$

$$\varphi(t)=\alpha_0\cdot\int t\cdot\mathrm{d}t+\frac{\alpha_0\cdot 2t_1}{\pi}\cdot\int\cos\left(\frac{\pi}{2t_1}\cdot t\right)\cdot\mathrm{d}t-\frac{\alpha_0\cdot 2t_1}{\pi}\cdot\int\mathrm{d}t$$

$$\varphi(t)=\frac{\alpha_0\cdot t^2}{2}+\frac{\alpha_0\cdot 4t_1^2}{\pi^2}\cdot\sin\left(\frac{\pi}{2t_1}\cdot t\right)-\frac{\alpha_0\cdot 2t_1}{\pi}\cdot t+C_2$$

3. Randbedingung:

$\varphi(t=0)=0.$ Daraus folgt: $C_2=0$

Anzahl vollständiger Umdrehungen: $N_1=\dfrac{\varphi_1}{2\pi}$

$$\varphi_1=\varphi(t=t_1)=\frac{\alpha_0\cdot t_1^2}{2}+\frac{\alpha_0\cdot 4t_1^2}{\pi^2}\cdot\underbrace{\sin\left(\frac{\pi}{2}\right)}_{=1}-\frac{\alpha_0\cdot 2t_1^2}{\pi}$$

$$\varphi_1=\alpha_0\cdot t_1^2\cdot\left(\frac{1}{2}+\frac{4}{\pi^2}-\frac{2}{\pi}\right)=696{,}82\,\mathrm{rad};\quad N_1=\frac{696{,}82}{2\pi}=110{,}9$$

**112** Ein *Rotor* dreht mit $n_0=900\,\mathrm{min}^{-1}$. Er wird in der Zeit $t_1$ bis zum Stillstand abgebremst. Dabei vollführt er $N_1=40$ Umdrehungen. Das Drehzahl-Zeit-Gesetz lautet

$$n(t)=n_0\cdot\cos\left(\frac{\pi}{2t_1}\cdot t\right).$$

Zu bestimmen sind die Bremszeit $t_1$ und die größte Verzögerung $\alpha_{max}$.

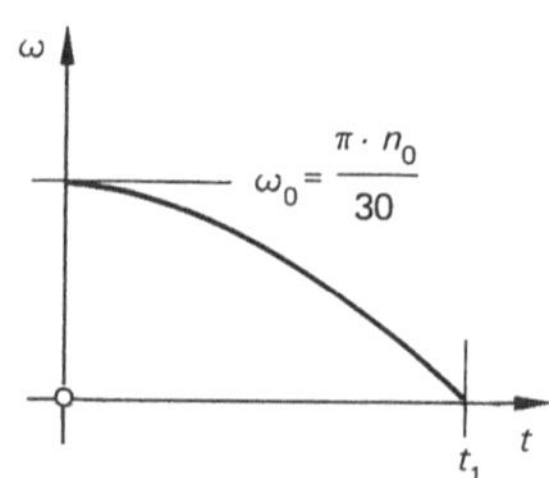

*Lösung:*

$$\varphi(t) = \int \omega(t) \cdot \mathrm{d}t; \quad \omega(t) = \frac{\pi \cdot n_0}{30} \cdot \cos\left(\frac{\pi}{2t_1} \cdot t\right)$$

$$\varphi(t) = \frac{\pi \cdot n_0}{30} \cdot \frac{2t_1}{\pi} \cdot \sin\left(\frac{\pi}{2t_1} \cdot t\right) + C_1$$

1. Randbedingung: $\varphi(t=0) = 0; \; C_1 = 0$

$t_1$ aus 2. Randbedingung:

$$\varphi_1 = \varphi(t=t_1) = 2\pi \cdot N_1 = \frac{n_0 \cdot t_1}{15} \cdot \underbrace{\sin\left(\frac{\pi}{2}\right)}_{=1}$$

$$t_1 = \frac{30 \cdot \pi \cdot N_1}{n_0} = \frac{30\pi \cdot 40}{900 \; 1/\mathrm{s}} = 4{,}189 \; \mathrm{s}$$

$$\alpha(t) = \frac{\mathrm{d}\omega(t)}{\mathrm{d}t} = \frac{\pi \cdot n_0}{30} \cdot \frac{\pi}{2t_1} \cdot \left(-\sin\left(\frac{\pi}{2t_1} \cdot t\right)\right) = \underbrace{\frac{-\pi^2 \cdot n_0}{60 \cdot t_1}}_{\alpha_{max}} \cdot \sin\left(\frac{\pi}{2t_1} \cdot t\right)$$

$$\alpha_{max} = \frac{-\pi^2 \cdot 900 \; \mathrm{s}^{-1}}{60 \cdot 4{,}189 \; \mathrm{s}} = -35{,}34 \; \mathrm{s}^{-2}$$

**113** Wie lange dauert der Beschleunigungsvorgang, wenn der anfänglich stillstehende Rotor nach $N_1 = 240$ Umdrehungen die Drehzahl $n_1 = 3600 \; \mathrm{min}^{-1}$ erreicht hat? Das $\alpha(t)$-Gesetz ist harmonisch und ist zuvor aufzustellen.

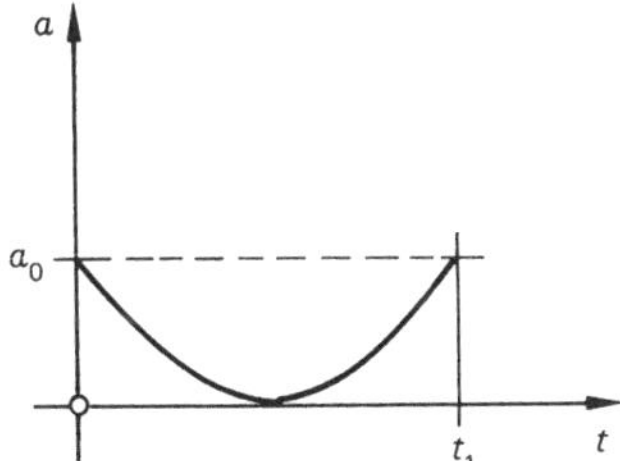


*Lösung:*

Die $\alpha(t)$-Funktion ist eine um $\alpha_0$ nach oben verschobene negative Sinus-Funktion

$$\alpha(t) = \alpha_0 - \alpha_0 \cdot \sin(k \cdot t)$$

1. Randbedingung:

$$\alpha\left(t = \frac{t_1}{2}\right) = 0; \quad 0 = \alpha_0 - \alpha_0 \cdot \sin\left(k \cdot \frac{t_1}{2}\right)$$

Gleichung erfüllt, wenn $\sin(\,) = 1$

$$k \cdot \frac{t_1}{2} = \frac{\pi}{2}; \quad k = \frac{\pi}{t_1}$$

Die $\alpha(t)$-Funktion lautet also:

$$\alpha(t) = \alpha_0 \cdot \left(1 - \sin\left(\frac{\pi}{t_1} \cdot t\right)\right)$$

1. Integration:

$$\omega(t) = \alpha_0 \cdot t + \frac{\alpha_0 t_1}{\pi} \cdot \cos\left(\frac{\pi}{t_1} \cdot t\right) + C_1$$

1. Randbedingung: $\omega(t=0) = 0;\; C_1 = \dfrac{-\alpha_0 t_1}{\pi}$

Somit lautet das $\omega(t)$-Gesetz: $\omega(t) = \alpha_0 \cdot t + \dfrac{\alpha_0 t_1}{\pi} \cdot \cos\left(\dfrac{\pi}{t_1} \cdot t\right) - \dfrac{\alpha_0 t_1}{\pi}$

$\alpha_0$ aus der Randbedingung: $\omega(t=t_1) = \dfrac{\pi \cdot n_1}{30}$

Es folgt:

$$\alpha_0 = \frac{\pi \cdot n_1}{30 t_1 \cdot \left(1 - \frac{2}{\pi}\right)} \quad ①$$

2. Integration:

$$\varphi(t) = \frac{\alpha_0 t^2}{2} + \frac{\alpha_0 t_1^2}{\pi^2} \cdot \sin\left(\frac{\pi}{t_1} \cdot t\right) - \frac{\alpha_0 t_1}{\pi} \cdot t + C_2$$

2. Randbedingung: $\varphi(t=0) = 0$

Es folgt damit: $C_2 = 0$

$$\varphi_1 = \varphi(t=t_1) = \frac{\alpha_0 t_1^2}{2} + \frac{\alpha_0 t_1^2}{\pi^2} \underbrace{\sin(\pi)}_{=0} - \frac{\alpha_0 t_1^2}{\pi} \quad ②$$

$$\varphi_1 = 2\pi \cdot N_1$$

① und ② sind zwei Gleichungen mit den Unbekannten $\alpha_0$ und $t_1$. Das Gleichungssystem liefert:

$$t_1 = \frac{60 N_1 \cdot \left(1 - \frac{2}{\pi}\right)}{n_1 \cdot \left(\frac{1}{2} - \frac{1}{\pi}\right)} = \frac{60 \cdot 240 \left(1 - \frac{2}{\pi}\right)}{3600\ 1/\text{s} \left(\frac{1}{2} - \frac{1}{\pi}\right)} = 8\ \text{s}$$

**114** Ein *Fahrzeug* beschleunigt in 10 s von 80 km/h auf 120 km/h. Welchen Weg legt es dabei zurück? (Beschleunigung $a = $ konst.)

*Ergebnis:* $\Delta s = 278\ \text{m}$

**115** Zwei Pkw befinden sich zur Zeit $t_0$ in der gezeichneten Position. Pkw 2 kann in $\Delta t = 8\ \text{s}$ von $v_{20}$ auf $v_{2\,\text{max}} = 145\ \text{km/h}$ beschleunigen. Ist Überholen möglich?
Pkw 2 muß mit dem Sicherheitsabstand vor der Fahrbahnverengung wieder eingeschert sein!

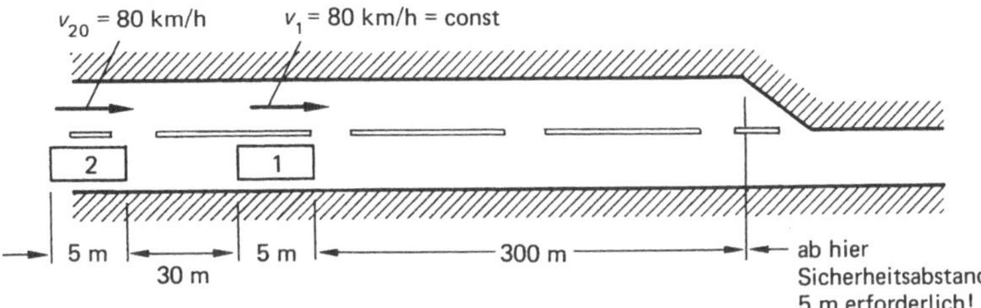


*Ergebnis:* Ja. Nach 8 s ist der Abstand hintere Stoßstange Pkw 2 zu vorderer Stoßstange Pkw 1 schon 32,3 m. Dann hat Pkw 2 von den zur Verfügung stehenden 335 m erst 250 m zurückgelegt.

**116** Zwei Lastzüge (Länge 30 m) fahren im Abstand 50 m mit gleicher Geschwindigkeit $v_0 = 60$ km/h. Der hintere Lastzug 2 beschleunigt ($a =$ konst.) in 14 s auf 80 km/h, behält diese Geschwindigkeit bei und überholt den vorderen Lastzug 1, der mit $v_0 = 60$ km/h weiterfährt. Als beide Lastzüge nebeneinander liegen, erscheint ein Überholverbot. Lastzug 1 bremst, damit Lastzug 2 schneller einscheren kann. Nach dem Einscheren beträgt der Abstand 5 m, Lastzug 1 hat zu diesem Zeitpunkt die Geschwindigkeit $v_{13} = 40$ km/h. Welchen Weg $\Delta s_2$ legt Lastzug 2 während des Überholvorgangs zurück?

*Ergebnis:* $\Delta s_2 = 530$ m

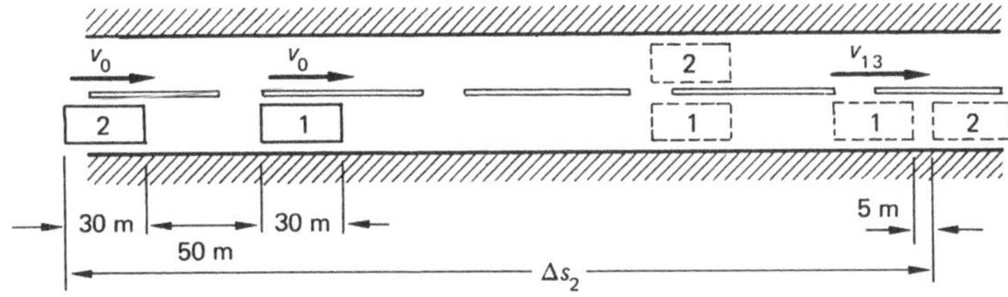


**117** Ein *Rotor* wird aus der anfänglichen Ruhelage beschleunigt. Es stellt sich folgendes Winkel-Zeit-Gesetz ein:

$$\varphi(t) = \varphi_1 \cdot \left(1 - \cos\left(\frac{\pi}{2t_1} \cdot t\right)\right)$$

Nach $t_1 = 10$ s hat der Rotor $N_1 = 100$ Umdrehungen vollführt. Mit welcher Drehzahl $n_1$ dreht er dann, und welche größte Winkelbeschleunigung tritt auf?

*Ergebnisse:* $n_1 = 942{,}5\ \text{min}^{-1}$; $\alpha_{\text{max}} = 15{,}5\ \text{s}^{-2}$

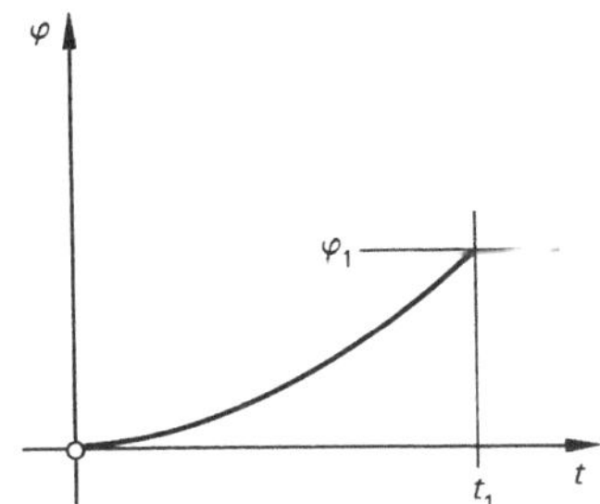

**118** Ein *Rotor* dreht anfänglich mit $\omega_0 = 100\,\text{s}^{-1}$. Er wird nach dem $\alpha(t)$-Gesetz

$$\alpha(t) = \frac{\alpha_0}{2} \cdot \left(\cos\left(\frac{2\pi}{t_1} \cdot t\right) - 1\right)$$

verzögert und erreicht nach $t_1 = 10$ s Stillstand. Wieviele Umdrehungen vollführt der Rotor in der Bremszeit?

*Ergebnis:* $N_1 = 79{,}58$

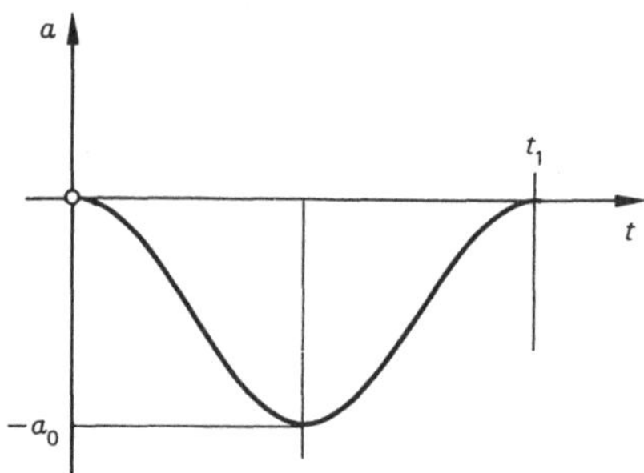


**119** Die anfängliche Winkelgeschwindigkeit eines *Rotors* beträgt $\omega_0 = 20\,\text{s}^{-1}$. Er wird dann 3,5 s lang beschleunigt und anschließend 3,5 s lang wieder verzögert, so daß er nach $t_1 = 7$ s seine anfängliche Drehzahl wieder erreicht hat. Zu bestimmen sind a) das $\alpha(t)$-Gesetz für $\alpha_0 = 2\pi\,\text{s}^{-2}$, b) die größte erreichte Drehzahl $n_{max}$, c) die Zahl der Umdrehungen $N_1$ in der Zeit $t_1$.

*Ergebnisse:*

a) $\alpha(t) = \alpha_0 \cdot \cos\left(\frac{\pi}{t_1} \cdot t\right) = 2\pi\,\text{s}^{-2} \cos\left(\frac{\pi}{7\,\text{s}} \cdot t\right)$;

b) $n_{max} = 324{,}68\,\text{min}^{-1}$; c) $N_1 = 32{,}21$

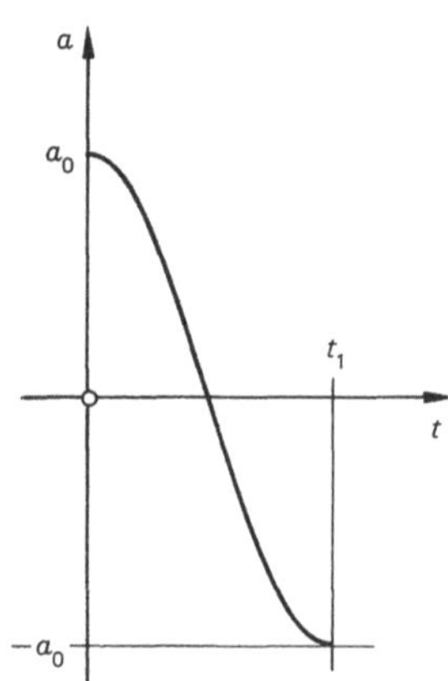

**120** Das Drehzahl-Zeit-Verhalten eines aus dem Stillstand beschleunigten *Rotors* ist wie folgt beschrieben:

$$n(t) = \frac{n_1}{2}\left(1 - \cos\left(\frac{\pi}{t_1} \cdot t\right)\right)$$

Nach $t_1 = 10$ s ist die Drehzahl $n_1 = 3000 \text{ min}^{-1}$ erreicht.

a) Es sind die Funktionen $\varphi(t)$, $\omega(t)$ und $\alpha(t)$ qualitativ darzustellen.

b) Nach wievielen Umdrehungen erreicht der Rotor seine größte Winkelbeschleunigung und wie groß ist diese?

*Ergebnisse:*

a)

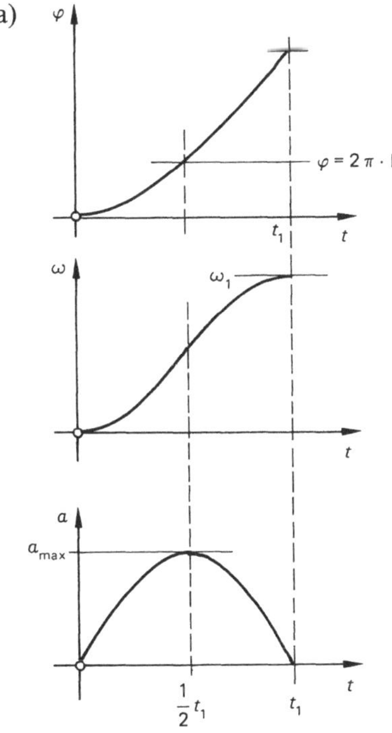


b) $N = 45{,}42$; $\alpha_{max} = 49{,}35 \text{ s}^{-2}$

**121** Wieviel Umdrehungen $N_1$ vollführt ein *Rotor*, der nach dem $\alpha(t)$-Gesetz

$$\alpha(t) = \alpha_0 \cdot \sin\left(\frac{\pi}{2t_1} \cdot t\right)$$

aus dem Stillstand in $t_1 = 4$ s auf die Drehzahl $n_1 = 1000 \text{ min}^{-1}$ beschleunigt wird? Die zeitlichen Verläufe von Winkel, Winkelgeschwindigkeit und Winkelbeschleunigung sind darzustellen.

*Ergebnisse:*

a)

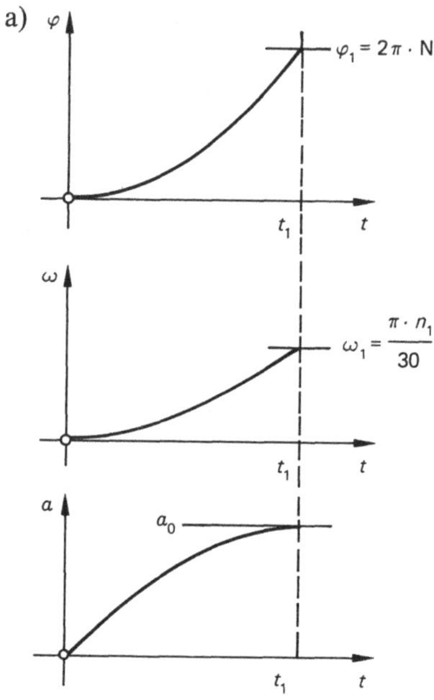


b) $N_1 = 24{,}22$

**122** Ein Fahrzeug mit der Geschwindigkeit $v(t=0) = 30$ m/s wird in der Zeit $t_1$ beschleunigt. Das Geschwindigkeits-Zeit-Gesetz lautet:

$$v(t) = v_0 \cdot \left(2 - \cos\left(\frac{\pi}{2t_1} \cdot t\right)\right)$$

Das Fahrzeug legt in der Beschleunigungszeit $t_1$ den Weg $s_1 = 400$ m zurück. Zu bestimmen sind die größte auftretende Beschleunigung $a_{max}$ sowie die Endgeschwindigkeit $v_{max}$.

*Ergebnisse:* $a_{max} = 4{,}82$ m/s$^2$; $v_{max} = 60$ m/s $\triangleq$ 216 km/h

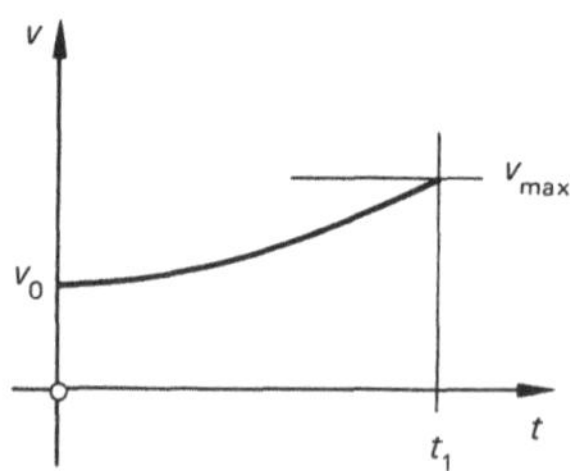


**123** Die anfängliche Winkelgeschwindigkeit eines *Rotors* beträgt $\omega_0 = 500\ \text{s}^{-1}$. Er wird verzögert und erreicht nach der Zeit $t_1$ ein Drittel seiner Anfangsdrehzahl. Dabei erfährt er 398 Umläufe. Wie lange dauert der Verzögerungsvorgang?

*Ergebnis:* $t_1 = 9$ s

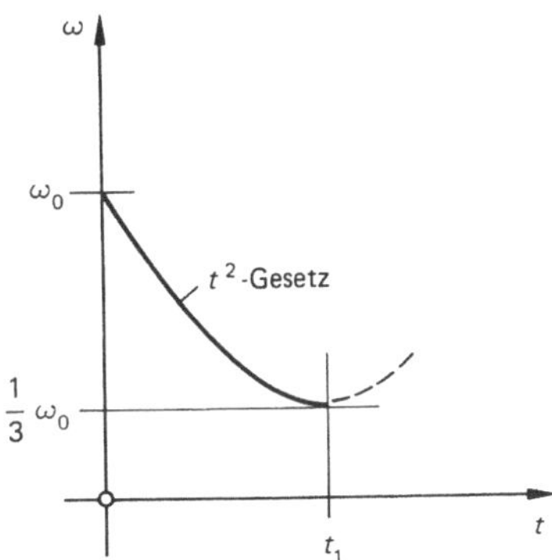


**124** Ein Fahrzeug fährt mit $v_0$ vorwärts; es wird bis zum Stillstand abgebremst. Unverzüglich beginnt das Fahrzeug dann die Rückwärtsfahrt. Das $v(t)$-Gesetz ist für beide Bewegungsphasen wie folgt gegeben:

$$v(t) = v_0 \cdot \left(1 - 2 \cdot \sin\left(\frac{\pi}{2t_1} \cdot t\right)\right)$$

Bis zum Stillstand legt das Fahrzeug 85 m zurück. Welche Strecke legt das Fahrzeug zurück, bis es bei Rückwärtsfahrt dieselbe Geschwindigkeit besitzt wie die anfängliche Vorwärtsgeschwindigkeit? Gesamtzeit $t_1 = 12$ s

*Ergebnis:* $s = 227{,}7$ m

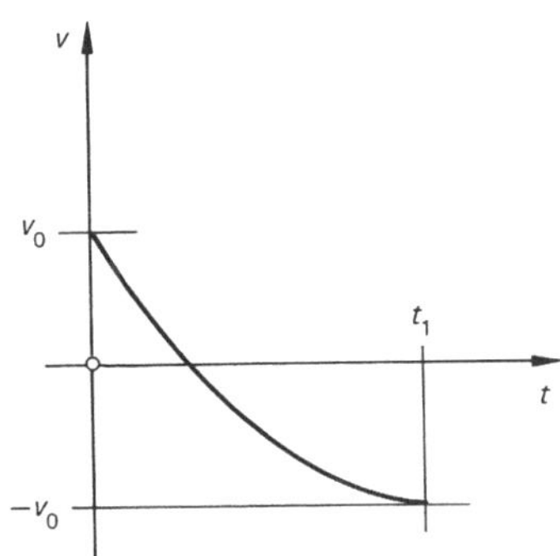


**125** Der anfänglich mit $\omega_0 = 750\ \text{s}^{-1}$ drehende *Rotor* wird nach dem gegebenen $\alpha(t)$-Gesetz bis zum Stillstand verzögert und anschließend wieder beschleunigt. Insgesamt dreht er dabei $N = 2000$ mal. Wie lange dauert der gesamte Bewegungsvorgang?

$$\alpha(t) = \alpha_0 \cdot \cos\left(\frac{\pi}{t_1} \cdot t\right)$$

*Ergebnis:* $t_1 = 46{,}11$ s

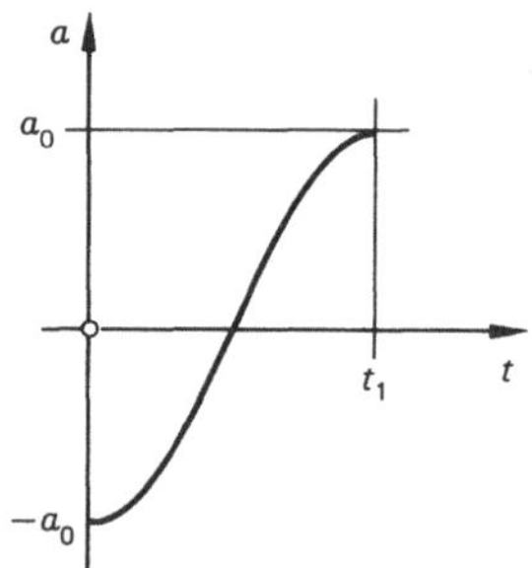


**126** Ein *Rotor,* der mit $\omega_0 = 1000\ \mathrm{s}^{-1}$ dreht, wird verzögert, wobei die Verzögerung nach einer zeitlichen Cosinusfunktion abnimmt. a) Welche Drehzahl $n_1$ min$^{-1}$ besitzt der Rotor nach $t_1 = 50$ s? b) Wieviele Umdrehungen $N_1$ vollführt er in dieser Zeit?

*Ergebnisse:* a) $n_1 = 8029{,}48\ \mathrm{min}^{-1}$; b) $N_1 = 7151{,}5$

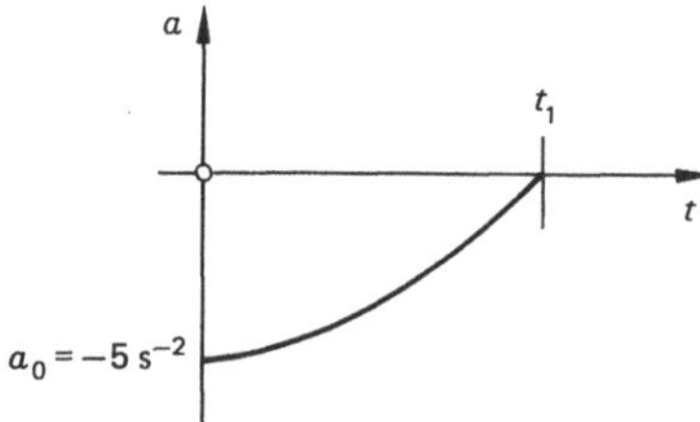


**127** Ein *Nocken* ist zu konstruieren, der einem Stößel folgenden Geschwindigkeitsverlauf erteilt: $v(t) = v_0 \cdot \sin(\omega \cdot t)$

Als gegeben sind zu betrachten: $r_{\min} = r_0$, $\omega$, $v_0$. Gesucht: $r(\varphi)$ (mit $\varphi = \omega \cdot t$) und die maximale Beschleunigung des Stößels $a_{\max}$.

*Ergebnis:* $r(\varphi) = r_0 + \dfrac{v_0}{\omega} \cdot (1 - \cos\varphi)$; $a_{\max} = v_0 \cdot \omega$

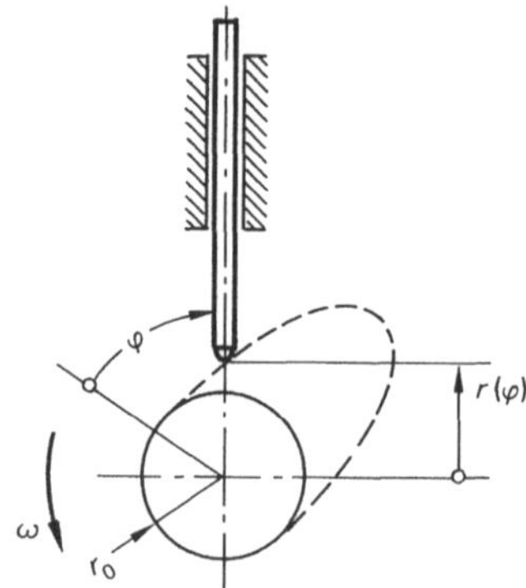

**128** Ein Fahrzeug steigert seine Geschwindigkeit nach folgendem Zeit-Gesetz:

$$v(t) = \frac{v_{max}}{2}\left(1 - \cos\left(\frac{\pi}{t_1} \cdot t\right)\right)$$

Dabei legt es 200 m Weg zurück. a) Wie lange dauert die Fahrt, wenn die maximale Beschleunigung 8 m/s² beträgt? b) Welche größte Geschwindigkeit $v_{max}$ (km/h) erreicht das Fahrzeug?

*Ergebnisse:* a) $t_1 = 8{,}862$ s; b) $v_{max} = 162{,}5$ km/h

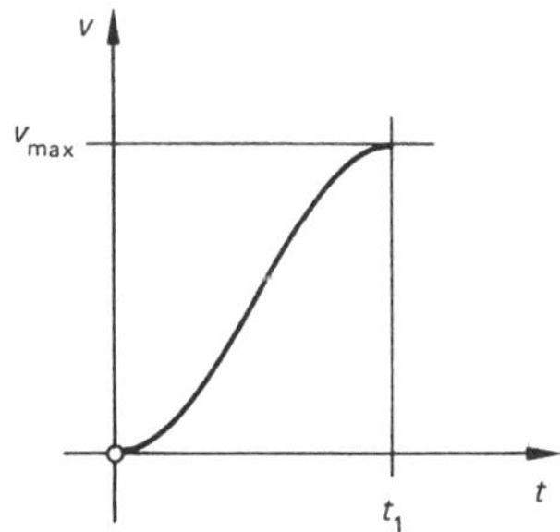


**129** Bei einem *Fahrversuch* wurden folgende Daten aufgenommen: Am Motor wurde das maximale Drehmoment bei 3500 min⁻¹ gemessen. Es wurde nur im 1. Gang mit einer Gesamtuntersetzung zur Antriebsachse von $i = 11{,}5$ gefahren. Der Raddurchmesser war $d = 0{,}5$ m. Das Fahrzeug erreichte aus dem Stand nach 2 s das maximale Drehmoment und hatte nach 3 s den Weg von 17 m zurückgelegt.

Es soll für die Drehmomentenkurve (entsprechend für die $a(t)$-Kurve) eine Parabel, also ein Polynom 2. Grades, angenommen werden. Wie hoch waren die maximale Beschleunigung $a_{max}$ und die Geschwindigkeit $v_e$ nach den 3 s?

*Lösung:*

Die folgende allgemeine Lösung soll als Anregung für weiterführende Rechenmöglichkeiten (z. B. lineares Gleichungssystem, Matrizenrechnung) verstanden werden.

Nach Ermittlung von Randbedingungen, wie z. B. die Geschwindigkeit zum Zeitpunkt $t_a$ der maximalen Beschleunigung $v_a = \frac{\pi \cdot n}{30} \cdot \frac{1}{i} \cdot \frac{d}{2} \cdot 3{,}6 \cong 28{,}7$ km/h, werden die Beziehungen der Bewegungsgrößen untereinander genutzt, um ein Gleichungssystem aufzustellen.

| $s$ | $v = \frac{ds}{dt}$ | $a = \frac{dv}{dt}$ |
|---|---|---|
| $s = \int v \cdot dt$ | $v = \int a \cdot dt$ | $a$ |

Die Wahl eines Polynoms als Gleichung der Beschleunigung erleichtert das Differenzieren und Integrieren.

$a(t) = b_0 + b_1 \cdot t + b_2 \cdot t^2$; $b_0, b_1, b_2$ sind konstante, unbekannte Koeffizienten. Da eine Angabe über den Extremwert $a_{max}$ vorliegt, wird auch die Ableitung der Beschleunigung gebraucht:

$$\begin{aligned}
\dot{a}(t) &= & b_1 + &\quad 2b_2 \cdot t \\
a(t) &= b_0 + & b_1 \cdot t + &\quad b_2 \cdot t^2 \\
v(t) &= b_0 \cdot t + & b_1 \cdot \frac{t^2}{2} + &\quad b_2 \cdot \frac{t^3}{3} \\
s(t) &= b_0 \cdot \frac{t^2}{2} + & b_1 \cdot \frac{t^3}{6} + &\quad b_2 \cdot \frac{t^4}{12}
\end{aligned}$$

Zwei weitere Konstanten, die durch die zweifache Integration von $a(t)$ entstehen, werden infolge der Randbedingung „aus dem Stand" gleich null und sind gar nicht erst aufgeführt.

Zur Auswertung stehen 3 Wertepaare zur Verfügung:

| $t_a = 2\,\text{s}$ | $t_a$ | $t_e = 3\,\text{s}$ |
|---|---|---|
| $\dot{a}(t_a) = 0$ | $v_a = v(t_a) \cong 28{,}7\,\text{km/h}$ | $s_e = s(t_e) = 17\,\text{m}$ |
| wg. $a_{max}$ wird die 1. Ableitung Null! | | |

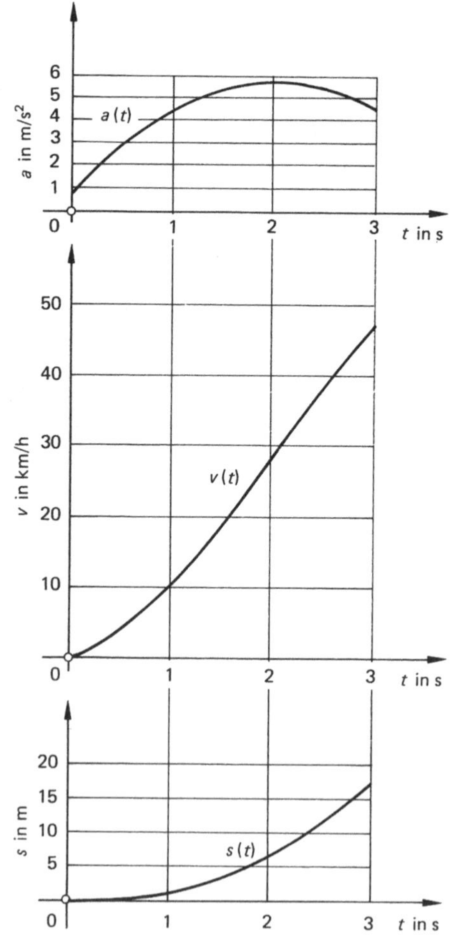

Es ergibt sich ein lineares Gleichungssystem für 3 Unbekannte:

$$0 = b_1 + 2b_2 \cdot t_a$$

$$v_a = b_0 \cdot t_a + b_1 \cdot \frac{t_a^2}{2} + b_2 \cdot \frac{t_a^3}{3}$$

$$s_e = b_0 \cdot \frac{t_e^2}{2} + b_1 \cdot \frac{t_e^3}{6} + b_2 \cdot \frac{t_e^4}{12}$$

Wegen der Allgemeingültigkeit wird die Auflösung in Matrix-Schreibweise dargestellt.

$$\text{Vektor } \mathbf{U} = \begin{vmatrix} 0 \\ v_a \\ s_e \end{vmatrix}; \quad \text{Matrix } \bar{\mathbf{T}} = \begin{vmatrix} 0 & 1 & 2t_a \\ t_a & \frac{t_a^2}{2} & \frac{t_a^3}{3} \\ \frac{t_e^2}{2} & \frac{t_e^3}{6} & \frac{t_e^4}{12} \end{vmatrix}; \quad \text{Vektor } \mathbf{B} = \begin{vmatrix} b_0 \\ b_1 \\ b_2 \end{vmatrix}$$

$\mathbf{U} = \bar{\mathbf{T}} \cdot \mathbf{B}$; umgeformt zu $\mathbf{B} = \bar{\mathbf{T}}^{-1} \cdot \mathbf{U}$ mit $\bar{\mathbf{T}}^{-1}$ als inverser Matrix

ergibt
$$\mathbf{B} = \begin{vmatrix} b_0 \\ b_1 \\ b_2 \end{vmatrix} = \begin{vmatrix} 0{,}6858853 \text{ m/s}^2 \\ 4{,}94702279 \text{ m/s}^3 \\ -1{,}2367557 \text{ m/s}^4 \end{vmatrix}$$

$$a_{max} = 5{,}63 \text{ m/s}^2; \quad v_e = 47{,}48 \text{ km/h}$$

## 2 Vektorkinematik – allgemeine Bewegung

**201** Wie beschreibt man in der Kinematik eine *nicht geführte Bewegung?*

*Antwort:*

Die Bewegungsbahn ist zunächst nicht bekannt; sie stellt sich aufgrund der Beschleunigungssituation und der kinematischen Anfangsbedingungen ein. Im räumlichen cartesischen Koordinatensystem wird der Beschleunigungsvektor

$$\vec{a}(t) = \begin{Bmatrix} a_x(t) \\ a_y(t) \\ a_z(t) \end{Bmatrix}$$

beschrieben. Die zeilenweise Integration dieses Vektors führt zum Geschwindigkeitsvektor

$$\vec{v}(t) = \begin{Bmatrix} v_x(t) = \int a_x(t) \cdot dt \\ v_y(t) = \int a_y(t) \cdot dt \\ v_z(t) = \int a_z(t) \cdot dt \end{Bmatrix},$$

und die nochmalige Integration dieses Geschwindigkeitsvektors liefert den Ortsvektor mit den Weg-Zeit-Gesetzen, bezogen auf die Achsen des Koordinatensystems:

$$\bar{r}(t) = \begin{Bmatrix} x(t) = \int v_x(t) \cdot dt \\ y(t) = \int v_y(t) \cdot dt \\ z(t) = \int v_z(t) \cdot dt \end{Bmatrix}$$

Die bei den Integrationen anfallenden Integrationskonstanten werden mit kinematischen Randbedingungen, zumeist Anfangsbedingungen (Anstoßbedingungen), bestimmt.

**202** Was versteht man unter *Tangentialbeschleunigung* und *Normalbeschleunigung?*

*Antwort:*

Ein Koordinatensystem, dessen eine Achse in Bahnrichtung (also tangential) verläuft und dessen andere Achse normal = senkrecht dazu steht (bei einer Kreisbahn radial, bei anderen Kurven durch den Krümmungsmittelpunkt verlaufend), wird natürliches Koordinatensystem genannt.

In natürlichen Koordinaten gibt es eine Tangentialbeschleunigung $a_t = dv/dt$, deren Betrag durch die Änderung des Geschwindigkeitsbetrages bestimmt ist, und eine Normalbeschleunigung $a_n = v^2/\varrho$, deren Betrag durch die Änderung der Geschwindigkeitsrichtung entsteht. Die Normalbeschleunigung wird auch Zentripetal-Beschleunigung genannt, da sie stets zum Mittelpunkt oder Krümmungsmittelpunkt hingerichtet ist. Für die Kreisbahn mit dem Radius $r$ können die Beschleunigungen auch so formuliert werden:

$$a_t = \frac{dv}{dt} = r \cdot \frac{d\omega}{dt} = r \cdot \alpha; \quad a_n = \frac{v^2}{r} = v \cdot \omega = \omega^2 \cdot r$$

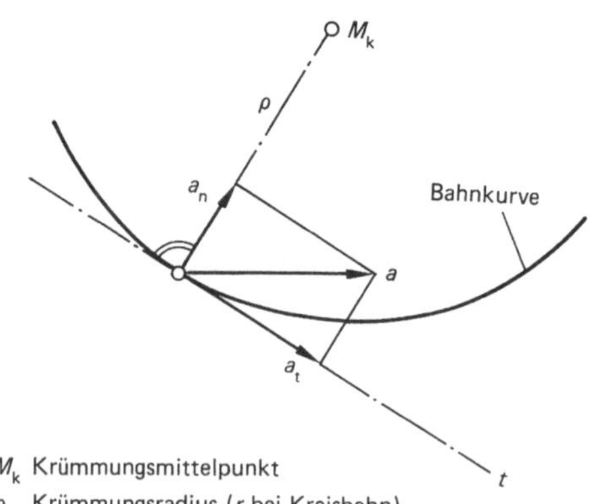


$M_k$ Krümmungsmittelpunkt
$\rho$ Krümmungsradius ($r$ bei Kreisbahn)

**203** Ein Körper wird mit der Anfangsgeschwindigkeit $v_0$ im Schwerefeld lotrecht nach oben geworfen. Zu bestimmen sind a) die Steigzeit $t_H$, b) die maximale Steighöhe $H$, c) die Aufprallgeschwindigkeit nach Rückkehr zum Startpunkt.

*Lösung:*

Wahl des Koordinatensystems:

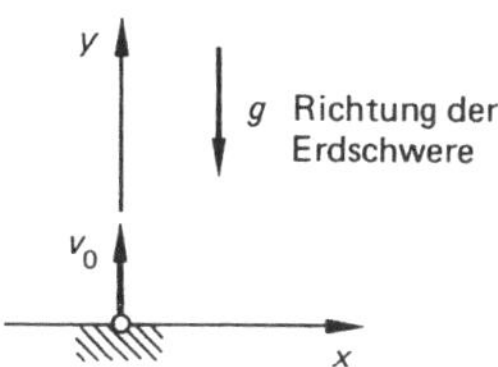


Beschleunigungsvektor:

$$\bar{a}(t) = \begin{Bmatrix} 0 \\ -g \\ 0 \end{Bmatrix}$$

1. Integration: $\bar{v}(t) = \int \bar{a}(t) \cdot \mathrm{d}t\,; \quad \bar{v}(t) = \begin{Bmatrix} C_{1x} \\ -g\,t + C_{1y} \\ C_{1z} \end{Bmatrix}$

Randbedingungen:

$$\begin{array}{ll} v_x = 0 & \text{führt zu } C_{1x} = 0 \\ v_y(t=0) = +v_0 & \text{führt zu } C_{1y} = v_0 \\ v_z = 0 & \text{führt zu } C_{1z} = 0 \end{array}$$

Damit lautet der Geschwindigkeitsvektor: $\bar{v}(t) = \begin{Bmatrix} 0 \\ -g\,t + v_0 \\ 0 \end{Bmatrix}$

2. Integration: $\bar{r}(t) = \begin{Bmatrix} C_{2x} \\ \dfrac{-g \cdot t^2}{2} + v_0 \cdot t + C_{2y} \\ C_{2z} \end{Bmatrix}$

Randbedingungen:

$$\begin{array}{ll} x = 0 & \text{führt zu } C_{2x} = 0 \\ y(t=0) = 0 & \text{führt zu } C_{2y} = 0 \\ z = 0 & \text{führt zu } C_{2z} = 0 \end{array}$$

Der Ortsvektor lautet damit: $\bar{r}(t) = \begin{Bmatrix} x(t) = 0 \\ y(t) = v_0 \cdot t - \dfrac{1}{2} \cdot g \cdot t^2 \\ z(t) = 0 \end{Bmatrix}$

$x(t) = 0$ und $z(t) = 0$ besagen, daß die Bahn des Körpers identisch mit der $y$-Achse ist, was ohnehin anschaulich verständlich ist.

a) Die Steigzeit folgt aus der Randbedingung $v_y(t = t_H) = 0$ zu $t_H = v_0/g$.

b) Steighöhe $H = y(t = t_H) = v_0^2/2g$.

c) Die Gesamtflugzeit bis zum Aufprall am Startpunkt folgt aus der Randbedingung $y(t = t_A) = 0$ zu $t_A = 2 \cdot v_0/g$.

Damit ergibt sich aus dem $v_y(t)$-Gesetz die Aufprallgeschwindigkeit

$$v_A = v(t = t_A) = -v_0$$

Der Körper trifft mit seiner Startgeschwindigkeit am Boden auf, selbstverständlich mit Bewegungsrichtung abwärts, also gegen die positiv gewählte $y$-Achse, und dies auch nur, wenn, wie bei diesem Beispiel stillschweigend vorausgesetzt, die Luftreibung vernachlässigt wird.

**204** Für einen *schrägen Wurf aufwärts* im Schwerefeld sollen unter Vernachlässigung des Luftwiderstandes bestimmt werden a) die Steighöhe $H$, b) die Flugzeit $t_A$ bis zum höhengleichen Aufprallpunkt, c) die Wurfweite $w$, d) die Gleichung $y(x)$ der Flugbahn.

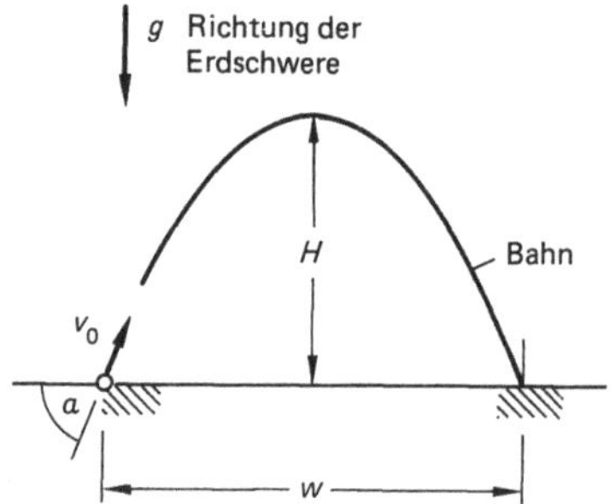


*Lösung:*

Wahl des Koordinatensystems:

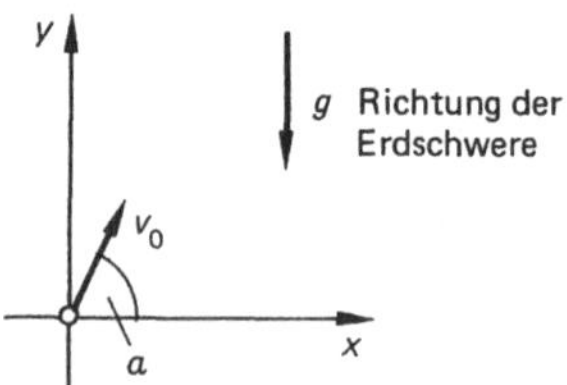


Aus dem zum gewählten Koordinatensystem gehörigen Beschleunigungsvektor

$$\bar{a}(t) = \begin{Bmatrix} 0 \\ -g \\ 0 \end{Bmatrix}$$

folgt durch Integration über $t$ der Geschwindigkeitsvektor

$$\bar{v}(t) = \begin{Bmatrix} C_{1x} \\ -g \cdot t + C_{1y} \\ C_{1z} \end{Bmatrix}$$

Randbedingungen erlauben die Bestimmung der Konstanten:

| | | |
|---|---|---|
| Randbedingung | $v_x = v_0 \cdot \cos\alpha$ | führt zu $C_{1x} = v_0 \cdot \cos\alpha$ |
| Randbedingung | $v_y(t=0) = v_0 \cdot \sin\alpha$ | führt zu $C_{1y} = v_0 \cdot \sin\alpha$ |
| Randbedingung | $v_z = 0$ | führt zu $C_{1z} = 0$ |

Der Geschwindigkeitsvektor lautet damit:

$$\bar{v}(t) = \begin{Bmatrix} v_x(t) = v_0 \cdot \cos\alpha \\ v_y(t) = v_0 \cdot \sin\alpha - g \cdot t \\ v_z(t) = 0 \end{Bmatrix}$$

Die weitere Integration über $t$ liefert den Ortsvektor:

$$\bar{r}(t) = \begin{Bmatrix} x(t) = v_0 \cdot \cos\alpha \cdot t + C_{2x} \\ y(t) = v_0 \cdot \sin\alpha \cdot t - \frac{1}{2} \cdot g \cdot t^2 + C_{2y} \\ z(t) = C_{2z} \end{Bmatrix}$$

Mit den Randbedingungen $x(t=0) = 0$, $y(t=0) = 0$ und $z = 0$ ergeben sich alle Konstanten $C_2$ zu null. Der Ortsvektor lautet somit:

$$\bar{r}(t) = \begin{Bmatrix} x(t) = v_0 \cdot \cos\alpha \cdot t \\ y(t) = v_0 \cdot \sin\alpha \cdot t - \frac{g}{2} \cdot t^2 \\ z(t) = 0 \end{Bmatrix}$$

a) Die Steigzeit ergibt sich aus der Randbedingung $v_y(t=t_H) = 0$ zu $t_H = (v_0 \cdot \sin\alpha)/g$. Damit beträgt die Steighöhe $H = y(t=t_H) = (v_0^2 \cdot \sin^2\alpha)/2g$.

b) Die Flugzeit $t_A$ bis zum Aufprall aus der Randbedingung $y(t=t_A) = 0$ ist $t_A = (2 \cdot v_0 \cdot \sin\alpha)/g$.

c) Wurfweite $w = x(t=t_A) = (v_0^2 \cdot \sin(2\alpha))/g$.

Da $w$ maximal wird, wenn $\sin(2\alpha) = 1$ ist, der Sinus aber bei $90° = \pi/2$ den Wert 1 annimmt, zeigt die Lösung, daß – wiederum Luftwiderstand vernachlässigt – bei dem Abwurfwinkel von $\alpha = 45°$ die größte Flugweite erzielt wird.

d) Die Weggesetze in der $xy$-Ebene lauten:

$$x(t) = v_0 \cdot \cos\alpha \cdot t\,; \quad y(t) = v_0 \cdot \sin\alpha \cdot t - \frac{g}{2} \cdot t^2$$

Aus $x(t)$ folgt $t = \dfrac{x}{v_0 \cdot \cos\alpha}$. Eingesetzt in $y(t)$ ergibt sich

$$y(x) = x \cdot \tan\alpha - \frac{g}{2 v_0^2 \cdot \cos^2\alpha} \cdot x^2$$

Der erste Term beschreibt eine Gerade mit positiver Steigung im gewählten $xy$-Koordinatensystem, der zweite eine nach unten offene quadratische Parabel. Die Überlagerung beider Funktionen entspricht der Flugbahn:

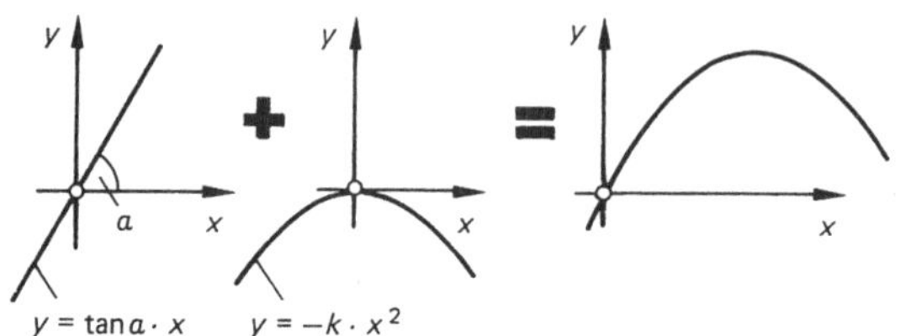


Mit $1/(\cos^2\alpha) = 1 + \tan^2\alpha$ lautet die $y(x)$-Funktion:

$$y(x) = x \cdot \tan\alpha - \frac{g}{2v_0^2}(1 + \tan^2\alpha)\,x^2$$

Diese Form der Beschreibung der Wurfparabel eignet sich zur Bestimmung des Abwurfwinkels, falls dieser gesucht ist.

**205** Ein Körper wird von der Anhöhe $H$ unter dem Winkel $\alpha$ mit der Anfangsgeschwindigkeit $v_0$ abgeworfen. Zu bestimmen sind a) die Flugzeit $t_A$ bis zum Aufprall, b) die Flugweite $w$, c) die Auftreffgeschwindigkeit $v_A$, d) die Bahngleichung $y(x)$.

*Ergebnisse:*

a) $t_A = \sqrt{\left(\frac{v_0 \cdot \sin\alpha}{g}\right)^2 + \frac{2 \cdot H}{g}} - \frac{v_0 \cdot \sin\alpha}{g}$;

b) $w = v_0 \cdot \cos\alpha \cdot \sqrt{\left(\frac{v_0 \cdot \sin\alpha}{g}\right)^2 + \frac{2 \cdot H}{g}} - \frac{v_0^2}{2g}\sin(2\alpha)$;

c) $v_A = \sqrt{v_0^2 + 2 \cdot g \cdot H}$;

d) $y(x) = -\tan\alpha \cdot x - \frac{g}{2 \cdot v_0^2 \cdot \cos^2\alpha} \cdot x^2$

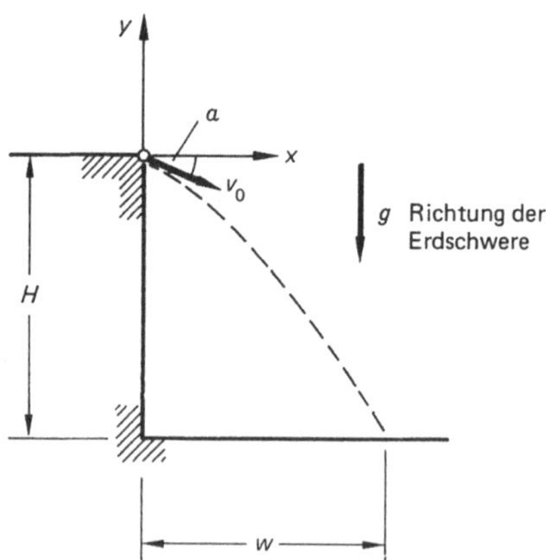


**206** Ein Körper wird von der Anhöhe $h = 4$ m unter einem Winkel von 45° mit $v_0 = 10$ m/s schräg nach oben geworfen. Zu bestimmen sind a) die Flugzeit $t_A$ bis zum Aufprall, b) die Flugweite $w$, c) die Auftreffgeschwindigkeit $v_A$.

*Ergebnisse:* a) $t_A = 1{,}8762$ s; b) $w = 13{,}27$ m; c) $v_A = 13{,}36$ m/s

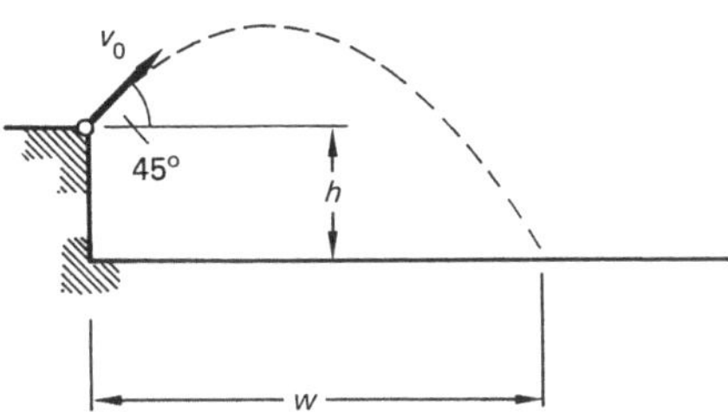


**207** Von Punkt A wird ein Körper mit der Anfangsgeschwindigkeit $v_A = 90$ m/s unter dem Winkel $\alpha = 50°$ zur Horizontalen abgeschossen. Mit welcher Geschwindigkeit $v_B$ muß im $w = 60$ m entfernten, höhengleichen Punkt B ein zweiter Körper im selben Augenblick lotrecht nach oben geschossen werden, damit sich die Körper im Bahnschnittpunkt treffen? Der Luftwiderstand wird vernachlässigt.

*Ergebnis:* $v_B = 68{,}944$ m/s

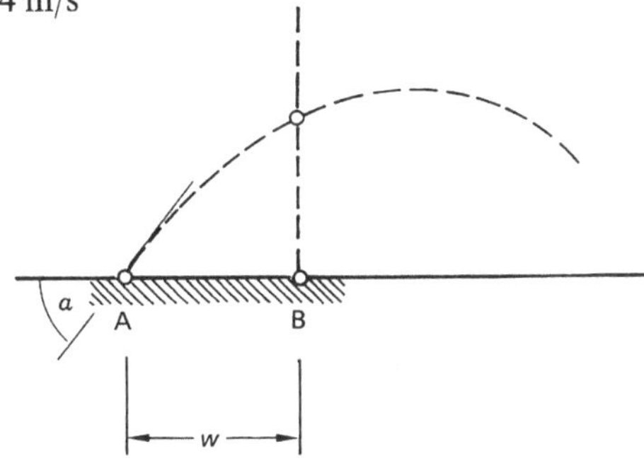


**208** Kugeln verlassen eine Rampe mit der Geschwindigkeit $v_0 = 1$ m/s $\pm$ 30%. In welchem Bereich muß der Neigungswinkel $a_0$ der Rampe liegen, damit die Kugeln in den Auffangtrichter treffen?

Lösungshinweis: Es genügt je eine Rechnung für minimale bzw. maximale Geschwindigkeit.

*Ergebnis:* $-51{,}2° < \alpha_0 < -24{,}2°$

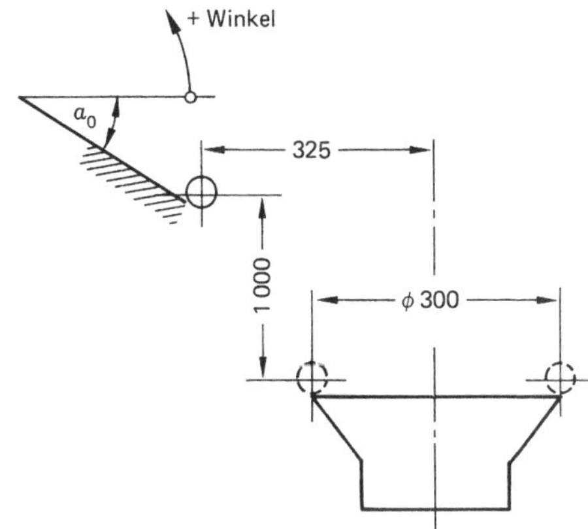

**209** Bei einer Unfall-Untersuchung wird ein *Rotorteil* hinter einem neben der explodierten Maschine stehenden Haus gefunden. Es soll geprüft werden, ob die Unfall-Ursache das Überschreiten der zulässigen Drehzahl war. Welche Drehzahl $n_{min}$ muß der Rotor mindestens gehabt haben?

Gegeben: $H = 20$ m; $L = 20$ m; $D = 0,5$ m. $D \ll H$ und $D \ll L$, $D$ wird nur zur Berechnung der Drehzahl verwendet.

*Ergebnis:* $n_{min} = 831\ \text{min}^{-1}$

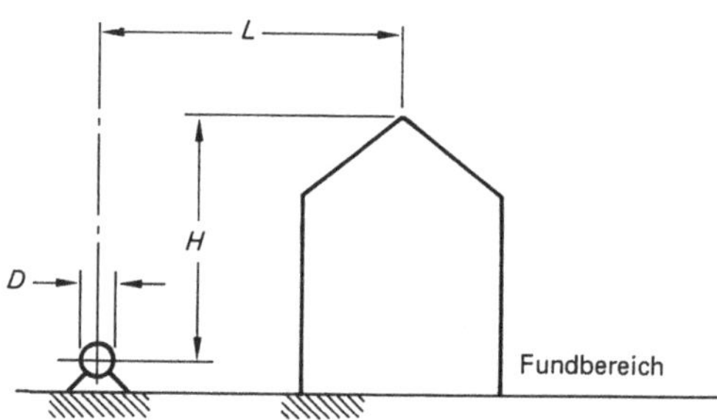


**210** Vom Bug eines im Gewässer stillstehenden *Schiffes* aus soll ein 800 m entfernt treibendes Objekt harpuniert werden. Mit welcher Geschwindigkeit $v_0$ muß die Harpune unter dem Winkel $\alpha = 40°$ abgeschossen werden, und wie groß ist die Auftreffgeschwindigkeit $v_A$?

*Ergebnisse:* $v_0 = 88,48$ m/s; $v_A = 89,8$ m/s

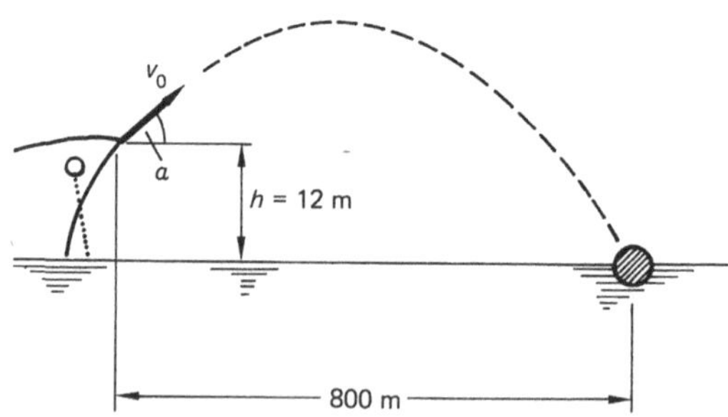


**211** Wieviel Meter vor dem Zielpunkt A muß ein in 2 km Höhe fliegendes *Versorgungsflugzeug* seine Last abwerfen, damit bei einem Abwurfwinkel von $\alpha = 25°$ zur Horizontalen bei Horizontalflug und einer relativen Abwurfgeschwindigkeit von $v_0 = 27$ m/s das Ziel erreicht wird? Luftwiderstand ist zu vernachlässigen.

*Ergebnis:* $w = 5231,4$ m

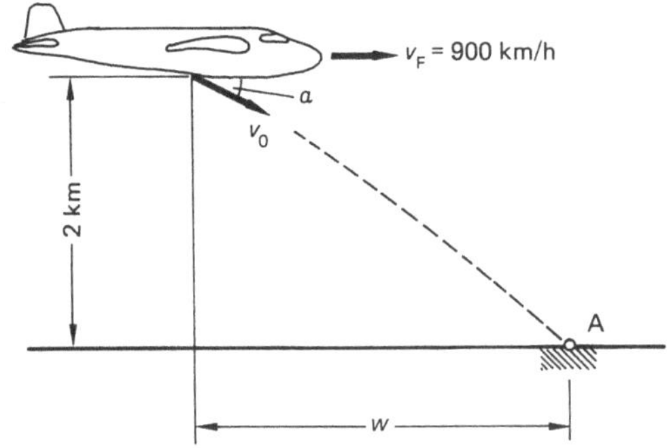


**212** Unter welchen Winkeln $\alpha_1$ und $\alpha_2$ muß ein Körper mit der Anfangsgeschwindigkeit $v_0 = 20$ m/s abgeschossen werden, damit er über eine $h = 12$ m hohe und $w = 18$ m entfernte Mauer fliegen kann? Der Luftwiderstand wird vernachlässigt.

*Ergebnisse:* $\alpha_1 = 73{,}23°$; $\alpha_2 = 50{,}456°$

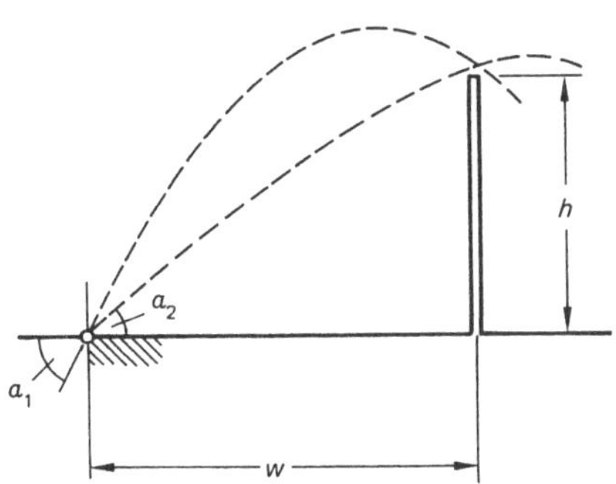


**213** In welchem zeitlichen Abstand $t_1$ muß ein zweiter Körper senkrecht nach oben geworfen werden, damit er den zuvor ebenfalls in diese Richtung geworfenen ersten Körper in $h = 30$ m Höhe trifft? Die Abwurfgeschwindigkeit beider Körper ist $v_0 = 36$ m/s. Der Luftwiderstand wird vernachlässigt.

*Ergebnis:* $t_1 = 5{,}423$ s

# Kinetik des Massenpunktes

## 3 Dynamisches Grundgesetz der Translation und Prinzip von D'Alembert

**301** Worin unterscheidet sich die *Kinetik* von der *Kinematik?*

*Antwort:*

Die Kinematik als Lehre von den Bewegungen beschränkt sich darauf, den Bewegungszustand von Gegenständen oder Systemen zu beschreiben. Sie formuliert die Abhängigkeiten zwischen Zeit, Ort, Geschwindigkeit und Beschleunigung, z. B. auch eine Bahnkurve.

Die Kinematik geht nicht auf die Ursachen einer Bewegung ein, spricht nicht von Kräften und Momenten. Im Gegensatz dazu sind die Bewegungsursachen Thema der Kinetik: Kräfte als Ursache von Geschwindigkeits-Änderungen, Momente als Ursache von Änderungen der Winkelgeschwindigkeit.

Sind Kräfte oder Momente an einem System nicht im statischen Gleichgewicht, d. h. addieren sich die äußeren Kräfte und Momente nicht zu Null, so entstehen Bewegungsänderungen, also Beschleunigung oder Winkelbeschleunigung. Im statischen Gleichgewicht verharrt der Körper in Ruhe oder im Zustand gleichförmiger Bewegung; bei Momentengleichgewicht bleibt die Winkelgeschwindigkeit konstant.

In der Kinetik wird z. B. nach den Beschleunigungen gefragt, die sich aus bestimmten Kräften oder Momenten ergeben, oder umgekehrt nach den Kräften und Momenten, die zu einer bestimmten Bewegungsänderung notwendig sind.

**302** Wie lautet das *Dynamische Grundgesetz der Translation*?

*Antwort:*

Newton formulierte das Dynamische Grundgesetz der Translation, indem er die Proportionalität von angreifender (resultierender) äußerer Kraft und der mit dieser Kraft einhergehenden Translationsbeschleunigung beschrieb: Je größer die angreifende Kraft, desto größer die damit verbundene Beschleunigung des Körpers. Der Proportionalitätsfaktor ist in dieser Gesetzmäßigkeit die Masse:

$$\bar{F} = m \cdot \bar{a}$$

Darin ist $F$ als resultierende äußere Kraft zu verstehen. Ist $F$ null, so ist auch die Beschleunigung $a$ null, der Körper verharrt im Zustand der geradlinigen, gleichförmigen Bewegung oder im Ruhezustand als Sonderfall dieser gleichförmigen Bewegung; denn sowohl die Änderung des Geschwindigkeitsbetrages längs der Bahn als auch die Richtungsänderung des Geschwindigkeitsvektors auf gekrümmter Bahn bedeuten Geschwindigkeitsänderung und also Beschleunigung. Für konstantes $m$ gilt dann: Ist $F$ zeitlich konstant, so ist $a$ konstant, und es kommt zu einer gleichförmig beschleunigten Bewegung. Ist $F$ eine Funktion der Zeit, so ist auch $a = a(t)$ eine Funktion der Zeit und damit nicht konstant. Bei veränderlicher Masse lautet das Dynamische Grundgesetz:

$$\bar{F} = \frac{\mathrm{d}}{\mathrm{d}t}(m \cdot \bar{v})$$

Die angreifende Kraft ist der zeitlichen Änderung des Impulses gleich. Bei $m = \text{konst.}$ wird $\bar{a} = \mathrm{d}\bar{v}/\mathrm{d}t$.

**303** Wie lautet das *Dynamische Grundgesetz* in kartesischen Koordinaten, und wie lautet es in natürlichen Koordinaten?

*Antwort:*

Für ein räumliches, rechtwinkliges Koordinatensystem $xyz$ lautet das Dynamische Grundgesetz:

$$\bar{F}_{\text{Res}} = \begin{Bmatrix} \sum F_x \\ \sum F_y \\ \sum F_z \end{Bmatrix} = \begin{Bmatrix} m \cdot a_x \\ m \cdot a_y \\ m \cdot a_z \end{Bmatrix} = m \begin{Bmatrix} \ddot{x} \\ \ddot{y} \\ \ddot{z} \end{Bmatrix}$$

Zerlegt man die angreifende, resultierende Kraft in eine Komponente tangential zur Bahn und eine dazu normale Komponente, so lautet das Dynamische Grundgesetz bei ebener Bewegung:

$$\bar{F}_{\text{Res}} = \begin{Bmatrix} F_n \\ F_t \end{Bmatrix} = m \begin{Bmatrix} a_n \\ a_t \end{Bmatrix} = m \begin{Bmatrix} \ddot{s} \\ \dot{s}^2/\varrho \end{Bmatrix}$$

(Mit $\dot{s}$ als Bahngeschwindigkeit und $\varrho$ als augenblicklichem Bahnradius.)

**304** Wie ist die *Einheit der Kraft* definiert?

*Antwort:*

Das Dynamische Grundgesetz der Translation $\bar{F} = m \cdot \bar{a}$ liefert, wenn man für $m$ die Einheit (kg) und für $a$ die Einheit ($m/s^2$) einsetzt, die Einheit ($kg \cdot m \cdot s^{-2}$) für die Kraft $F$. 1 N (Newton) ist jene Kraft, die angreifen muß, um die Masse $m = 1$ kg mit $a = 1\,m\,s^{-2}$ zu beschleunigen: $1\,N = 1\,kg \cdot m/s^2$.

Umgekehrt kann man für kg also schreiben: $1\,kg = 1\,N \cdot s^2/m$.

Im Schwerefeld der Erde lautet das Dynamische Grundgesetz $\bar{F}_G = m \cdot \bar{g}$

$\bar{F}_G$ = Gewichtskraft
$g$ = 9,81 $m/s^2$ Erdbeschleunigung

Im Schwerefeld der Erde entwickelt die Masse $m = 1$ kg die Auflagekraft oder Gewichtskraft von 9,81 N.

**305** Was besagt das *Prinzip von D'Alembert*?

*Antwort:*

Nach dem Newtonschen Grundgesetz der Dynamik $\sum \bar{F} = \bar{F}_{\text{Res}} = m \cdot \bar{a}$, stellt sich eine Translationsbeschleunigung $a$ ein, die sowohl der resultierenden äußeren Kraft als auch dem Reziprokwert der Masse proportional ist. Formale Umstellung des Newtonschen Gesetzes in die Form $F_{\text{Res}} + m \cdot (-a) = 0$ hat die Gestalt einer Kräftegleichgewichtsbedingung: $\sum F = 0$.

Dabei kann dann von einem Kräftegleichgewichtszustand gesprochen werden, wenn zu den tatsächlich auf den Körper einwirkenden Kräften eine Trägheitskraft $(m \cdot a)$ hinzugefügt wird, die allerdings entgegen der Beschleunigungsrichtung anzusetzen ist. Ist die Beschleunigungsrichtung unbekannt, so trifft man diesbezüglich eine Annahme; ergibt sich aus dem D'Alembertschen Ansatz dann eine negative Beschleunigung, so ist dies ein Zeichen dafür, daß der Körper in die entgegengesetzte Richtung beschleunigt wird. Sobald sich eine negative Beschleunigung ergibt, ist mit der dann bekannten *richtigen* Beschleunigungsrichtung das Problem neu aufzugreifen, da sich der Richtungssinn solcher Kräfte ändern wird, die, wie etwa Reibkräfte, von der Bewegungsrichtung abhängen.

*Beispiel:* Masse auf rauher, schiefer Ebene

1. Annahme: Abwärtsbewegung aus der anfänglichen Ruhelage

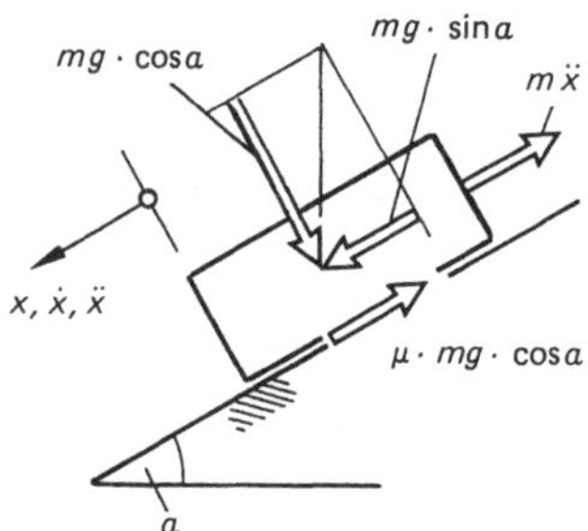


D'Alembert: $\sum F = 0$

$0 = m \cdot g \cdot \sin\alpha - \mu \cdot m \cdot g \cdot \cos\alpha - m \cdot \ddot{x}$

$\ddot{x} = a = g \cdot (\sin\alpha - \mu \cdot \cos\alpha)$

Die Beschleunigung ist positiv für $\sin\alpha > \mu \cdot \cos\alpha$ oder für $\tan\alpha > \mu$.

2. Annahme: Aufwärtsbewegung

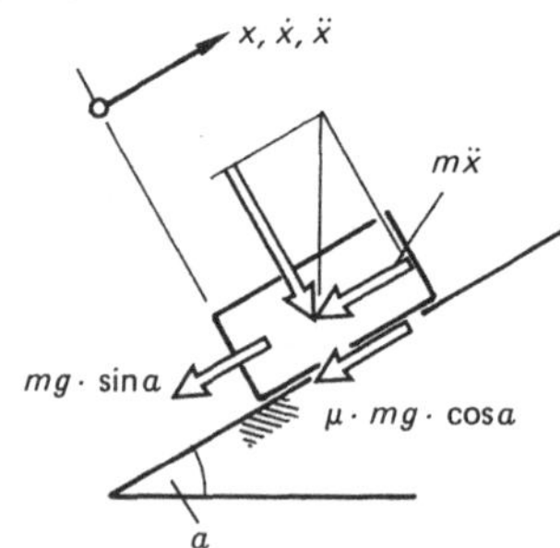


D'Alembert: $\sum F = 0$

$0 = m \cdot g \cdot \sin\alpha + \mu \cdot m \cdot g \cdot \cos\alpha + m \cdot \ddot{x}$

$\ddot{x} = a = -g \cdot (\sin\alpha + \mu \cdot \cos\alpha)$

$a$ ist in jedem Fall negativ, das Ergebnis ist falsch; die Annahme, daß Aufwärtsbeschleunigung vorliegt, war falsch. Man erkennt, daß auch der Betrag der so errechneten Beschleunigung falsch ist!

In der bequemen Handhabung der statischen Gleichgewichtsbedingungen auf ungleichgewichtige Probleme liegt der Vorteil des Prinzips von D'Alembert gegenüber dem Newtonschen Ansatz. Ausblick: Natürlich gilt das D'Alembertsche Prinzip auch für Rotationsbewegungen; hier wird zu den einwirkenden Momenten eine Trägheitsgröße hinzugefügt, die dem resultierenden Moment der tangentialen Trägheitskräfte aller Massenteilchen der Gesamtmasse des Rotors gleich ist. Analogie:

Dynamisches Grundgesetz der Translation: $F = m \cdot a = m \cdot \ddot{x}$

Dynamisches Grundgesetz der Rotation: $M = J \cdot \alpha = J \cdot \ddot{\varphi}$

**306** Wie lautet das *Prinzip von D'Alembert* in Komponentenform?

*Antwort:*

Im kartesischen Koordinatensystem lautet das D'Alembertsche Prinzip in Komponentenschreibweise:

$$0 = \begin{Bmatrix} F_{Rx} - m \cdot a_x \\ F_{Ry} - m \cdot a_y \\ F_{Rz} - m \cdot a_z \end{Bmatrix} = \begin{Bmatrix} \sum F_x - m \cdot \ddot{x} \\ \sum F_y - m \cdot \ddot{y} \\ \sum F_z - m \cdot \ddot{z} \end{Bmatrix}$$

in natürlichen Koordinaten:

$$0 = \begin{Bmatrix} F_R^t - m \cdot a_t \\ F_R^n - m \cdot a_n \end{Bmatrix} = \begin{Bmatrix} \sum F_t - m \cdot \ddot{s} \\ \sum F_n - \dfrac{m \cdot \dot{s}^2}{\varrho} \end{Bmatrix}$$

$\varrho$ = Krümmungsradius der Bahn
$\dot{s} = v$ = Bahngeschwindigkeit
$\ddot{s} = a_t$ = Bahnbeschleunigung

Die radiale Trägheitskraft $m \cdot a_n = m \cdot v^2/\varrho$ heißt Fliehkraft. Fliehkraft ist die D'Alembertsche Trägheitskraft der Normalbeschleunigung auf gekrümmter Bahn.

**307** Ein Fahrzeug ($F_G = 10$ kN) fährt mit konstanter Antriebskraft $F = 3$ kN. Fahrwiderstandszahl $\mu_F = 0{,}015$, Luftwiderstand vernachlässigbar klein. Gesucht: $s(t)$, $v(t)$, $a(t)$

*Lösung:* Anwendung des D'Alembertschen Prinzips

1) Abgrenzen

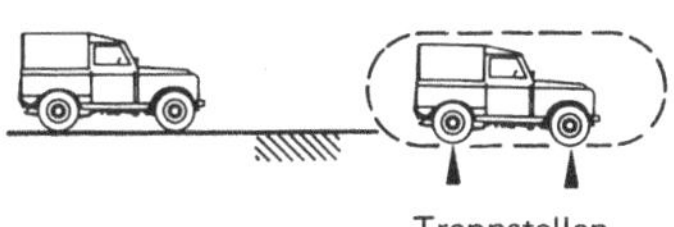


2) Wahl des Koordinatensystems

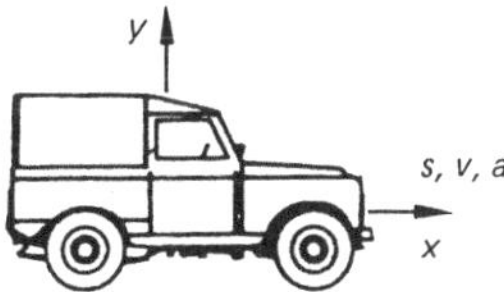


3) Freimachen, einschließlich der Trägheitskräfte!

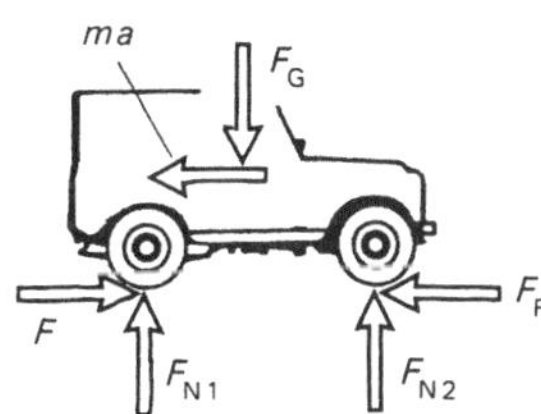


Man beachte, daß die Antriebskraft $F$ aus der Haftreibung am Boden stammt! (als Reaktion auf das innere Antriebsmoment an der Antriebsachse)

4) Aufstellen der Gleichgewichtsbedingungen

(I) $$\sum F_x = 0 = F - m \cdot a - F_F$$

$F_F$ ist die für beide Achsen zusammengefaßte Fahrwiderstandskraft.

(II) $$\sum F_y = 0 = -F_G + (F_{N1} + F_{N2})$$

Da die Verteilung der Achslasten nicht interessiert, kann mit einer Normalkraft $F_N = F_{N1} + F_{N2}$ gerechnet werden. Die Momenten-Gleichgewichtsbedingung wird nicht benötigt.

5) zusätzliche Bedingung:

(III) Fahrwiderstandsgleichung (analog dem Coulombschen Reibungsgesetz)

$$F_F = \mu_F \cdot F_N$$

(II) und (III) eingesetzt in (I) ergibt: $0 = F - m \cdot a - \mu_F \cdot F_G$

und damit: $$a = \frac{F - \mu_F \cdot F_G}{m} = g \cdot \frac{F - \mu_F \cdot F_G}{F_G} = g \cdot \left(\frac{F}{F_G} - \mu_F\right) = 2{,}8\,\mathrm{m/s^2}$$

6) Aufstellen der Bewegungsgleichungen

Nachdem aus der Kinetik die Beschleunigung $a =$ konst. gewonnen wurde, ist die weitere Rechnung rein kinematisch. Es gilt:

$$v(t) = \int_0^t a\,\mathrm{d}t + C_1 = a \cdot t + v_0 \quad \text{und} \quad s(t) = \int_0^t v(t)\,\mathrm{d}t + C_2 = \frac{1}{2} \cdot a \cdot t^2 + v_0 \cdot t + s_0$$

**308** Welche Reibzahl $\mu_0$ zwischen Rad und Fahrbahn muß zumindest gegeben sein, damit ein Fahrzeug der Masse $m$ eine Beschleunigung von $3\,\mathrm{m/s^2}$ auf horizontaler Bahn erreichen kann?

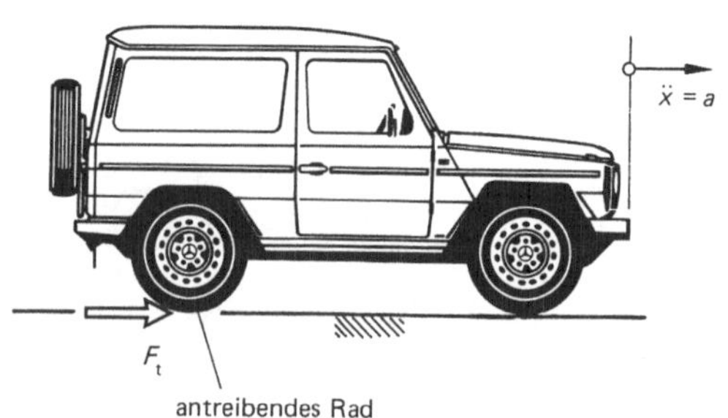


*Lösung:*

Aus dem Dynamischen Grundgesetz der Translation: $F_t = m \cdot a$ und dem Coulombschen Gleitreibungsgesetz:

Maximale Reibkraft $F_r \leqq \mu_0 \cdot F_n = \mu_0 \cdot m \cdot g$ folgt $\mu_0 \cdot m \cdot g \leqq m \cdot a$

Damit ist $$\mu_0 = a/g = \frac{3\,\mathrm{m/s^2}}{9{,}81\,\mathrm{m/s^2}} = 0{,}306$$

**309** Eine Ladung der Masse $m$ liegt auf der horizontalen Ladefläche eines Lkw. Bei welcher Beschleunigung beginnt die Ladung zu rutschen?

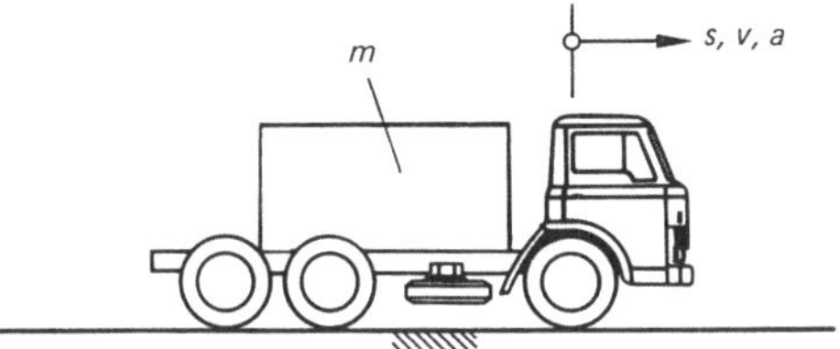


*Lösung:*

1). Die Lösung erfolgt nach dem Newtonschen Prinzip: Welche Kraft ist es, die an der Masse angreift und diese in Fahrtrichtung beschleunigt? Es ist die Reibkraft, die größtenfalls – im Moment des Rutschbeginns – $m \cdot g \cdot \mu_0$ groß wird.

$$F_{\text{Res}} = m \cdot g \cdot \mu_0 = m \cdot a; \quad \text{daraus:} \ a = g \cdot \mu_0$$

2). Lösung nach dem Prinzip von D'Alembert: Der Beschleunigungsrichtung – hier: Fahrtrichtung – ist die Trägheitskraft $(m \cdot a)$ entgegengerichtet:

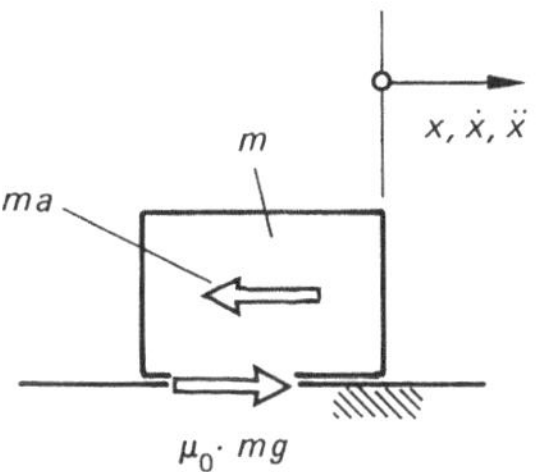


D'Alembert: $\sum F = 0$

$$0 = \mu_0 \cdot m \cdot g - m \cdot a; \quad \text{daraus:} \ a = \mu_0 \cdot g$$

Man erkennt, daß der Rutschbeginn masseunabhängig ist und die Grenzbeschleunigung nur vom Reibkoeffizienten der Haftreibung $\mu_0$ und der Erdbeschleunigung $g = 9{,}81 \text{ m/s}^2$ abhängt.

**310** Ein Fahrzeug fährt mit der augenblicklichen Geschwindigkeit $v = 70$ km/h über den höchsten Punkt einer Bergkuppe, die in Fahrtrichtung den Krümmungsradius $\varrho = 170$ m aufweist.

a) Mit wieviel Prozent des Gewichts drückt das Fahrzeug noch auf die Bahn?

b) Bei welcher Grenzgeschwindigkeit $v_m$ ist diese normale Andrückkraft null? Mit anderen Worten: Wann hebt das Fahrzeug von der Bahn ab?

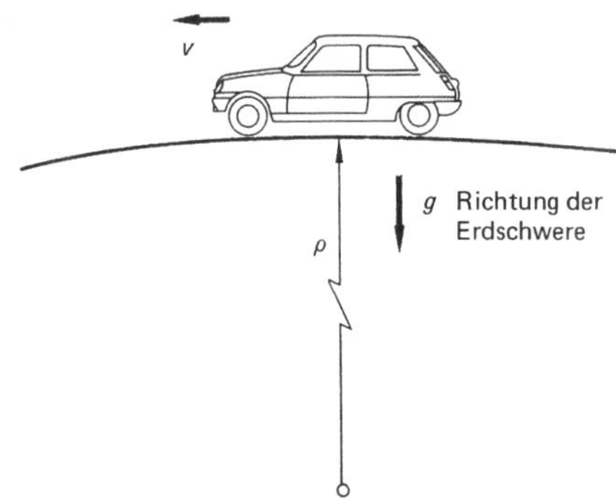

*Lösung:*

a) Prinzip von D'Alembert:

$$\sum F = 0; \quad 0 = m \cdot g - m \cdot a_n - F_N$$

$$F_N = m \cdot g - m \cdot \frac{v^2}{\varrho} = m \cdot g \cdot \left(1 - \frac{v^2}{g \cdot \varrho}\right)$$

$$F_N = m \cdot g \cdot \left(1 - \frac{(70 \text{ m/s})^2}{3{,}6^2 \cdot 9{,}81 \text{ m/s}^2 \cdot 170 \text{ m}}\right) = 0{,}7733 \cdot m \cdot g$$

*Ergebnis:* Die normale Andrückkraft des Fahrzeugs beträgt noch 77,33% des Fahrzeuggewichts.

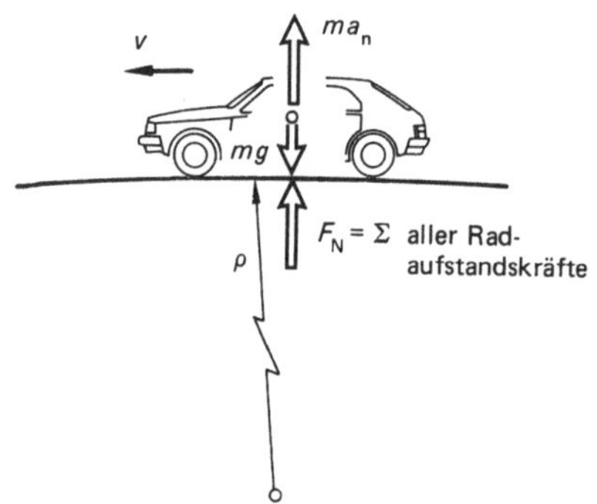


b) Grenzfall: $F_N = 0; \quad m \cdot g = m \cdot a_n = m \cdot \frac{v_m^2}{\varrho}$

$$v_m = \sqrt{g \cdot \varrho} = \sqrt{9{,}81 \text{ m/s}^2 \cdot 170 \text{ m}} = 40{,}84 \text{ m/s} \mathrel{\hat{=}} 147 \text{ km/h}$$

**311** Ein Fahrzeug der Masse 1,6 t durchfährt mit einer Geschwindigkeit von 120 km/h eine 12° überhöhte Kurve vom Radius 400 m.

a) Die Resultierende aus Gewichts- und Fliehkraft ist nach Betrag und Richtung zu bestimmen und in Komponenten normal bzw. parallel zur Bahn zu zerlegen.

b) Wie groß muß der Reibkoeffizient zwischen Rädern und Bahn sein, damit Rutschen ausgeschlossen ist?

c) Wie groß muß der Fahrbahnüberhöhungswinkel sein, damit auch bei glatter Bahn und den gegebenen Zahlenwerten kein Rutschen einsetzt?

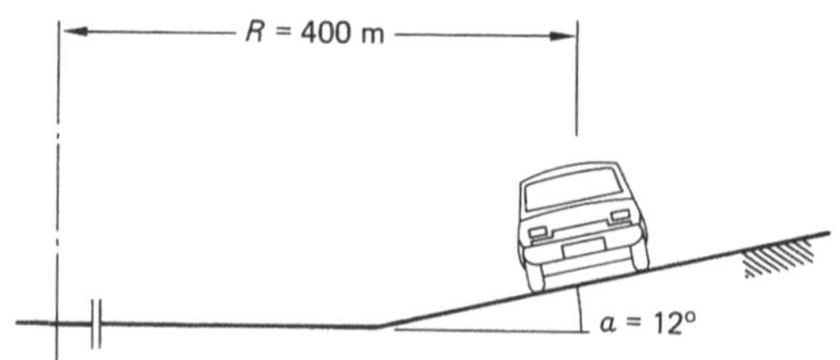

*Lösung:*

a) Gewicht $F_G = m \cdot g = 1600\ \text{kg} \cdot 9{,}81\ \text{m/s}^2 = 15\,696\ \text{N}$

Fliehkraft $F_F = m \cdot \dfrac{v^2}{R} = 1600\ \text{kg} \cdot \dfrac{\left(\dfrac{120}{3{,}6}\ \text{m/s}\right)^2}{400\ \text{m}} = 4444{,}4\ \text{N}$

$F_R = \sqrt{F_G^2 + F_F^2} = 16\,313{,}1\ \text{N}$

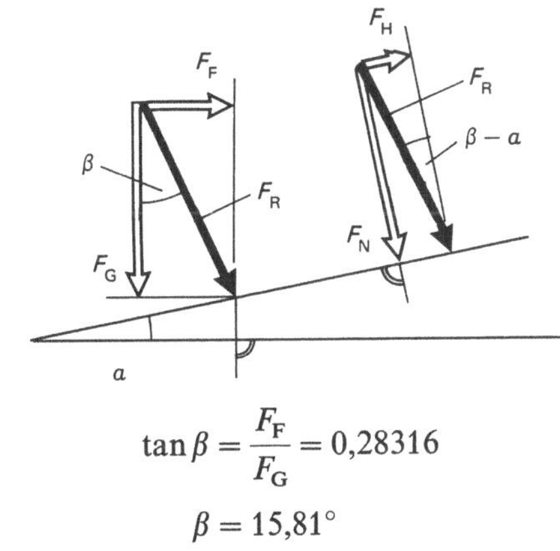


$$\tan\beta = \frac{F_F}{F_G} = 0{,}28316$$

$$\beta = 15{,}81^\circ$$

Die Resultierende aus Gewichts- und Fliehkraft steht nicht senkrecht auf der Bahn, sie besitzt eine hangaufwärts gerichtete Komponente $F_H = F_R \cdot \sin(\beta - \alpha) = 1081{,}9\ \text{N}$.

Die Normalkraft senkrecht zur Bahn ist $F_N = F_R \cdot \cos(\beta - \alpha) = 16\,277{,}0\ \text{N}$.

b) Erforderliche Reibzahl: $\mu_0 > F_H/F_N = 0{,}0666$.

c) Idealer Kurvenüberhöhungswinkel ist dann gegeben, wenn die Resultierende aus Gewichts- und Fliehkraft normal zur Bahn wirkt:

$$\tan\alpha = \frac{F_F}{F_G} = \frac{\dfrac{m \cdot v^2}{R}}{m \cdot g} = \frac{v^2}{g \cdot R}; \quad \alpha = \arctan \frac{\left(\dfrac{120}{3{,}6}\ \text{m/s}\right)^2}{9{,}81\ \text{m/s}^2 \cdot 400\ \text{m}} = 15{,}81^\circ$$

Dies entspricht natürlich dem bereits errechneten Winkel $\beta$.

**312** Zwei translatorisch bewegte Massen sind über ein Seil miteinander wie skizziert verbunden. Die Rollenmasse ist vernachlässigbar klein. Der Koeffizient der Gleitreibung ist $\mu$. Welche Beschleunigung der Massen stellt sich ein?

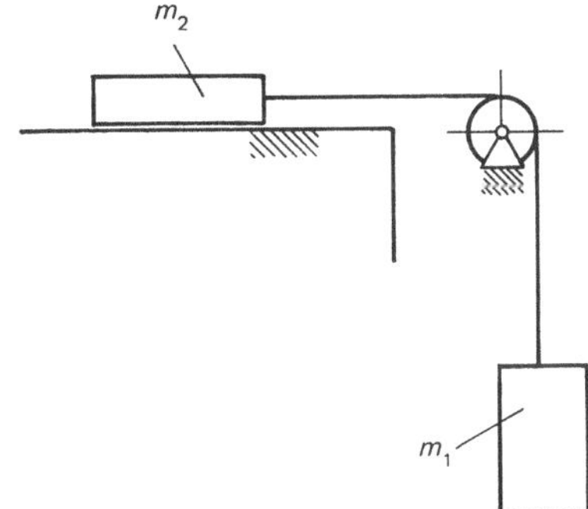

*Lösung:*

Annahme der Bewegungsrichtung, Einzeichnen der wirkenden Kräfte einschließlich der der Beschleunigungsrichtung entgegengerichteten Trägheitskräfte. Danach entsprechend dem D'Alembertschen Prinzip Ansetzen der *dynamischen Gleichgewichtsbedingung* für beide Massen.

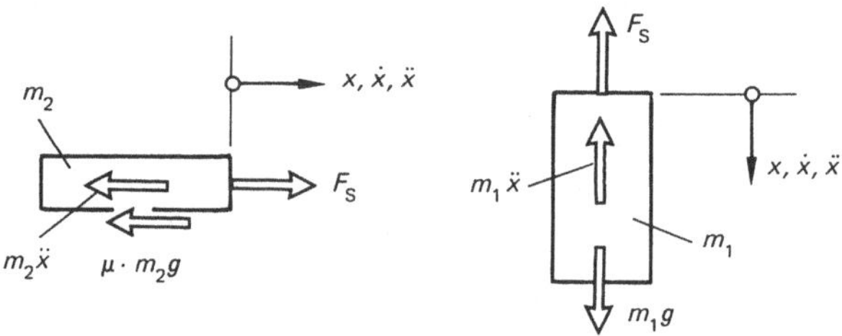


Masse $m_2$: $\sum F_x = 0; \quad 0 = F_S - m_2 \cdot \ddot{x} - \mu \cdot m_2 \cdot g$

Daraus folgt: $$F_S = m_2 \cdot \ddot{x} + \mu \cdot m_2 \cdot g \qquad (1)$$

Masse $m_1$: $\sum F_x = 0; \quad 0 = m_1 \cdot g - F_S - m_1 \cdot \ddot{x}$

Daraus folgt: $$F_S = m_1 \cdot g - m_1 \cdot \ddot{x} \qquad (2)$$

Nach Gleichsetzen von (1) und (2) folgt die Beschleunigung $\ddot{x} = a$ zu

$$a = \ddot{x} = g \cdot \frac{m_1 - \mu \cdot m_2}{m_1 + m_2}$$

Es setzt dann eine gleichförmig beschleunigte Bewegung ein, wenn der Zähler des Bruchs positiv ist. Wird der Bruch negativ, so ist dies der Hinweis darauf, daß die Bewegungsrichtung falsch angenommen wurde, was im vorliegenden Beispiel natürlich unsinnig gewesen wäre.

Die Seilkraft ergibt sich aus (1) oder (2) zu

$$F_S = g \cdot \frac{m_1 \cdot m_2 (1 + \mu)}{m_1 + m_2}$$

**313** *Flaschenzug* als Beispiel für Mehrkörpersystem betrachtet: Man bestimme die Beschleunigungen $a_1$ und $a_2$ der Körper in Abhängigkeit von ihren Gewichtskräften $G_1$, $G_2$. Die Rollen sollen als masselos und reibungsfrei gelagert betrachtet werden.

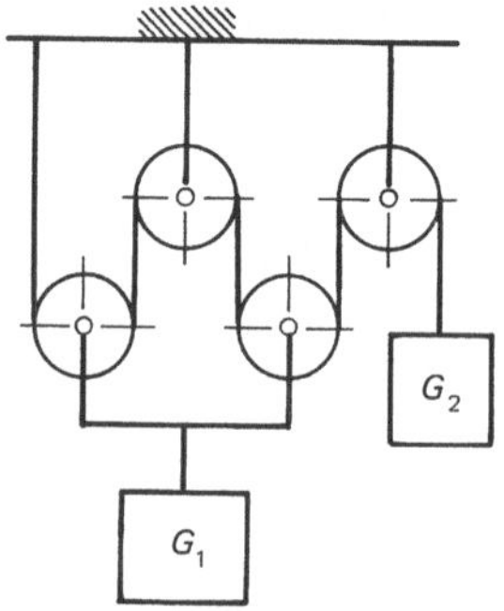

*Lösung:* Anwendung des D'Alembertschen Prinzips

1) Abgrenzen

Bei einem Mehrkörpersystem gilt die Grundregel: Jeden Körper einzeln abgrenzen und freimachen. (Diese Regel führt auf jeden Fall zum Ziel; daneben gibt es auch Möglichkeiten das Gesamtsystem zu behandeln.)

2) Koordinatensystem wählen

Koordinatensysteme sind frei wählbar. In Fällen, in denen die Bewegungsrichtung nicht absehbar ist, ist es sinnvoll, alle Koordinaten in die gleiche Richtung positiv anzunehmen. Das ist in dieser Lösung bewußt so gemacht worden, obwohl deutlich ist, daß, wenn ein Körper sich nach unten bewegt, der andere sich aufwärts bewegt. Die Auswirkungen dieser Annahme werden später erkennbar.

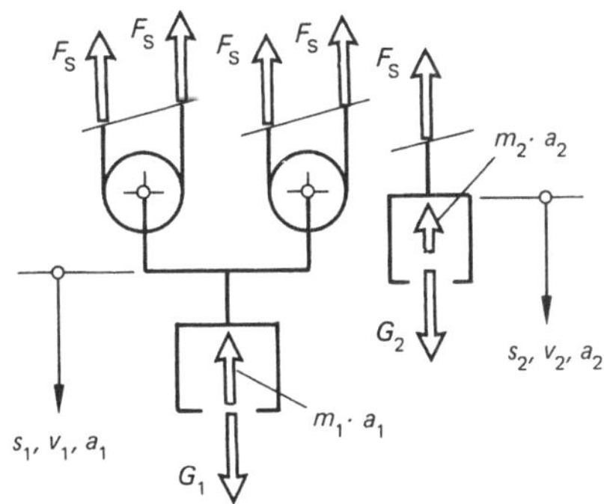


3) Freimachen

Aus der Angabe, Rollen masselos und reibungsfrei, folgt, daß die Seilkraft an jeder Stelle den gleichen Betrag $F_S$ hat. Körper 1 ist mit der Traverse und den beiden losen Rollen zusammengefaßt, weil a) die Rollen keine eigenständigen Körper sind (masselos!) und b) so besonders deutlich wird, daß am Körper 1 vier Seilkräfte angreifen.

4) Gleichgewichtsbedingungen

Körper 1

(I) $$\sum F = 0 = G_1 - m_1 \cdot a_1 - 4 \cdot F_S$$

Körper 2

(II) $$\sum F = 0 = G_2 - m_2 \cdot a_2 - F_S$$

5) zusätzliche Bedingung: kinematische Zwangsbedingung

So wird die Kopplung der Bewegung beider Körper durch das Seil des Flaschenzuges genannt. Die kinematischen Bewegungsgrößen hängen zwangsläufig voneinander ab, wie z. B. auch bei Getrieben und Hebelsystemen.

Daß eine zusätzliche Bedingung gebraucht wird, ergibt sich aus dem Abzählen der Unbekannten: 3 Unbekannten $a_1$, $a_2$, $F_S$ stehen nur 2 Gleichungen gegenüber!

Eine Beziehung zwischen $a_1$ und $a_2$ wäre wünschenswert. Da aber eine Beziehung zwischen den Wegen anschaulicher herzuleiten ist, wird diese zunächst aufgestellt.

Bedingt durch die beiden losen Rollen (mit 4 Seilsträngen) ist das Verhältnis der Wege 4 : 1. Wenn der eine Weg positiv ist, muß entsprechend der Koordinatenwahl der andere negativ sein! Damit ist $s_1/s_2 = -1/4$.

$$4 \cdot s_1(t) = -s_2(t)$$

Wegen $v = \mathrm{d}s/\mathrm{d}t$ und $a = \mathrm{d}v/\mathrm{d}t$ folgt nach zweimaliger Differentiation:

(III) $$4 \cdot a_1 = -a_2$$

Rechnung: Nach Eliminierung von $F_S$ und Anwendung der Zwangsbedingung folgt

$$0 = G_1 - m_1 \cdot a_1 - 4 \cdot [G_2 - m_2 \cdot (-4 \cdot a_1)]$$

$$a_1 = \frac{G_1 - 4 \cdot G_2}{m_1 + 16 \cdot m_2} = g \cdot \frac{G_1 - 4 \cdot G_2}{G_1 + 16 \cdot G_2}; \quad a_2 = -4 \cdot a_1$$

**314** Mit welchem maximalen Drehmoment $M_{max}$ am Hinterrad kann ein *Motorradfahrer* anfahren, ohne daß sich das Vorderrad abhebt und er sich in der Folge überschlägt? Wie groß muß der Haftreibungsfaktor $\mu_0$ mindestens sein, das Wievielfache der Erdbeschleunigung $g$ beträgt die maximale Beschleunigung $a_{max}$ im Fall $b/h = 1$? Als gegeben seien betrachtet das Gesamtgewicht $G$, sowie $g$, $D$, $b$, $h$.

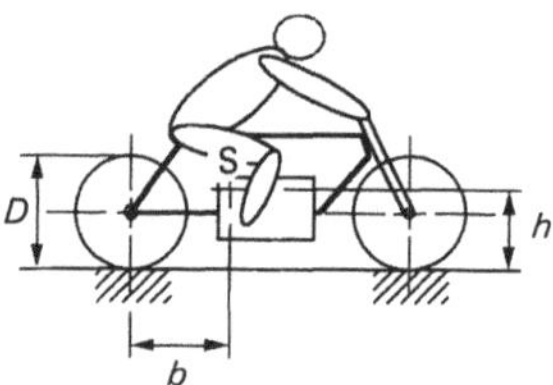


*Lösung:*

Allgemein lassen sich zwei Arten der Fragestellung unterscheiden:

1. Es wird ein bestimmter Wert gesucht, z. B. wie groß war die Geschwindigkeit des Fahrzeugs vor dem Unfall?

2. Es wird eine Entscheidungsfrage gestellt, z. B.: kommt es unter bestimmten Bedingungen zum Unfall? Diese Art von Fragen geht von Grenzwerten aus, z. B. vom Grenzwert der Haftreibung.

Während die erste Art meist methodisch gelöst werden kann, bereitet die zweite Art oft Schwierigkeiten, weil die Bedingungen, die eine Antwort Ja oder Nein ermöglichen, erst in eine rechenbare Gleichung umformuliert werden müssen.

Die vorliegende Aufgabe ist von der zweiten Art. Überschlägt sich der Motorradfahrer (Ja/Nein)? Bei welchem Grenzwert (max. Drehmoment) überschlägt er sich gerade noch nicht? Methodisch erfolgt der Ansatz nach D'Alembert.

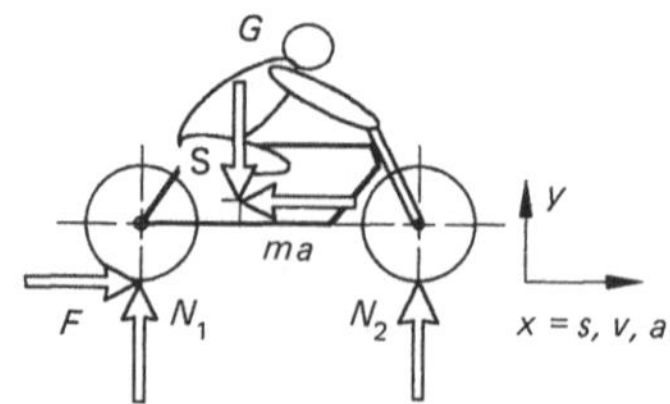


Die Antriebskraft $F$ entstammt der Haftreibung am Antriebsrad. Das gesuchte Drehmoment wird erkennbar, wenn die Antriebs-Welle geschnitten wird.

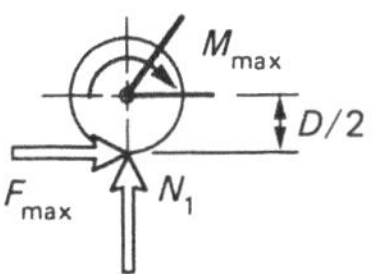


Aus $$\sum M = 0 \rightarrow M_{max} = \frac{D}{2} \cdot F_{max}$$

Das Aufstellen der Gleichgewichtsbedingungen ist nun möglich, führt aber nicht zur Beantwortung der Frage.

Zum Ziel führt die Überlegung, wie sieht die Grenzsituation zwischen Überschlagen und normaler Fahrlage aus, wie wirkt sie sich auf die Gleichgewichtsbedingungen aus?

Bevor sich das Motorrad überschlägt, entsteht die Grenzsituation, daß es sich zwar noch in der normalen Lage befindet, das Vorderrad aber den Kontakt zum Boden bereits verloren hat: Die Normalkraft am Vorderrad wird Null. Die Gleichgewichtsbedingungen für den Fall $N_2 = 0$ liefern das gesuchte max. Drehmoment.

$$\sum F_x = 0 \rightarrow F_{max} = m \cdot a_{max}$$

$$\sum M_P = 0 \rightarrow a_{max} = g \cdot \frac{b}{h}$$

$$M_{max} = \frac{D}{2} \cdot F_{max} = \frac{D}{2} \cdot m \cdot g \cdot \frac{b}{h} = G \cdot \frac{b}{h} \cdot \frac{D}{2}$$

Coulombsches Reibungsgesetz: $R_{0\,max} = \mu_0 \cdot N$

wegen $$N_2 = 0 \rightarrow F_{max} = R_{0\,max} = \mu_0 \cdot G$$

$$\mu_{0\,min} = F_{max}/G = b/h$$

mit $$b/h = 1 \rightarrow \mu_{0\,min} = 1$$

$$\rightarrow a_{max} = g$$

**315** Auf regennasser Straße betrage die Reibzahl $\mu = 0{,}25$. Welche Verzögerung erfährt ein Fahrzeug, das mit blockierten Rädern rutscht, und nach wieviel Metern Rutschweg kommt es bei einer anfänglichen Geschwindigkeit von 50 km/h zum Stehen?

*Ergebnis:* $s = 39{,}33$ m

**316** Die Masse $m = 0{,}4$ kg wird auf rauher, schiefer Ebene (Gleitreibungszahl $\mu = 0{,}15$) aus der Ruhe losgelassen und rutscht. Die Neigung der Ebene beträgt $\alpha = 30°$. Für einen Höhenunterschied von $h = 1$ m sind zu berechnen a) die Bahnbeschleunigung, b) die Bahngeschwindigkeit nach Überwinden des Höhenunterschieds von $h = 1$ m, c) die für die Bewegung benötigte Zeit.

*Ergebnisse:* a) $a = 3{,}6306\ \text{m/s}^2$; b) $v = 3{,}811\ \text{m/s}$; c) $t = 1{,}05\ \text{s}$

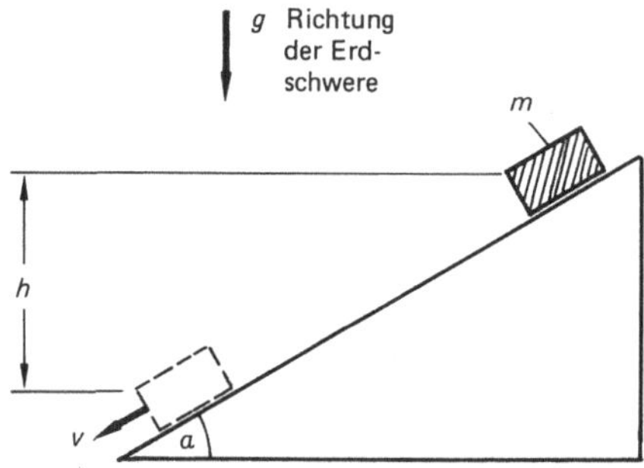


**317** Die Masse eines Anhängers, voll beladen, beträgt 26 t. Die Masse der Zugmaschine beträgt 12 t. Reibkoeffizient zwischen angetriebenem Rad und Straße sei $\mu_0 = 0{,}45$.

a) Welche maximale Beschleunigung ist möglich? Dabei sollen Rollwiderstand und andere Bewegungswiderstände unberücksichtigt bleiben.

b) Nach welcher Zeit hat das Gespann bei gleichförmiger Beschleunigung die Geschwindigkeit 40 km/h erreicht?

c) Welchen Weg hat es dann zurückgelegt?

*Ergebnisse:* a) $a = 1{,}394\ \text{m/s}^2$; b) $t = 7{,}97\ \text{s}$; c) $s = 44{,}3\ \text{m}$

**318** Ein schwerer Körper gleitet auf 45° schiefer Ebene hinunter. Der Koeffizient der Gleitreibung ist $\mu = 0{,}2$. Wie lange dauert es, bis der Körper, aus der anfänglichen Ruhelage ohne Anfangsgeschwindigkeit losgelassen, den Höhenunterschied $h = 1\ \text{m}$ überwunden hat?

*Ergebnis:* $t = 0{,}714\ \text{s}$

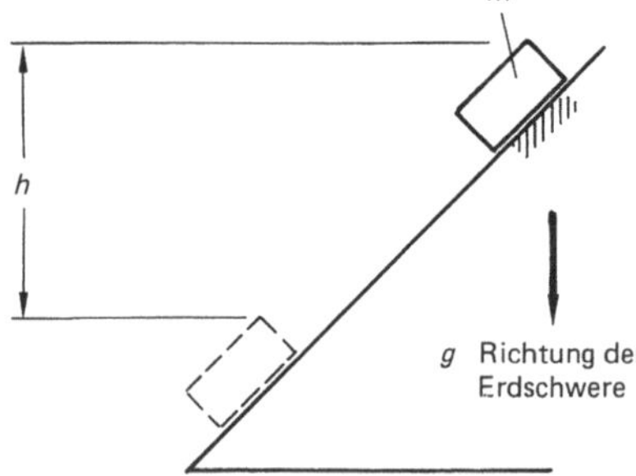


**319** Zwei gleich große Massen sind wie skizziert über eine Rolle von vernachlässigbar kleiner Masse zu einem beweglichen System verbunden. Welcher Gleitreibungskoeffizient liegt vor, wenn die Beschleunigung der Massen $1\ \text{m/s}^2$ beträgt?

*Ergebnis:* $\mu = 0{,}1187$

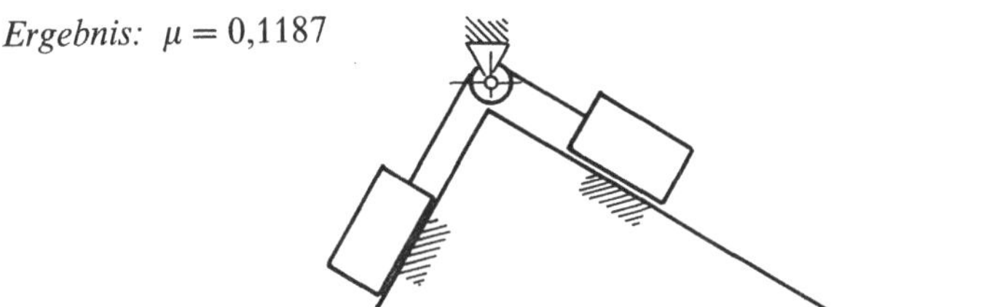


**320** Zwei Massen ($m_1 = 300$ kg, $m_2 = 100$ kg) sind durch ein Seil wie skizziert miteinander verbunden. Das Masse der Umlenkrolle ist vernachlässigbar klein. Der Koeffizient der Gleitreibung ist $\mu = 0{,}4$. Zu bestimmen sind

a) die Beschleunigung der Massen,

b) die Seilkraft im dynamischen Zustand,

c) die Geschwindigkeit der Massen nach 3 Sekunden, wenn das System aus der Ruhelage ohne Anfangsgeschwindigkeit losgelassen wird,

d) der dann zurückgelegte Weg der Massen.

*Ergebnisse:* a) $a = 0{,}6937\ \mathrm{m/s^2}$; b) $F_S = 1040{,}5$ N; c) $v = 2{,}081$ m/s; d) $s = 3{,}122$ m

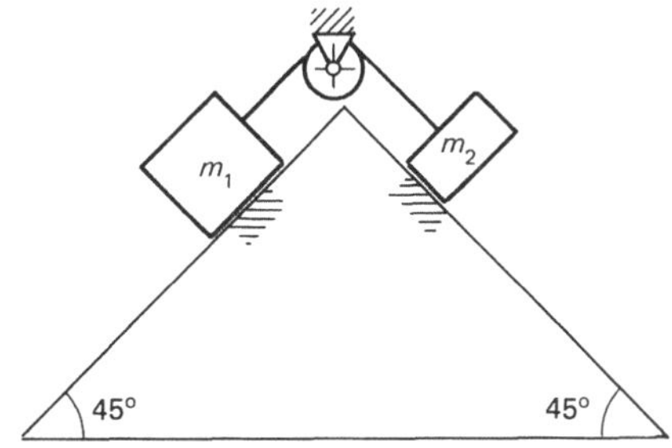


**321** Zwei Massen ($m_1 = 4 \cdot m_2$) sind über feste und lose Rolle, beide Rollenmassen sind vernachlässigbar klein, wie skizziert zu einem beweglichen System verbunden. Koeffizient der Gleitreibung: $\mu = 0{,}5$. Es sind die Beschleunigungen $a_1$ und $a_2$ der Massen zu berechnen.

*Ergebnisse:*

$a_1 = 2{,}04\ \mathrm{m/s^2}$; $a_2 = 1{,}02\ \mathrm{m/s^2}$

**322** Zwei Massen ($m_1 = 4m_2$) sind wie skizziert über ein Seil zu einem beweglichen System verbunden. Die Masse der Umlenkrolle ist vernachlässigbar klein. Der Koeffizient der Gleitreibung $\mu = 0{,}429$ beschreibt sowohl die Rauhigkeitsverhältnisse zwischen Masse $m_1$ und der Bahn als auch jene beim Abgleiten der Massen aufeinander.

a) Für einen beliebigen Neigungswinkel $\alpha$ der schiefen Ebene ist die Beschleunigung der Massen zu berechnen.

b) Bei welchem Grenzneigungswinkel setzt überhaupt erst Bewegung ein?

*Ergebnisse:* a) $a = g \cdot (0{,}6 \cdot \sin\alpha - 1{,}4 \cdot \mu \cdot \cos\alpha)$; b) $\alpha_G = 45°$

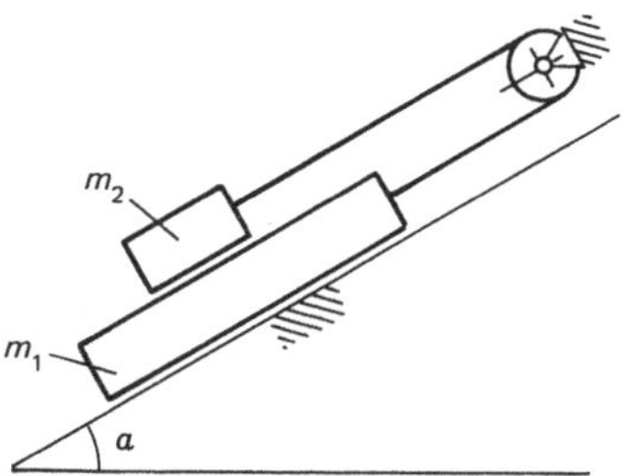


**323** Zwei gleich schwere Massen sind mittels loser und fester Rolle, beide Rollen von vernachlässigbar kleiner Masse, wie skizziert verbunden. Wie groß darf der Reibkoeffizient der Haftreibung $\mu_0$ höchstens sein, damit sich das System in Bewegung setzt?

*Ergebnis:* $\mu_0 = 0{,}247$

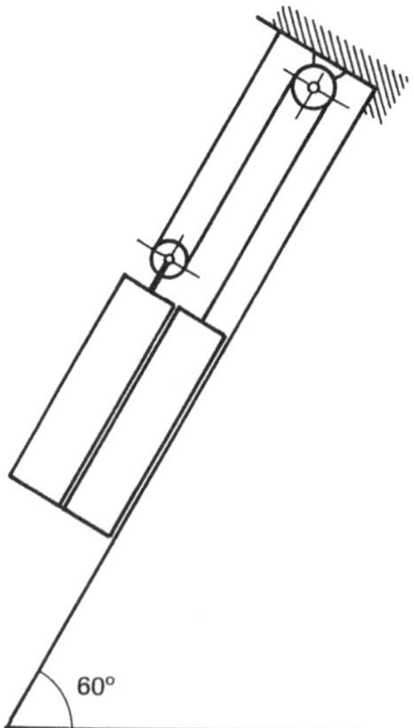


**324** Die Massen $m_1 = 180$ kg und $m_2 = 55$ kg sind über feste und lose Rolle, beide Rollen von vernachlässigbar kleiner Masse, wie skizziert miteinander verbunden. Nach welcher Zeit $t_1$ hat die Masse 1 den Höhenunterschied von $h = 3$ m zurückgelegt, wenn das System anfänglich in Ruhe ist und ohne Anfangsgeschwindigkeit losgelassen wird? Der Koeffizient der Gleitreibung ist $\mu = 0{,}3$.

*Ergebnis:* $t_1 = 1{,}65\ \text{s}$

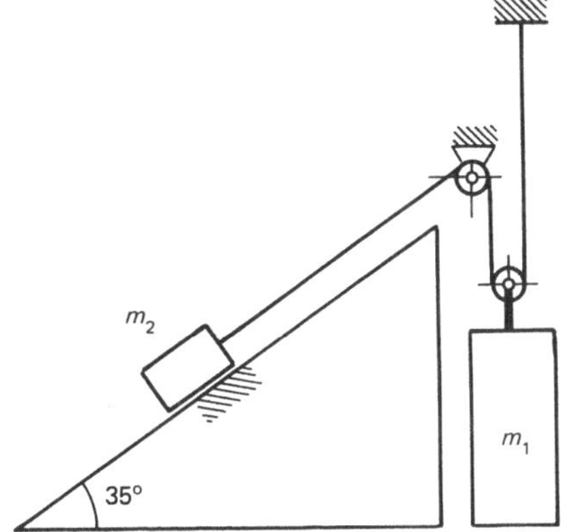


**325** Am Ende einer $L = 1\ \text{m}$ langen Stange von vernachlässigbar kleiner Masse ist die Punktmasse $m$ befestigt. Das Stangenende ist reibungsfrei drehbar auf einer vertikalen Achse gelagert, die sich mit $n = 42\ \text{min}^{-1}$ dreht. Bei welchem Winkel $\alpha$ stellt sich dynamisches Gleichgewicht ein?

*Ergebnis:* $\alpha = 59{,}53°$

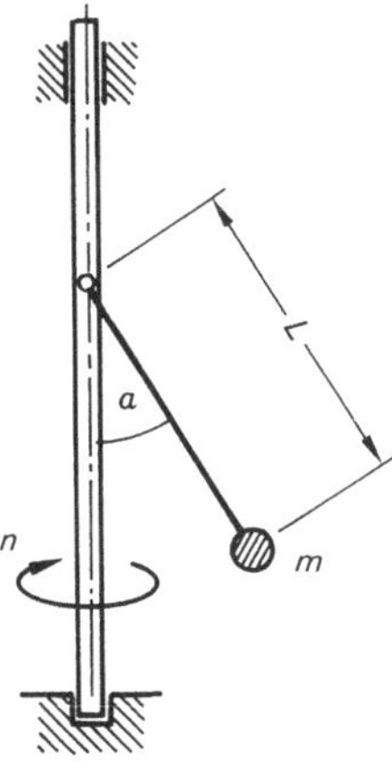


**326** In einer um die vertikale Drehachse rotierenden *Trommel* vom Innenradius $R = 2{,}5\ \text{m}$ wird die Masse $m$ zufolge der Fliehkräfte an die Trommelwand gepreßt. Koeffizient der Haftreibung ist $\mu_0 = 0{,}2$. Die Drehzahl der Trommel sinkt. Bei welcher Drehzahl rutscht die Masse abwärts?

*Ergebnis:*
$n = 42{,}3\ \text{min}^{-1}$

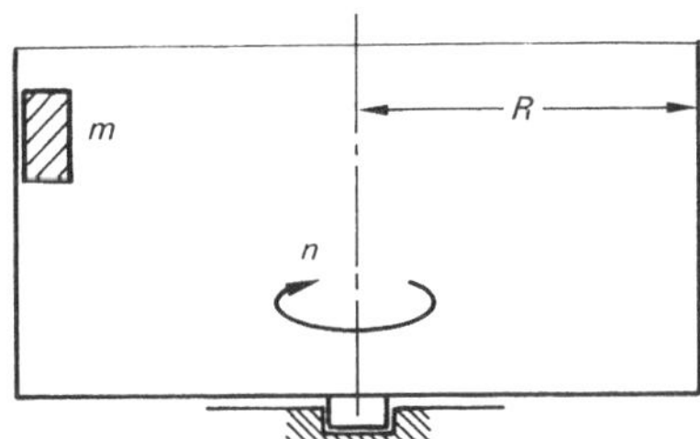

**327** Ein halbkugelförmiger *Behälter* rotiert um die vertikale Drehachse. Die Drehzahl steigt von null auf $n = 50\ \mathrm{min}^{-1}$. Eine Masse, die sich anfänglich in der Position $\varphi_0$ befindet, rutscht aufwärts in die Stellung $\varphi = 40°$, die bei der Drehzahl $n = 50\ \mathrm{min}^{-1}$ ihre Gleichgewichtsstellung ist. Wie groß ist der Reibkoeffizient der Haftreibung, wenn die Trägheitskräfte zufolge Drehzahlerhöhung vernachlässigbar klein sind?

*Ergebnis:*
$\mu_0 = 0{,}271$

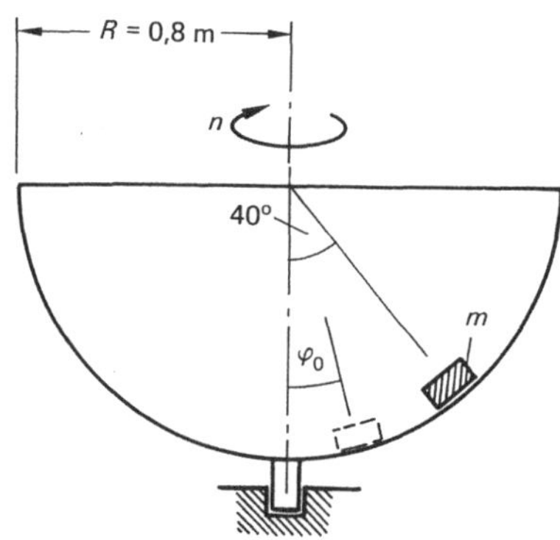


**328** Die Masse $m$ befindet sich im Abstand $r = 13$ cm von der vertikalen Drehachse eines ebenen *Drehtellers*, der aus der Ruhelage gleichförmig beschleunigt nach 15 s die Drehzahl $n_1 = 60\ \mathrm{min}^{-1}$ erreicht. Die Haftreibungszahl ist $\mu_0 = 0{,}4$. Nach welcher Zeit rutscht die Masse, und welche Drehzahl hat der Drehteller in diesem Augenblick?

*Ergebnisse:* $t = 13{,}115$ s; $n = 52{,}46\ \mathrm{min}^{-1}$

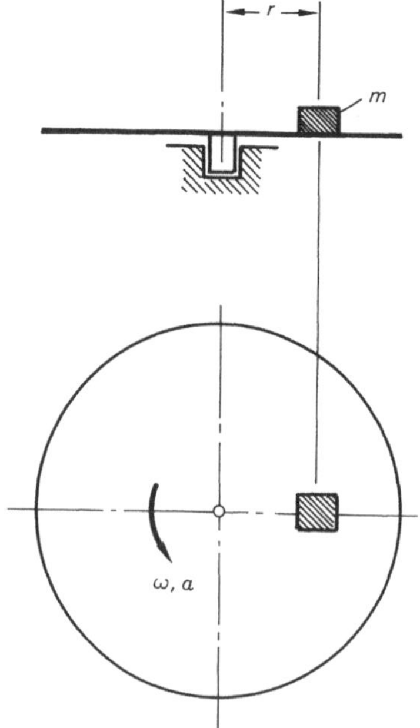

**329** In einer radial eingefrästen Führungsbahn einer in horizontaler Ebene drehenden *Scheibe* befindet sich die Masse $m$ im Abstand $e = 8$ cm von der Drehachse. Wie groß muß der Haftreibungskoeffizient $\mu_0$ sein, damit die Masse bei einer gleichförmigen Winkelbeschleunigung der Drehscheibe in 4 s aus dem Stillstand auf 70 $\text{min}^{-1}$ dann noch nicht rutscht?

*Ergebnis:* $\mu_0 = 0{,}432$

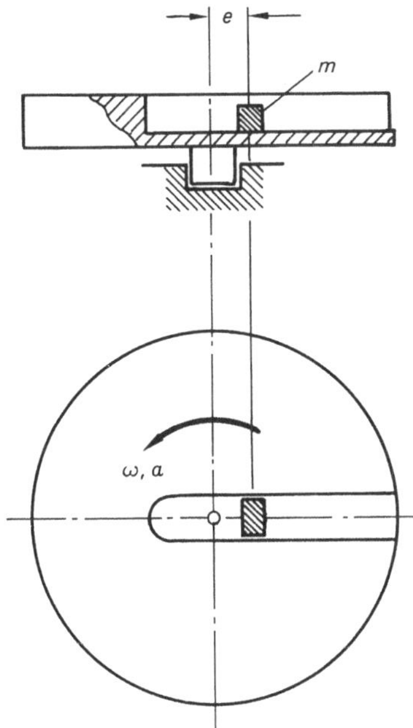


**330** Welche Bedingungen für die Geschwindigkeit $v$ und die Haftreibzahl $\mu_0$ müssen erfüllt sein, daß das *Fahrzeug* in einer Kurve an einer senkrechten Wand fahren kann? Gegeben: $R$, $L$, $H$, Erdbeschleunigung $g$.

*Ergebnis:*

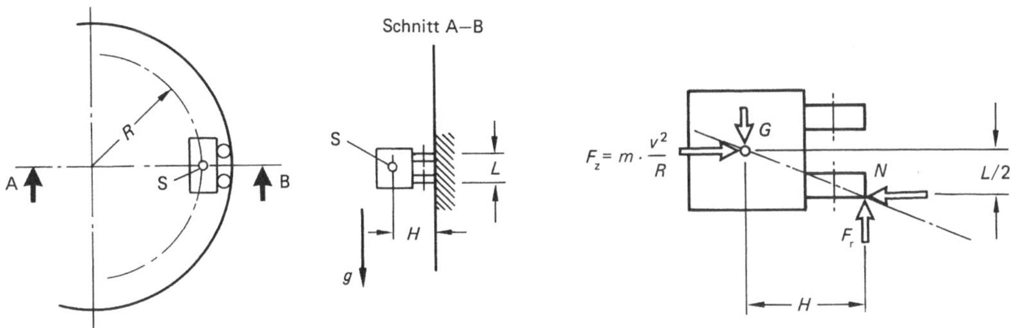


Um Kippen zu verhindern, muß die Resultierende aus Zentrifugalkraft und Gewichtskraft durch die Unterstützungsfläche gehen, im Grenzfall durch den äußersten Punkt.

$$\frac{F_z}{G} \geq \frac{H}{L/2} \rightarrow v \geq \sqrt{g \cdot R \cdot \frac{H}{L/2}}$$

Um Abrutschen zu verhindern, muß die Reibkraft gleich größer der Gewichtskraft sein:

$$F_r \geq G \;\rightarrow\; \mu_0 \geq \frac{L/2}{H}$$

**331** Der Auslenkung eines *drehenden Pendels* (Länge $L$, Gewicht $G$) wirkt eine Spiralfeder (Federmoment $M_f = c \cdot \varphi$) entgegen. Bei welcher Drehzahl $n$ wird die Auslenkung $\varphi = 30°$ erreicht? $c = 0{,}1$ Nm/grd; $L = 0{,}4$ m; $G = 10$ N; $g = 9{,}81$ m/s$^2$

*Ergebnis und Lösungsskizze:* $n = 80{,}3\ \mathrm{min}^{-1}$

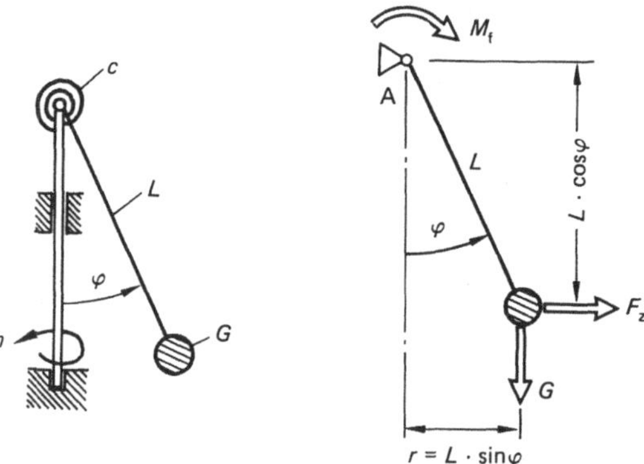


**332** Auf welchen Radius $r_1$ stellt sich das *Fliehgewicht* $G = 10$ N bei einer Drehzahl $n_1 = 60\ \mathrm{min}^{-1}$ ein? Bis zu welcher Drehzahl $n_{max}$ ist theoretisch Gleichgewicht möglich und gegen welchen Wert strebt der Radius $r$ dann? Ungespannte Federlänge $L = 10$ cm; $c = 1$ N/mm; $g = 10$ m/s$^2$

*Ergebnisse:* $r_1 = 125$ mm; $n_{max} = 302\ \mathrm{min}^{-1}$ bei $r \rightarrow \infty$

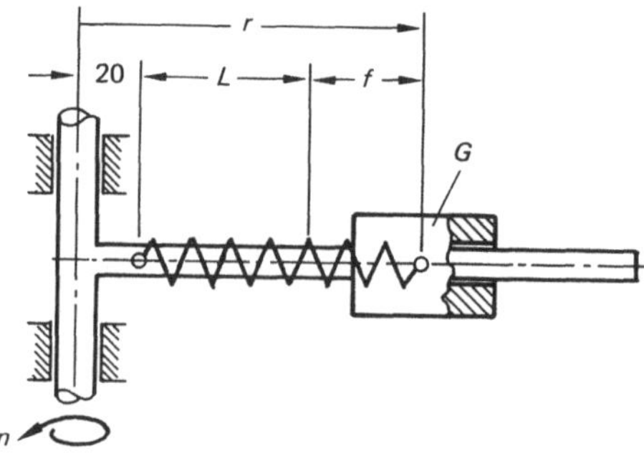


**333** Um wieviel Prozent langsamer muß ein Fahrzeug eine Kurve durchfahren, deren Böschung nach außen geneigt ist, im Vergleich zu der maximalen Geschwindigkeit, die in einer ebenen Kurve möglich ist?

Haftreibungszahl $\mu_0 = 0{,}6$; $\beta = 5°$

*Ergebnis:* $\Delta v = 9{,}9\%$

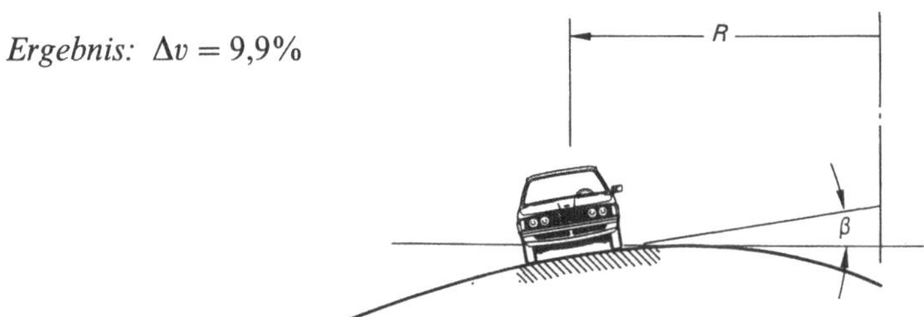


## 4 Arbeit, Energie, Leistung

**401** Wie sind die *mechanische Arbeit* und *Leistung einer Kraft* definiert?

*Antwort:*

Die Arbeit einer Kraft ist definiert als das Wegintegral der Tangentialkomponente der angreifenden Kraft:

$$W = \int F_t(s) \cdot ds$$

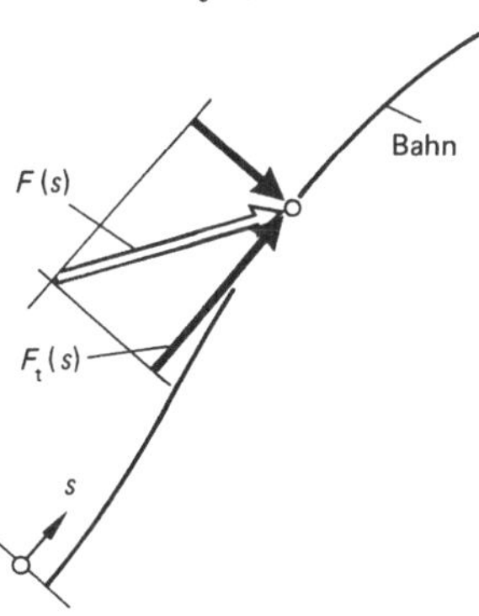


Nur die in Bahnrichtung zeigende Komponente der jeweils angreifenden Kraft ist am Verrichten der mechanischen Arbeit beteiligt. Ist $F_t(s) = \text{konst.}$, d. h. ändert sich diese Tangentialkomponente der angreifenden Kraft nicht längs des Weges $s$, so gilt:

$$W = F_t \cdot \int ds = F_t \cdot |s|_{s_0}^{s_1} = F_t \cdot (s_1 - s_0)$$

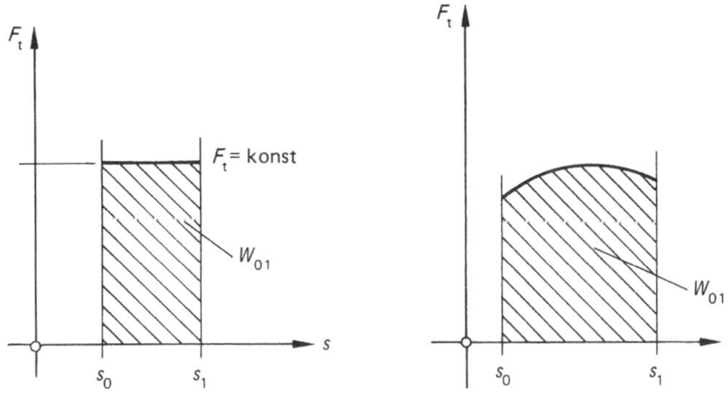

Deutet man das Integral geometrisch, so ist festzustellen, daß die Fläche unter der $F_t(s)$-Funktion ein Maß für die mechanische Arbeit ist.

Beispiel: Elastische Feder im linearen, Hookeschen Bereich beansprucht:

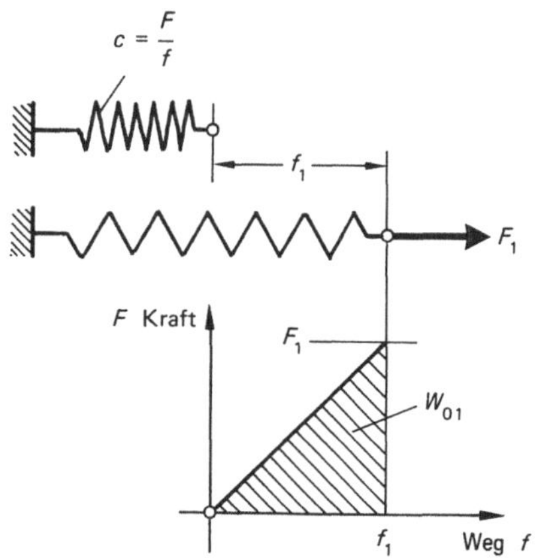


$$W_{01} = \frac{1}{2} \cdot f_1 \cdot F_1 \quad \text{mit } F_1 = c \cdot f_1$$

$$W_{01} = \frac{c}{2} \cdot f_1^2$$

Allgemein:

$$W = \frac{c}{2} \cdot f^2$$

Die Arbeit, eine bereits mit $f_1$ vorgespannte Feder um einen weiteren Betrag $\Delta f$ zu verspannen, ist demnach

$$W = \frac{c}{2} \cdot [(f_1 + \Delta f)^2 - f_1^2] = \frac{c}{2}(f_2^2 - f_1^2) \quad \text{mit} \quad f_2 = f_1 + \Delta f$$

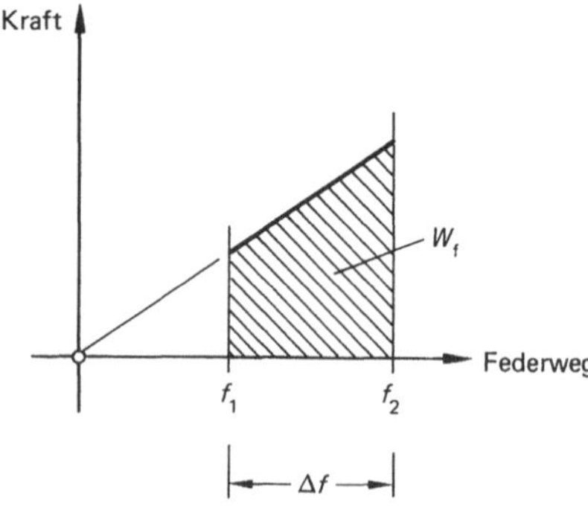


Schreibt man im Arbeitsintegral

$$W = \int F_t(s) \cdot \mathrm{d}s \quad \text{mit} \quad \mathrm{d}s = v \cdot \mathrm{d}t, \quad \text{so lautet es} \quad W = \int F_t(s) \cdot v \cdot \mathrm{d}t\,.$$

Mechanische Leistung ist als *Arbeit je Zeiteinheit* definiert:

$$P = \frac{dW}{dt} = \frac{d}{dt} \int F_t \cdot v \cdot dt = F_t \cdot v$$

Das Produkt aus Tangentialkraft und augenblicklicher Geschwindigkeit ist ein Maß für die mechanische Leistung. Die Einheiten sind:

für Arbeit: Nm; 1 Nm = 1 J (Joule)

für Leistung: $\frac{\text{Nm}}{\text{s}}$; $1 \frac{\text{Nm}}{\text{s}} = 1 \frac{\text{J}}{\text{s}} = 1$ W (Watt)

Die zu verrichtende Arbeit ist mithin das Zeitintegral der Leistung:

$$W = \int P \cdot dt$$

**402** Worin unterscheiden sich *Arbeit* und *Energie* in der Mechanik?

*Antwort:*

Werden an einem Körper durch angreifende Kräfte Arbeiten verrichtet, so stellt dies einen Vorgang, also ein Ereignis mit zeitlichem Ablauf dar. Die dabei verrichtete mechanische Arbeit erhöht den Energiezustand des Körpers; er speichert diese Arbeit und ist in der Lage, die zuvor aufgebrachte Arbeit wieder abzugeben. Energie ist ein Zustand, Arbeitsverrichtung ein Vorgang. Die Arbeit, die zum Verspannen eines elastischen Körpers, z. B. einer Feder, aufzubringen ist, entspricht der Federenergie, also der Energie der elastischen Deformation. Die Arbeit, die zum Anheben einer Masse auf ein höheres Potential im Schwerefeld aufzubringen ist, erhöht die Lageenergie dieser Masse. Die Arbeit, die aufgebracht werden muß, um eine Masse zu beschleunigen, d. h. ihre Geschwindigkeit zu vergrößern, erhöht die Bewegungsenergie, also die kinetische Energie dieser Masse. Die aufgewendeten Arbeiten sind zurückgewinnbar: beim Entspannen der Feder wird Arbeit verrichtet, beim Fallen der Masse wird Arbeit verrichtet und beim Verzögern der Masse wird ebenfalls Arbeit verrichtet.

**403** Welche Formen *mechanischer Energie* gibt es?

*Antwort:*

$E = \frac{m}{2} \cdot v^2$; Energie der Bewegung, kinetische Energie

$U_h = m \cdot g \cdot h$; Energie der Lage, potentielle Energie

$U_f = \frac{c}{2} \cdot f^2$; Federenergie, Energie der elastischen Deformation

$v$ ist die augenblickliche Geschwindigkeit der Masse $m$; $h$ ist die Höhe der Masse $m$ über einer willkürlich zu wählenden Nullpotential-Linie. Bei einer Lageänderung der Masse im konkreten mechanischen Problem ist nicht die absolute Größe der potentiellen Energie wichtig, sondern der Höhenunterschied zwischen den Potentialen. Es ist zumeist günstig, den tiefsten Punkt der Schwerpunktsbahn als Null-Linie für die potentiellen Energien zu definieren. $f$ ist der Federweg, wobei $f$ aus der entspannten Federlage gezählt wird.

Dimensionsbetrachtung:

$$[E] = \text{kg} \cdot \left(\frac{\text{m}}{\text{s}}\right)^2 = \frac{\text{kg} \cdot \text{m}^2}{\text{s}^2} = \text{N} \cdot \text{m}$$

$$[U_\text{h}] = \text{kg} \cdot \frac{\text{m}}{\text{s}^2} \cdot \text{m} = \text{N} \cdot \text{m}; \quad [U_\text{f}] = \frac{\text{N}}{\text{m}} \cdot \text{m}^2 = \text{N} \cdot \text{m}$$

**404** Was versteht man unter *Potentialenergien*?

*Antwort:*

Federenergie und Lageenergie sind sog. *Potentialenergien;* es handelt sich dabei um gespeicherte Verschiebearbeit in konservativen Kraftfeldern (Potentialfeldern). Arbeiten, die im Potentialfeld aufgebracht werden, um auf ein höheres Potentialniveau zu gelangen, werden zurückgewonnen, wenn der Körper auf das anfängliche Niveau zurückgeführt wird. Dabei kommt es nicht auf den Weg zwischen den beiden Potentialpunkten an, sondern lediglich auf den Potentialunterschied.

Nichtpotentialarbeiten sind solche von Nichtpotentialkräften, z.B. Reibkräften. Bei Bewegung eines Körpers auf rauher Bahn ist die Arbeit der Reibkräfte bahnabhängig, insbesondere wird die Reibarbeit (hier sind Verluste durch Reibkräfte gemeint) auf dem *Rückweg* nicht zurückgewonnen.

**405** Was besagt der *Arbeitssatz der Mechanik* in bezug auf Translationsbewegungen?

*Antwort:*

Die bei der Verschiebung eines Körpers auf dem Weg von $s_0$ nach $s_1$ von den angreifenden Kräften zu verrichtende Arbeit ist gleich der Differenz der kinetischen Energien:

$$W_{01} = \int_{s_0}^{s_1} F_\text{t}(s) \cdot \mathrm{d}s = \frac{m}{2} \cdot (v_1^2 - v_0^2)$$

Die Anwendung des Arbeitssatzes ist häufig dort angezeigt, wo die $F_\text{t}(s)$-Funktion bekannt ist und die Geschwindigkeitssituation zu untersuchen ist.

**406** Was besagt der *Energiesatz der Mechanik* in bezug auf Translationsbewegungen?

*Antwort:*

Die Summe der mechanischen Energien zu einem bestimmten Zeitpunkt $t_1$ ist gleich der Energiesumme zum früheren Zeitpunkt $t_0$, vermehrt um die zugeführten Arbeiten von Nichtpotentialkräften bzw. vermindert um abgeführte Arbeiten von Nichtpotentialkräften. Werden keine Arbeiten zu- oder abgeführt (ist also $W_\text{N} = 0$), so hat der Energiesatz der Mechanik die Form des Energieerhaltungssatzes, der natürlich eine Fiktion ist, da es keine verlustfreien Bewegungen gibt.

Energiesatz: $$E_0 + U_0 \pm W_\text{N} = E_1 + U_1$$

Darin ist $U$ die Summe der Potentialenergien $U_\text{h}$ (Energie der Lage, potentielle Energie) und $U_\text{f}$ (Energie der elastischen Deformation, Federenergie). Für Translationsbewegungen ist die Bewegungsenergie (kinetische Energie) $E = (m/2) \cdot v^2$.

**407** Wann sind die *Arbeiten von Nichtpotentialkräften* positiv und wann negativ?

*Antwort:*

Die Definition der Arbeit einer Kraft als Wegintegral der angreifenden Kraft ist ein skalares oder inneres Vektorprodukt: $W = \int \bar{F}(s) \cdot d\bar{s}$.

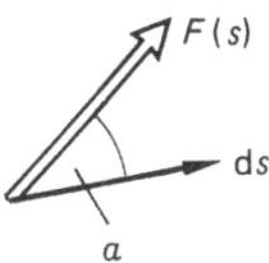


Der Betrag des Vektorprodukts ist $|F(s)| \cdot |ds| \cdot \cos\alpha$.

$F(s) \cdot \cos\alpha$ ist die Tangentialkomponente der angreifenden Kraft $F(s)$. Ist diese in Bahnrichtung = Bewegungsrichtung gerichtet, so ist das Produkt wegen $\cos(0) = +1$ positiv; ist die Tangentialkomponente gegen die Bewegungsrichtung gerichtet ($\cos(\pi) = -1$), so ist das Produkt negativ. Immer dann, wenn die Nichtpotentialkraft in Bewegungsrichtung gerichtet ist, ist die Arbeit dieser Nichtpotentialkraft positiv, ansonsten ist sie negativ und stellt eine Verlustarbeit dar ($-W_N$). Beispiele:

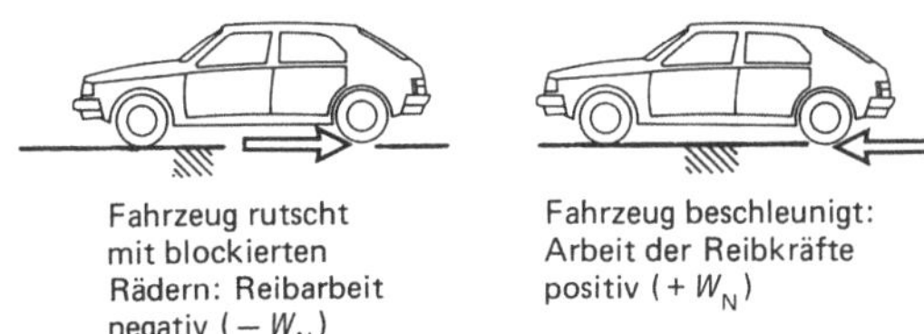

Fahrzeug rutscht mit blockierten Rädern: Reibarbeit negativ ($-W_N$)

Fahrzeug beschleunigt: Arbeit der Reibkräfte positiv ($+W_N$)

**408** Wie ist der *Wirkungsgrad* definiert?

*Antwort:*

Der Wirkungsgrad $\eta$ ist definiert als das Verhältnis von Nutzen zu Aufwand:

$$\eta = \frac{\text{Nutzarbeit}}{\text{zugeführte Arbeit}} = \frac{W_n}{W_z}$$

Verlust z.B. durch Reibung ist Verlustarbeit $W_v$; $\quad W_v = W_z - W_n$

$$\eta = \frac{W_n}{W_z} = \frac{W_z - W_v}{W_z} = 1 - \frac{W_v}{W_z}$$

$$\eta = \frac{\text{Nutzleistung}}{\text{zugeführte Leistung}} = \frac{P_n}{P_z}; \quad \text{Verlustleistung } P_v = P_z - P_n$$

$$\eta = \frac{P_n}{P_z} = \frac{P_z - P_v}{P_z} = 1 - \frac{P_v}{P_z}$$

Wegen $\eta = \frac{P_n}{P_z} = \frac{dW_n}{dt} \cdot \frac{dt}{dW_z} = \frac{dW_n}{dW_z}$ beschreibt der Wirkungsgrad, ausgedrückt durch Leistung, den augenblicklichen, ausgedrückt durch Arbeit, den mittleren Wirkungsgrad.

Der Gesamtwirkungsgrad (bei Reihen-Schaltung mehrerer Aggregate, z.B. die Stufen eines mehrstufigen Getriebes) beträgt:

$$\eta_{ges} = \eta_1 \cdot \eta_2 \cdot \ldots \cdot \eta_n .$$

**409** Eine *Kiste* rutscht aus der Ruhelage (Höhe $h_0$) gegen eine Feder (Federkonstante $c$) und wird auf die Höhe $h_1$ zurückgeschleudert. Wie groß ist der Gleitreibungsfaktor $\mu$?

$$G = 500\ \text{N}; \quad \alpha = 30°; \quad h_0 = 1{,}5\ \text{m}; \quad h_1 = 1\ \text{m}; \quad c = 10\ \text{N/mm}$$

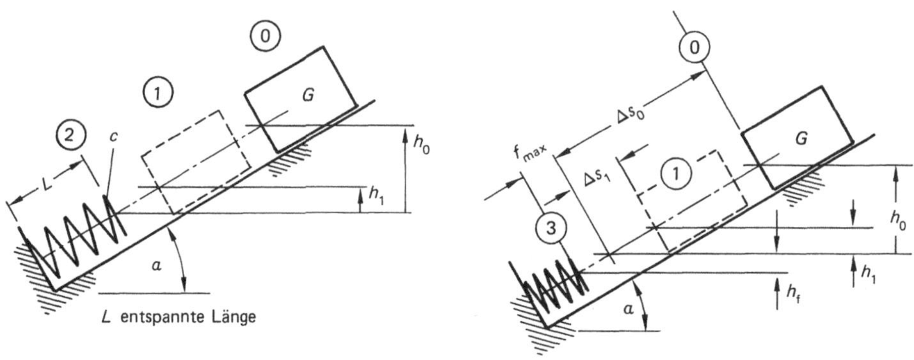


*Lösung:*

$$\Delta s_0 = \frac{h_0}{\sin a}; \quad \Delta s_1 = \frac{h_1}{\sin\alpha}; \quad h_f = f_{max} \cdot \sin\alpha$$

| | $U_h$ | $W_N$ |
|---|---|---|
| 0 | $G \cdot h_0$ | $-\int_{(0)}^{(1)} R \cdot ds$ |
| 1 | $G \cdot h_1$ | |

$$G \cdot h_0 - \int_{(0)}^{(1)} R \cdot ds = G \cdot h_1$$

$$\int_{(0)}^{(1)} R \cdot ds = \mu \cdot G \cdot \cos\alpha \cdot \int_{(0)}^{(1)} ds$$

$$\int_{(0)}^{(1)} ds = \Delta s_0 + f_{max} + f_{max} + \Delta s_1 = \frac{h_0 + h_1}{\sin\alpha} + 2 \cdot f_{max}$$

$$\mu = \frac{h_0 - h_1}{\cos\alpha \cdot \int_{(0)}^{(1)} ds} = \frac{h_0 - h_1}{\left[\frac{h_0 + h_1}{\sin\alpha} + 2 \cdot f_{max}\right] \cdot \cos\alpha}$$

| | $U_h$ | $U_f$ | $W_N$ |
|---|---|---|---|
| 0 | $G \cdot (h_0 + h_f)$ | 0 | $-\int_{(0)}^{(3)} R \cdot ds$ |
| 3 | 0 | $\frac{c}{2} \cdot f_{max}^2$ | |

$$G \cdot (h_0 + h_f) - \int_{(0)}^{(3)} R \cdot ds = \frac{c}{2} \cdot f_{max}^2$$

$$G \cdot (h_0 + f_{max} \cdot \sin\alpha) - \mu \cdot G \cdot \cos\alpha \cdot \left(\frac{h_0}{\sin\alpha} + f_{max}\right) = \frac{c}{2} \cdot f_{max}^2$$

$$f_{max}^2 - \frac{2 \cdot G}{c} \cdot (\sin\alpha - \mu \cdot \cos\alpha) \cdot f_{max} - \frac{2 \cdot G}{c} \cdot h_0 \cdot \left(1 - \frac{\mu}{\tan\alpha}\right) = 0$$

Quadratische Gleichung für $f_{max}$

$$p = -\frac{2 \cdot G}{c} \cdot (\sin\alpha - \mu \cdot \cos\alpha); \quad q = -\frac{2 \cdot G}{c} \cdot h_0 \cdot \left(1 - \frac{\mu}{\tan\alpha}\right)$$

$$f_{max} = -\frac{p}{2} + \sqrt{\frac{p^2}{4} - q}$$ (der positive Wurzelwert bedeutet Zusammendrückung!)

Der Zirkelbezug $\mu = f(f_{max}) \leftrightarrow f_{max} = f(\mu)$ kann durch Nullstellen-Berechnung oder Iteration in einem Tabellenkalkulations-Programm gelöst werden.

$$\mu \cong 0{,}1; \quad \{f_{max} = 0{,}373\,\text{m}\}$$

**410** Für ein im Schwerefeld schwingendes *Feder-Masse-System* ($m = 4$ kg, $c = 9$ N/cm) sind für die Anstoßbedingungen A) $x(t=0) = 0{,}8 \cdot f_{st}$, B) $x(t=0) = f_{st}$, C) $x(t=0) = 1{,}2 \cdot f_{st}$ und jeweils $\dot{x}(t=0) = 0$ zu untersuchen und zu bestimmen

a) die Konstanten der Bewegungsgleichung $x(t) = C_1 \cdot \cos(\omega_0 \cdot t) + C_2 \cdot \sin(\omega_0 \cdot t)$,

b) die zeitlich konstante mechanische Gesamtenergie,

c) die maximale Bewegungsenergie,

d) die maximale Lageenergie;

e) die Verteilung der mechanischen Energie ist für die verschiedenen Positionen der Masse diagrammäßig darzustellen.

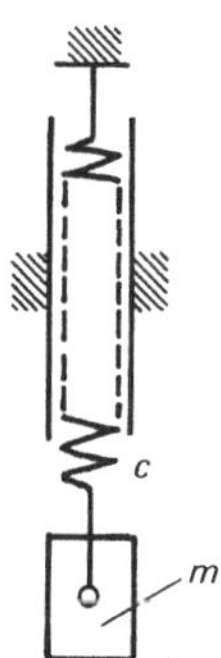


*Lösung:*

Während im Fall A die Feder auch in der oberen Umkehrlage der Masse noch auf Zug beansprucht ist, ist sie im Fall B dann entspannt und im Fall C gar auf Druck beansprucht. Konstruktiv muß Vorsorge getroffen werden, daß eine Druckbeanspruchung ohne Ausknicken der Feder möglich ist; insofern stellt das Bild der Aufgabe nur eine Abstraktion dar.

Die Koordinaten $x$, $\dot{x}$ und $\ddot{x}$ haben ihre Ursprung in der statischen Ruhelage des Systems, sie sind abwärts positiv gewählt.

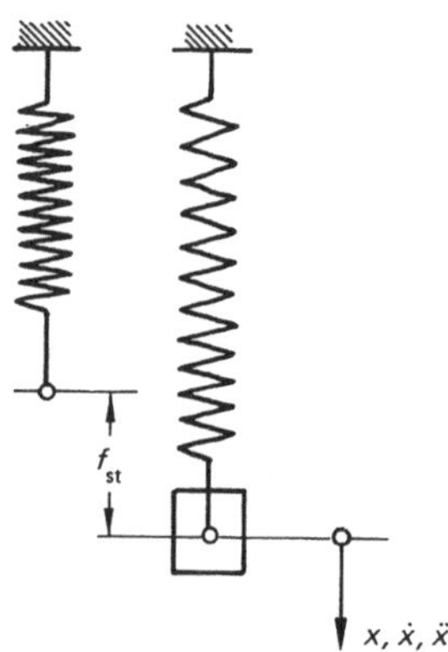


a)
$$x(t) = C_1 \cdot \cos(\omega_0 \cdot t) + C_2 \cdot \sin(\omega_0 \cdot t)$$
$$\dot{x}(t) = -C_1 \cdot \omega_0 \cdot \sin(\omega_0 \cdot t) + C_2 \cdot \omega_0 \cdot \cos(\omega_0 \cdot t)$$

Die Randbedingung $\dot{x}(t=0) = 0$ liefert für die drei Fälle A, B und C: $C_2 = 0$

A) Randbedingung $x(t=0) = 0{,}8 \cdot f_{st} = 0{,}8 \cdot m \cdot g/c = 0{,}03488\,\text{m} = 34{,}88\,\text{mm}$

Es folgt:
$$C_1 = 34{,}88\,\text{mm}$$

B) Randbedingung
$$x(t=0) = f_{st} = \frac{m \cdot g}{c} = 43{,}60\,\text{mm}$$

C) Randbedingung
$$x(t=0) = 1{,}2 \cdot f_{st} = 52{,}32\,\text{mm}$$

Die Bewegungsgleichung lautet $x(t) = C_1 \cdot \cos(\omega_0 \cdot t)$ und das Geschwindigkeits-Zeit-Gesetz

$$\dot{x}(t) = -C_1 \cdot \omega_0 \cdot \sin(\omega_0 \cdot t) \quad \text{mit} \quad \omega_0 = \sqrt{\frac{c}{m}} = \sqrt{\frac{900\,\text{N/m}}{4\,\text{kg}}} = 15\,\text{s}^{-1}.$$

b) Wählt man für den unteren Umkehrpunkt der Masse $U_h = 0$, so ist dort keine Lageenergie und keine kinetische Energie; die Federenergie entspricht dort der zeitlich konstanten Gesamtenergie:

A)
$$U_{f,\max} = \frac{c}{2}(f_{st} + 0{,}8 \cdot f_{st})^2 = 2{,}77\,\text{Nm}$$

B)
$$U_{f,\max} = \frac{c}{2}(f_{st} + f_{st})^2 = 3{,}42\,\text{Nm}$$

C)
$$U_{f,\max} = \frac{c}{2}(f_{st} + 1{,}2 \cdot f_{st})^2 = 4{,}14\,\text{Nm}$$

Aus $\dot{x}(t) = -C_1 \cdot \omega_0 \cdot \sin(\omega_0 \cdot t)$ folgt die maximale Geschwindigkeit zu $C_1 \cdot \omega_0$.

$$E_{\max} = \frac{m}{2} C_1^2 \cdot \omega_0^2$$

A) $E_{max} = 0{,}55$ Nm; B) $E_{max} = 0{,}86$ Nm; C) $E_{max} = 1{,}23$ Nm

d) $U_{h,max} = m \cdot g \cdot 2 \cdot x_{max} = 2 \cdot m \cdot g \cdot C_1$

A) $U_{h,max} = 2{,}74$ Nm; B) $U_{h,max} = 3{,}42$ Nm; C) $U_{h,max} = 4{,}11$ Nm

e).

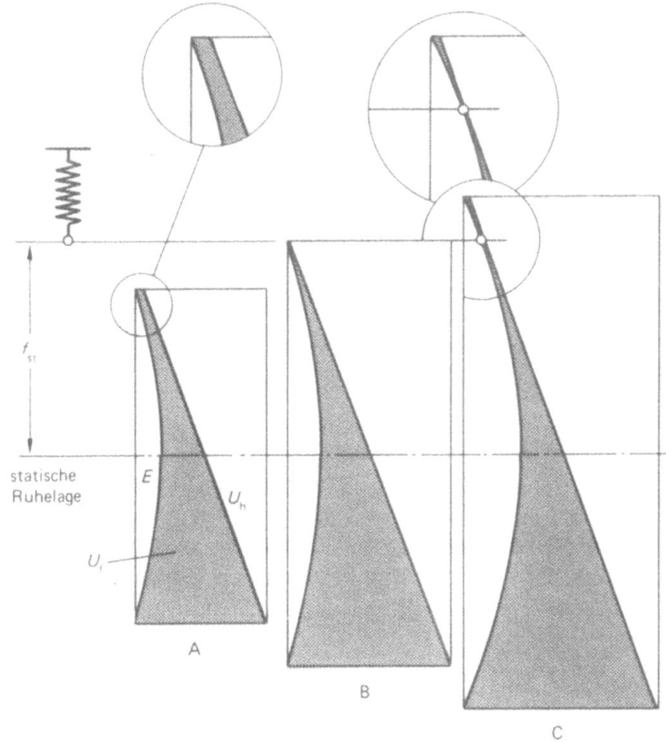


**411** Ein Spielzeugauto soll durch eine Feder so beschleunigt werden, daß er gerade einen Hügel hinaufrollt und die zehnfache Erdbeschleunigung nicht überschritten wird. Während der Fahrt wirkt ein Fahrwiderstand. Für die kleinste Baulänge der Feder ist die Federkonstante zu berechnen.

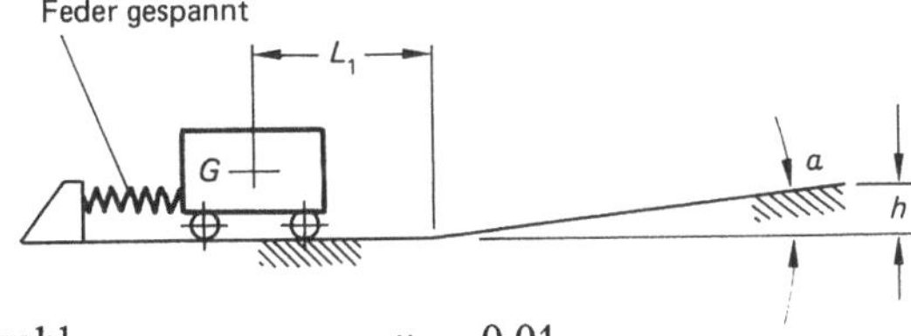


Fahrwiderstandszahl $\mu_f = 0{,}01$

$\tan\alpha = 0{,}1$; $L_1 = 2$ m; $h = 0{,}3$ m; $G = 1$ N

*Ergebnis:*

$$c_{max} = \frac{G \cdot \left(\frac{a_{max}}{g} + \mu_f\right)^2}{2 \cdot \left[h + \mu_f\left(L_1 + \frac{h}{\tan\alpha}\right)\right]}; \quad c_{max} = 143 \text{ N/m}$$

*Hinweis zur Lösung:*

Aus der Angabe „kleinste Baulänge“ folgt, daß die Federkonstante maximal werden muß, da für Längsfedern wie Schraubenfeder, Torsionsstab, Zug/Druckstab gilt: Baulänge $L \sim 1/c$.

Abgeleitet am Beispiel Zug/Druckstab:

$$\sigma = E \cdot \varepsilon = E \cdot \frac{\Delta L}{L}; \quad \text{Federweg } f = \Delta L; \quad \sigma = \frac{F}{A}$$

$$\text{Federkraft } F = \left(\frac{E \cdot A}{L}\right) \cdot f; \quad \text{Federkonstante } c = \frac{E \cdot A}{L} \rightarrow L \sim \frac{1}{c}$$

Nach dem Federgesetz $F = c \cdot f$ ist $F \sim c$, also wird die maximale Federkonstante $c_{\max} = \dfrac{F_{\max}}{f}$.

Die maximal erlaubte Federkraft wird für die max. Beschleunigung nach dem D'Alembertschen Prinzip ermittelt, der zugehörige Federweg aus dem Energiesatz. Die erforderliche Federenergie ist $U_f = \dfrac{c_{\max}}{2} \cdot f^2 = \dfrac{1}{2} \cdot F_{\max} \cdot f$.

**412** Eine Last $G = 5$ kN wird auf eine *Rollenbahn* gesetzt. Diese beschleunigt die Last und fördert sie aufwärts. Welche Antriebsleistung ist erforderlich, wenn die Rollendrehzahl konstant und der Wirkungsgrad der Rollenbahn $\eta = 0{,}7$ ist? Nach welchem Weg und welcher Zeit erreicht die Last ihre konstante Geschwindigkeit?

$$\beta = 5°; \quad \mu = 0{,}1; \quad n = 50 \text{ min}^{-1}; \quad g = 9{,}81 \text{ m/s}^2$$

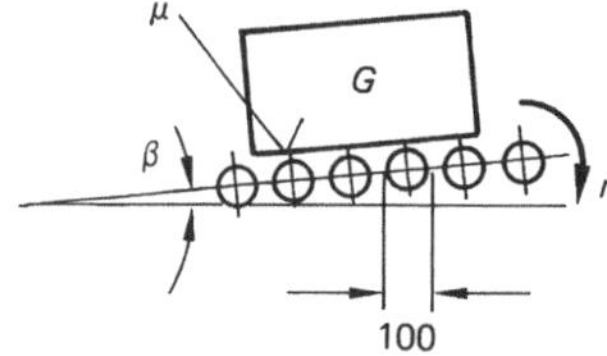


*Ergebnis:* Antriebsleistung $P = 186$ W. Nach 0,28 m und in 2,1 s erreicht die Last die Umfangsgeschwindigkeit der Rollen.

**413** Einer Masse $m = 0{,}7$ kg soll die Anfangsgeschwindigkeit $v_0 = 8$ m/s mitgeteilt werden. Um welchen Betrag $f$ muß eine Feder der Härte $c = 95$ N/cm vorgespannt werden, wenn

a) die Bewegung auf der horizontalen Bahn reibungsfrei ist,

b) der Reibkoeffizient $\mu = 0{,}55$ beträgt?

*Ergebnisse:* a) $f = 68{,}672$ mm; b) $f = 69{,}073$ mm

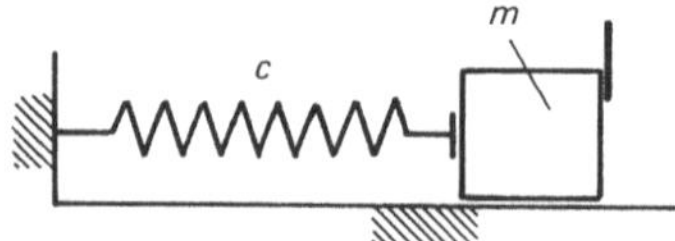

**414** Ein allradgetriebenes Fahrzeug fährt eine vereiste schiefe Ebene hinauf; der Koeffizient der Gleitreibung beträgt $\mu = 0{,}07$, $h = 2$ m, $\alpha = 15°$.

a) Wie groß muß die Startgeschwindigkeit $v_0$ am Fuß der schiefen Ebene sein, damit das Fahrzeug gerade noch oben ankommt? Der Fahrer gibt soviel ‚Gas', daß die Räder während der gesamten Fahrt durchdrehen.

b) Wie ändert sich $v_0$, wenn der Antrieb ausgeschaltet ist?

c) Wie lange dauert in beiden Fällen die Fahrt?

d) Oben angekommen blockiert der Fahrer die Räder, das Fahrzeug rutscht rückwärts hinab. Wann und mit welcher Geschwindigkeit kommt es unten an?

*Ergebnisse:*

a) $v_0 = 19{,}38$ km/h; b) $v_0 = 22{,}55$ km/h;

c) $t = 2{,}87$ s (bei rutschenden Rädern), $t = 2{,}47$ s (bei rollenden Rädern);

d) $v = 5{,}384$ m/s $= 19{,}38$ km/h, $t = 2{,}87$ s

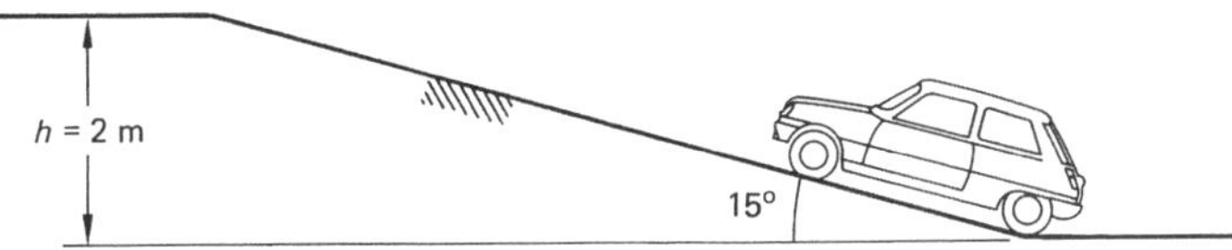


**415** Eine Masse $m = 1$ kg rutscht auf 30° geneigter schiefer Ebene aus anfänglicher Ruhelage $s = 3$ m hinab und trifft dort auf eine Pufferfeder der Steifigkeit $c = 6$ N/mm. Der Koeffizient der Gleitreibung ist $\mu = 0{,}4$.

a) Welche Geschwindigkeit $v_1$ hat die Masse unmittelbar vor Berührung mit der Feder?

b) Wie lange dauert die Bewegung bis zur ersten Berührung mit der Feder?

c) Um welchen Betrag $f$ wird die Feder bis zum Stillstand der Masse zusammengedrückt?

d) Welche Zeit vergeht zwischen der ersten Berührung von Masse und Feder und dem Stillstand der Masse?

e) Welche maximale Geschwindigkeit $v_{max}$ erfährt die Masse?

f) Welche maximale Verzögerung erfährt die Masse?

*Ergebnisse:*

a) $v_1 = 3{,}00671$ m/s; b) $t_1 = 1{,}9955$ s; c) $f = 39{,}07$ mm; d) $t_2 = 0{,}02036$ s;
e) $v_{max} = 3{,}00677$ m/s; f) $a_{max} = -232{,}9$ m/s$^2$

*Hinweis zur Lösung:*

$v_1$ ist nicht die Maximalgeschwindigkeit der Masse. Auch nach der ersten Berührung mit der Feder wird die Masse noch beschleunigt, bis die hangaufwärts gerichteten Kräfte überwiegen.

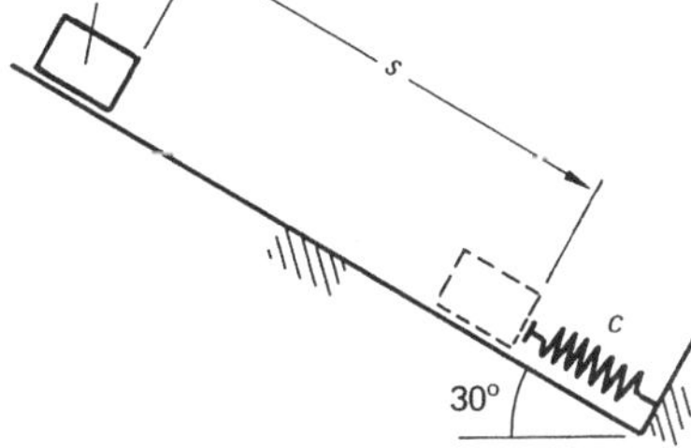

**416** Ein Fahrzeug kommt bei einer Geschwindigkeit von $v_0 = 100$ km/h auf horizontaler Bahn ins Rutschen. Der Gleitreibungskoeffizient ist $\mu = 0{,}75$.

a) Wie groß ist der Rutschweg bis zum Stillstand?

b) Wie lange dauert der Rutschvorgang?

c) Ist der Rutschweg von der Fahrzeugmasse abhängig?

d) Welche Kraft haben die Sicherheitsgurte aufzunehmen, wenn der Fahrer 75 kg schwer ist?

*Ergebnisse:* a) $s = 52{,}44$ m; b) $t = 3{,}775$ s; c) nein; d) $F = 551{,}8$ N

**417** Ein Fahrzeug fährt mit ‚Kavalierstart' aus der Ruhe eine schiefe Ebene hinunter; während der gesamten Fahrt drehen die Räder also schneller, als es für reines Rollen erforderlich wäre. Unten angekommen blockiert der Fahrer die Räder und rutscht bis zum Stillstand auf horizontaler Strecke. Auf der Schrägen wie auch auf der horizontalen Strecke beträgt der Koeffizient der Gleitreibung $\mu = 0{,}75$.

a) Nach welcher Rutschstrecke auf horizontaler Bahn kommt das Fahrzeug zum Stehen?

b) Wie lange dauert die gesamte Fahrt vom Start bis zum Stillstand?

*Ergebnisse:* a) $s = 107{,}3$ m; b) $t = 8{,}92$ s

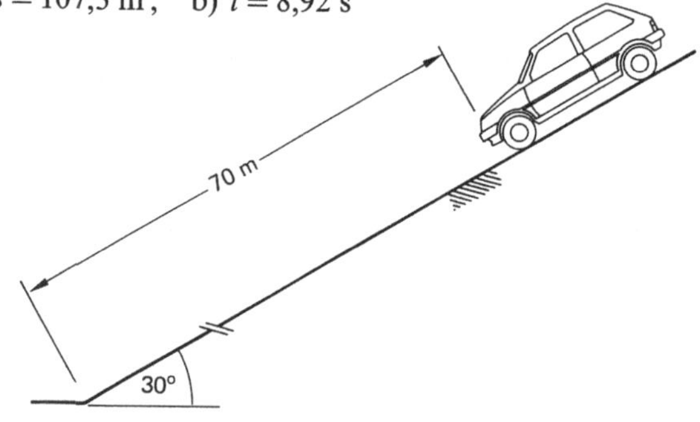


**418** Die punktförmige Masse $m = 1{,}2$ kg am Ende der $L = 0{,}7$ m langen Stange von vernachlässigbar kleinem Gewicht fällt aus der skizzierten Ruhelage gegen die Feder der Härte $c = 300$ N/cm. Das Drehlager sei reibungsfrei.

a) Mit welcher Geschwindigkeit $v_1$ trifft die Masse auf die Feder auf?

b) Um welchen Federweg wird die Feder zusammengedrückt?

c) Wie lange berühren sich Masse und Feder?

*Ergebnisse:*

a) $v_1 = 4{,}75$ m/s;

b) $f = 30$ mm;

c) $t = 0{,}01987$ s

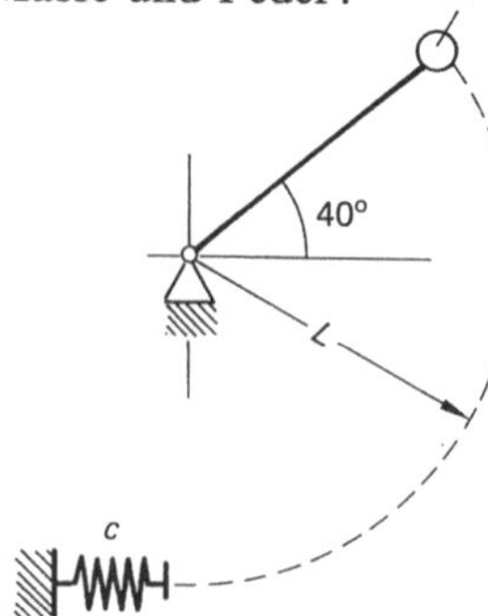

**419** Ein Fahrzeug beschleunigt auf horizontaler Strecke gleichförmig mit 3 m/s² und rollt dann ohne Schlupf eine $H = 10$ m hohe Anhöhe hinauf (Rollwiderstand wird vernachlässigt). Welche Anlaufstrecke $s$ ist erforderlich, damit das Fahrzeug oben mit einer Geschwindigkeit von 4 m/s ankommt, und wie lange dauert die Anfahrt auf horizontaler Strecke?

*Ergebnisse:* $s = 35{,}37$ m; $t = 4{,}856$ s

**420** Ein Fahrzeug startet am Fuß einer Anhöhe ($h = 50$ m, $\alpha = 40°$) mit $v_0 = 180$ km/h und sieht am Gipfel ein Hindernis. Um den Aufprall so sanft wie möglich zu halten, blockiert der Fahrer die Räder. Der Koeffizient der Gleitreibung ist $\mu = 0{,}5$.

a) Mit welcher Geschwindigkeit trifft das Fahrzeug auf das Hindernis auf?

b) Wie lange dauert es bis zum Aufprall?

*Ergebnisse:* a) $v = 110$ km/h; b) $t = 1{,}93$ s

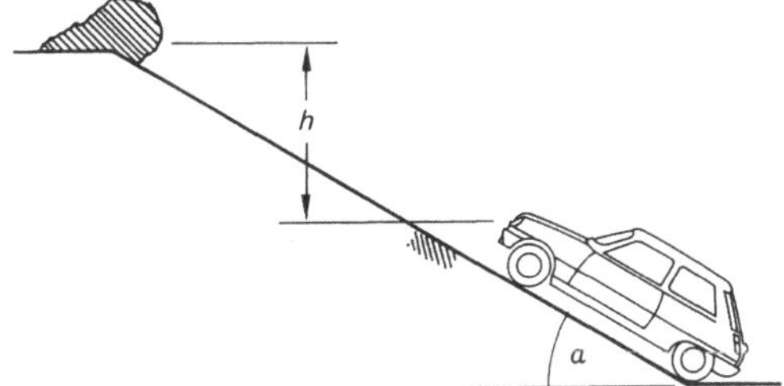


**421** Ein *Fahrradfahrer* fährt aus anfänglicher Ruhelage eine Schräge hinab und verrichtet durch Pedaltreten Antriebsarbeit. Am Tiefpunkt der Bahn beträgt seine Geschwindigkeit $v_0 = 15$ m/s. Welche Höhe $H$ erreicht er bis zum Stillstand bei weiterer Aufwärtsfahrt am Hang gleicher Steigung, wenn er aus der Starthöhe $h = 10$ m startet und je Meter Fahrwegs die gleiche Antriebsarbeit verrichtet wie bei der Abwärtsfahrt?

*Ergebnis:* $H = 13{,}44$ m

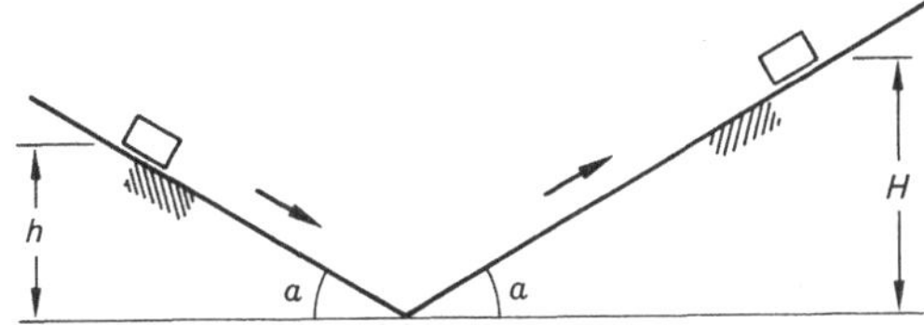


**422** Ein Fahrzeug startet am Gipfel einer schiefen Ebene der Neigung 30° aus dem Stand im ‚Kavalierstart'; dabei drehen die Räder schneller, als es für reines Rollen erforderlich wäre. Koeffizient der Gleitreibung: $\mu = 0{,}2$.

a) Mit welcher Geschwindigkeit fährt das Fahrzeug, wenn es den Höhenunterschied $h = 10$ m zurückgelegt hat?

b) Wie lange dauert die Fahrt?

*Ergebnisse:* a) $v = 58{,}5\,\text{km/h}$; b) $t = 2{,}461\,\text{s}$

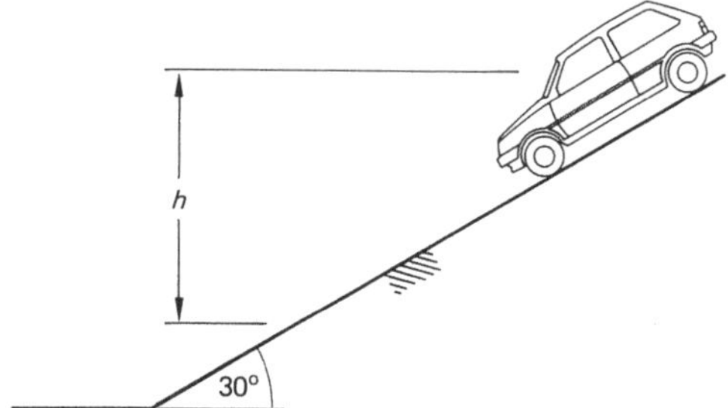


**423** Ein Lkw kommt an eine 30° geneigte schiefe Ebene. Bei einem Haftreibungskoeffizienten von $\mu_0 = 0{,}2$ zwischen Ladung und Ladefäche würde die Ladung bei Stillstand des Fahrzeugs auf der Schrägen oder bei Fahrt mit konstanter Geschwindigkeit rutschen. Fährt der Fahrer beschleunigt hinunter, so kann er das Rutschen der Ladung dadurch verhindern.

a) Bei welcher Mindestbeschleunigung wird Abwärtsrutschen der Ladung verhindert?

b) In welcher Zeit durchfährt das Fahrzeug dann die 50 m lange Fahrstrecke?

c) Welche Geschwindigkeit erreicht es?

d) Welcher Mindestbremsweg auf der horizontalen Auslaufstrecke wird benötigt, um wiederum Rutschen der Ladung zu verhindern und zum Stehen zu kommen?

e) Bei welcher Maximalbeschleunigung auf der Schrägen rutscht die Ladung nach hinten weg?

*Ergebnisse:*

a) $a_{\text{min}} = 3{,}206\,\text{m/s}^2$; b) $t = 5{,}585\,\text{s}$; c) $v = 64{,}46\,\text{km/h}$;
d) $s = 81{,}7\,\text{m}$; e) $a_{\text{max}} = 6{,}604\,\text{m/s}^2$

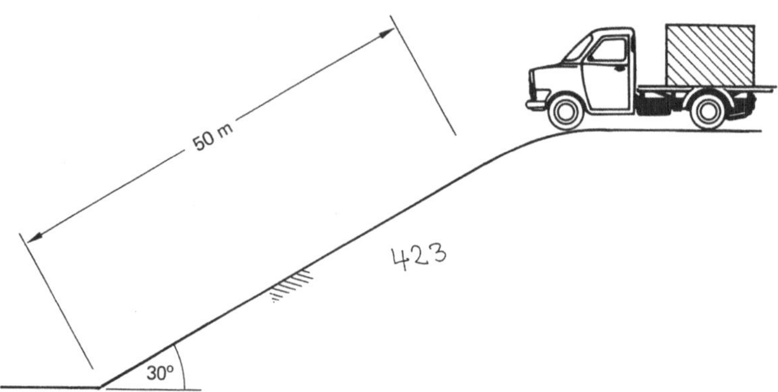


**424** Welche Anfangsgeschwindigkeit $v_0$ muß der Masse $m$ mitgeteilt werden, damit sie in den Fang am oberen Ende der halbkreisförmigen Bahn vom Radius $R$ gelangen kann? Reibkräfte werden bei der Betrachtung vernachlässigt.

*Ergebnis:* $v_0 = \sqrt{5 \cdot g \cdot R}$

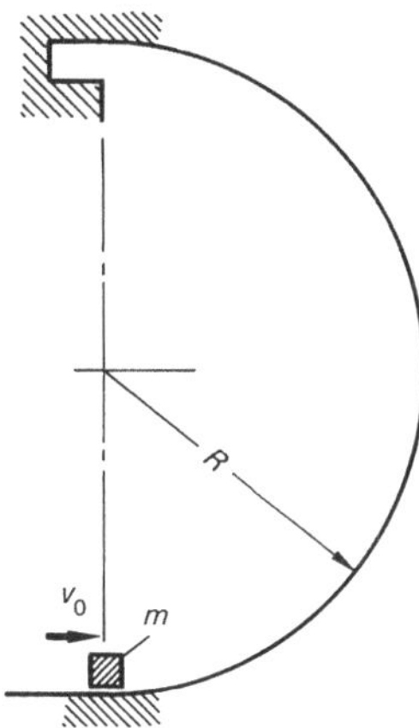


**425** Ein Fahrzeug besitzt am Fuß der schiefen Ebene der Neigung 45° die Geschwindigkeit $v_0 = 40$ m/s. Das Fahrzeug rollt ohne Antrieb und ohne Bremsen bis zum Stillstand aus; Rollwiderstand wird vernachlässigt. Um möglichst langsam hinunter zu rutschen, gibt der Fahrer soviel ‚Gas' im Vorwärtsgang, daß die Räder des allradgetriebenen Fahrzeugs durchrutschen. Koeffizient der Gleitreibung ist $\mu = 0{,}2$.

a) Mit welcher Geschwindigkeit kommt das Fahrzeug wieder unten an?

b) Wie lange dauert der Rutschvorgang?

*Ergebnisse:* a) $v = 35{,}78$ m/s; b) $t = 6{,}45$ s

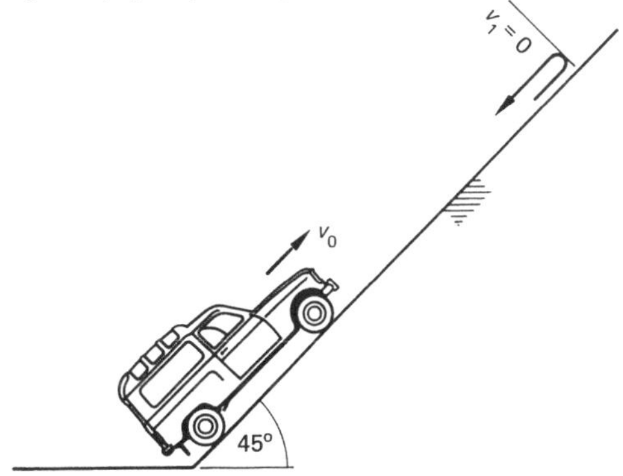


**426** Die Masse $m = 5$ kg liegt wie skizziert vor der um 4 mm vorgespannten Feder der Steifigkeit $c = 400$ N/mm und wird aus dieser Stellung losgelassen. Die Masse steigt die schiefe Ebene hinauf und rutscht wieder herunter. Mit welcher Geschwindigkeit trifft sie auf die Feder auf, wenn der Koeffizient der Gleitreibung $\mu = 0{,}4$ beträgt?

*Ergebnis:* $v = 0{,}47$ m/s

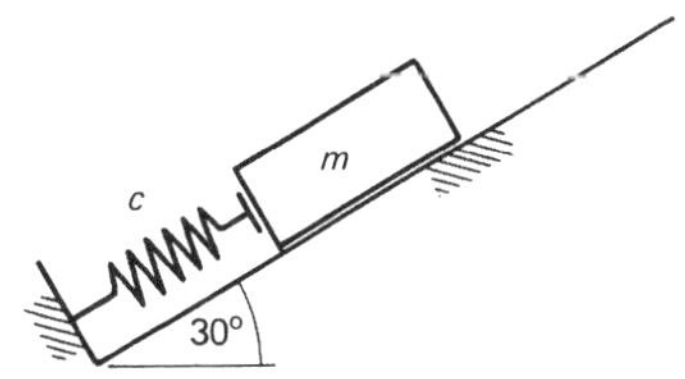

**427** Eine Masse $m$ wird mit der Geschwindigkeit $v_0$ so angestoßen, daß sie an jeder Stelle mindestens Kontakt mit der Bahn behält. Mit welcher Geschwindigkeit trifft sie am Tiefpunkt B der Bahn ein, wenn Reibungswiderstände vernachlässigt werden?

*Ergebnis:* $v = 8{,}287$ m/s

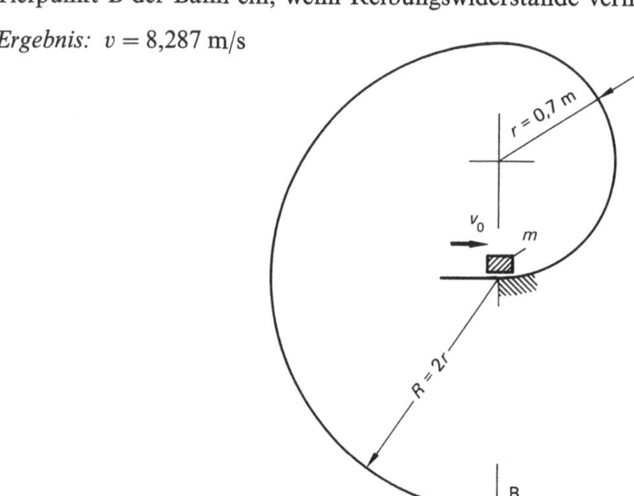


## 5 Freie, ungedämpfte Schwingungen des Massenpunktes

**501** Was versteht man unter der *freien, ungedämpften Schwingung* einer Masse?

*Antwort:*

Kopplungen von Masse und Feder sind schwingfähige Gebilde; bei Anstoß kommt es zu Schwingungen. Die beim Anstoß aufgebrachte Arbeit bleibt als Energie im System. Wird während des Schwingungsvorgangs keine Energie abgeführt, so spricht man von einer ungedämpften Schwingung. Dies ist natürlich eine Fiktion, da reibungsfreie und somit verlustfreie Bewegungen nicht möglich sind; für reibungsarme Bewegungen liefert die Annahme der Dämpfungsfreiheit im Ingenieurbereich brauchbare Lösungen. Wird während des Schwingungsvorgangs zudem keine weitere Energie zugeführt, so spricht man von ‚freier Schwingung': das System, einmal angestoßen, bleibt sich selbst überlassen im Gegensatz zur erzwungenen, erregten Schwingung, bei der ständig Energie zugeführt wird.

Die Amplituden der freien, ungedämpften Schwingung sind mithin konstant, sie kehren periodisch im Zeitabstand $T$ (Schwingungszeit) phasengleich wieder.

Eine D'Alembertsche Kräftebetrachtung an der schwingenden Masse führt stets auf eine Differentialgleichung der Form

$$0 = \ddot{x} + \beta^2 \cdot x \quad \text{bzw.} \quad 0 = \ddot{\varphi} + \beta^2 \cdot \varphi$$

Die Lösung dieser Differentialgleichung lautet

$$x(t) = C_1 \cdot \cos(\beta \cdot t) + C_2 \cdot \sin(\beta \cdot t)$$

oder, als phasenverschobene harmonische Funktionen,

$$x(t) = x_m \cdot \sin(\beta \cdot t + \varphi) \quad \text{bzw.} \quad x(t) = x_m \cdot \cos(\beta \cdot t - \psi)$$

Das Weg-Zeit-Gesetz (oder bei Drehschwingungen das Winkel-Zeit-Gesetz) einer freien, ungedämpften Schwingung ist harmonisch. Da die zeitlichen Ableitungen Geschwindigkeit (Winkelgeschwindigkeit) und Beschleunigung (Winkelbeschleunigung) liefern, sind auch diese Zeit-Gesetze harmonisch.

Die Deutung der harmonischen Funktion

$$x(t) = x_m \cdot \sin(\beta \cdot t + \varphi)$$

als Projektion der Drehbewegung eines Zeigers der Länge $x_m$ mit konstanter Winkelgeschwindigkeit $\omega_0 = \beta$ läßt den Schluß zu, daß in der Differentialgleichung des Schwingers der Faktor vor der nicht abgeleiteten Größe, also $\beta^2$, stets das Quadrat der Kreisfrequenz kleiner Schwingungen ist: $\omega_0^2$.

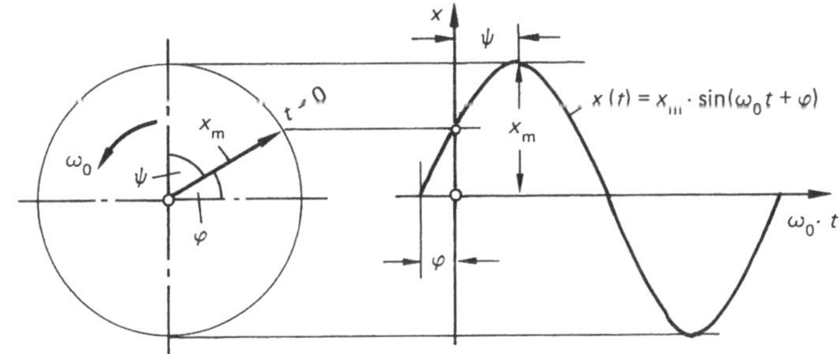


**502** Wie berechnet man aus der Eigenkreisfrequenz $\omega_0$ die *Schwingungszeit* $T$?

*Antwort:*

Eine ganze Schwingung ist dann vollführt, wenn der Zeiger im Zeigerbild eine Umdrehung vollzogen hat. Da $\omega_0$ die konstante Winkelgeschwindigkeit des Zeigers ist, gilt nach den Gesetzen der gleichförmigen Drehbewegung $\varphi = \omega \cdot t$, $2\pi = \omega_0 \cdot T$ und $T = \frac{2\pi}{\omega_0}$.

**503** Worin unterscheiden sich *Eigenkreisfrequenz* und *Frequenz* einer Schwingung?

*Antwort:*

Unter Frequenz $f$ versteht man den Reziprokwert der Schwingungszeit $T$:

$$f = \frac{1}{T}$$

Die Einheit der Frequenz ist $s^{-1}$, speziell für die Frequenz einer Schwingung benennt man sie ‚Hertz' (Hz).

Die Kreisfrequenz

$$\omega_0 = \frac{2\pi}{T}$$

ist das $2\pi$-fache der Frequenz. Obwohl auch $\omega_0$ die Einheit $s^{-1}$ hat, ist damit nicht die Zahl der Schwingungen pro Sekunde benannt, sondern die Winkelgeschwindigkeit des umlaufenden Zeigers, dessen Projektion dem $x(t)$-Gesetz entspricht und dessen Länge der Schwingungsamplitude entspricht.

Zahlenbeispiel: Bei $T = 0{,}1$ s ist $f = 10$ Hz (10 Schwingungen pro Sekunde); die Eigenkreisfrequenz beträgt

$$\omega_0 = \frac{2\pi}{T} = 62{,}832\ \mathrm{s}^{-1}$$

**504** Wie ermittelt man die *Konstanten* in der Lösung der Schwingungsdifferentialgleichung?

*Antwort:*

Die Konstanten $C_1$ und $C_2$ in der Lösung

$$x(t) = C_1 \cdot \cos(\omega_0 \cdot t) + C_2 \cdot \sin(\omega_0 \cdot t)$$

oder auch die Konstanten $x_m$ und $\varphi$ in der Lösung

$$x(t) = x_m \cdot \sin(\omega_0 \cdot t + \varphi)$$

werden aus kinematischen Randbedingungen ermittelt, die häufig in Form von Anstoßbedingungen beschrieben sind. Zwei quantitative Aussagen zur Geschwindigkeit und/oder zum Weg und/oder zur Beschleunigung der Masse ermöglichen die Bestimmung der Konstanten. Hierfür ein Beispiel: Der Schwinger werde in der Ruhelage mit der Anfangsgeschwindigkeit $v_0$ angestoßen.

Die Zeit-Gesetze für Weg, Geschwindigkeit und Beschleunigung lauten:

(1) $$x(t) = C_1 \cdot \cos(\omega_0 \cdot t) + C_2 \cdot \sin(\omega_0 \cdot t)$$

(2) $$\dot{x}(t) = -C_1 \cdot \omega_0 \cdot \sin(\omega_0 \cdot t) + C_2 \cdot \omega_0 \cdot \cos(\omega_0 \cdot t)$$

(3) $$\ddot{x}(t) = -C_1 \cdot \omega_0^2 \cdot \cos(\omega_0 \cdot t) - C_2 \cdot \omega_0^2 \cdot \sin(\omega_0 \cdot t)$$

1. Randbedingung: $x(t=0) = 0$ liefert aus (1): $C_1 = 0$

2. Randbedingung: $\dot{x}(t=0) = v_0$ liefert aus (2): $C_2 = v_0/\omega_0$

Damit lauten die Gleichungen (1) bis (3):

$$x(t) = \frac{v_0}{\omega_0} \cdot \sin(\omega_0 \cdot t); \quad \dot{x}(t) = v_0 \cdot \cos(\omega_0 \cdot t); \quad \ddot{x}(t) = -v_0 \cdot \omega_0 \cdot \sin(\omega_0 \cdot t)$$

Für die phasenverschobene Sinusfunktion gilt analog:

$$x(t) = x_m \cdot \sin(\omega_0 t + \varphi); \quad \dot{x}(t) = x_m \cdot \omega_0 \cdot \cos(\omega_0 t + \varphi);$$
$$\ddot{x}(t) = -x_m \cdot \omega_0^2 \cdot \sin(\omega_0 t + \varphi)$$

1. Randbedingung: $x(t=0) = 0$ liefert

(I) $$0 = x_m \cdot \sin(\varphi)$$

2. Randbedingung: $\dot{x}(t=0) = v_0$ liefert

(II) $$v_0 = x_m \cdot \omega_0 \cdot \cos(\varphi)$$

Aus (I) und (II) folgt schließlich

$$\varphi = 0 \quad \text{und} \quad x_m = \frac{v_0}{\omega_0}$$

Die endgültigen Zeit-Gesetze lauten somit

$$x(t) = \frac{v_0}{\omega_0} \cdot \sin(\omega_0 \cdot t) \quad \text{usw.}$$

**505** Wie ermittelt man die *Eigenkreisfrequenz* von Schwingungen, wenn Federweg und Masseweg nicht gleich sind?

*Antwort:*

Man macht für eine beliebige Position der schwingenden Masse eine D'Alembertsche Gleichgewichtsbetrachtung, wobei angenommen wird, daß alle kinematischen Größen ($x$, $\dot{x}$, $\ddot{x}$) positiv sind. Aus dieser Gleichgewichtsüberlegung, die

$\sum F = 0$ bei Translation der Masse oder

$\sum M = 0$ bei Drehbewegung der Masse

lautet, folgt die Differentialgleichung, die in die bekannte „Normalform"

$$0 = 1 \cdot \ddot{x} + \square \cdot x \quad \text{oder} \quad 0 = 1 \cdot \ddot{\varphi} + \square \cdot \varphi$$

gebracht wird. Hierbei ist der Faktor vor der nicht abgeleiteten Größe ($x$ oder $\varphi$) stets das Quadrat der Eigenkreisfrequenz der Schwingungen: $\omega_0^2$.

$$\square \mathrel{\hat{=}} \omega_0^2$$

*Beispiel:*

Die Eigenkreisfrequenz $\omega_0$ des skizzierten Systems ist zu ermitteln.

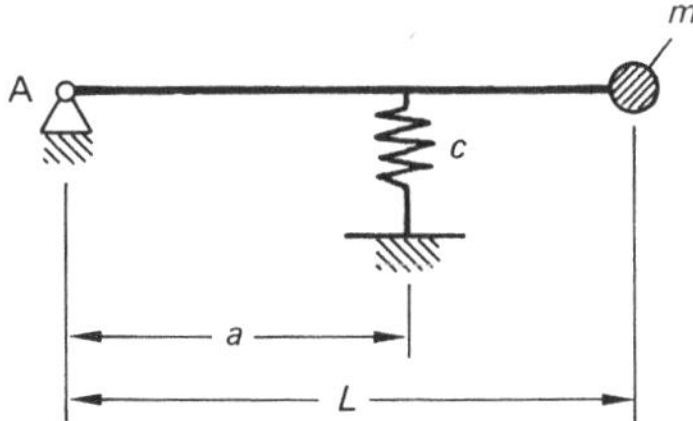


*Lösung:*

1. Statische Gleichgewichtsbetrachtung:

$$\sum M_A = 0; \quad 0 = F_{st} \cdot a - m \cdot g \cdot L$$

2. Wahl der positiven Koordinaten für $x$, $\dot{x}$ und $\ddot{x}$ (Weg, Geschwindigkeit und Beschleunigung der Masse) und Darstellung des Schwingers für positives $x$ (rechtes Bild):

D'Alembert: $\sum M_A = 0$

$$0 = \underbrace{F_{st} \cdot a - m \cdot g \cdot L}_{= 0,\ \text{siehe Statik-Gleichung}} + m \cdot \ddot{x} \cdot L + c\,\frac{a}{L} \cdot x \cdot a$$

$$0 = \ddot{x} + \frac{c \cdot a^2}{m \cdot L^2} \cdot x; \quad \omega_0 = \sqrt{\frac{c \cdot a^2}{m \cdot L^2}} = \frac{a}{L} \cdot \sqrt{\frac{c}{m}}$$

**506** Wie berechnet man die *Eigenkreisfrequenz* einer freien, ungedämpften Schwingung für den Sonderfall, daß Federweg und Masseweg gleich sind?

*Antwort:*

Nach Aufstellen der Differentialgleichung für einen solchen Schwinger und der D'Alembertschen Kräftebetrachtung $\sum F = 0$ folgt:

$$0 = m \cdot \ddot{x} + c \cdot x\,; \quad 0 = \ddot{x} + \frac{c}{m} \cdot x\,; \quad \frac{c}{m} = \omega_0^2\,; \quad \omega_0 = \sqrt{\frac{c}{m}}$$

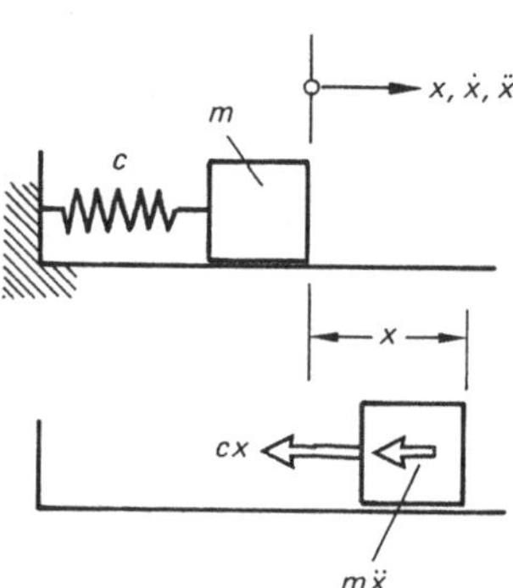


Sind die Wege von Masse und Feder gleich, so ist der Quotient von Federkonstante $c$ und Masse $m$ gleich dem Quadrat der Eigenkreisfrequenz der Schwingungen. Eine D'Alembertsche Überlegung erübrigt sich für solche Schwinger.

**507** Warum ist die aus dem D'Alembertschen Ansatz gefundene *Eigenkreisfrequenz* des Schwingers der Aufgabe 505 nur für kleine Amplituden richtig?

*Antwort:*

Bei Drehung des Systems verändern sich die Hebelarme der Kräfte, auch der Federweg kann nicht mehr aus der Proportion $\frac{\text{Masseweg } x}{L} = \frac{\text{Federweg}}{a}$ ermittelt werden:

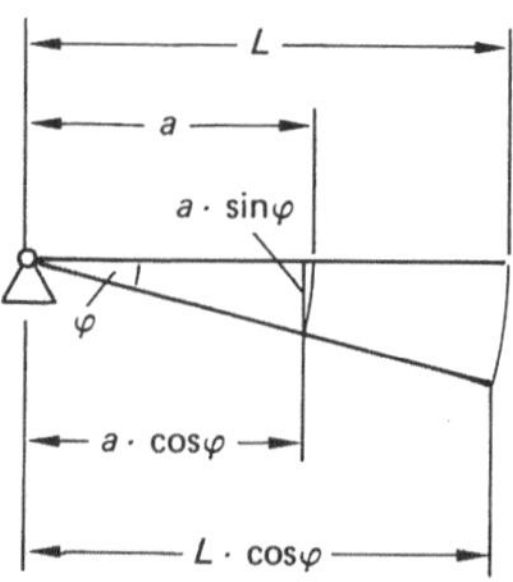


Die D'Alembertsche Gleichung $\sum M_A = 0$ lautet richtigerweise:

$$0 = \underbrace{F_{st} \cdot a \cdot \cos\varphi - m \cdot g \cdot L \cdot \cos\varphi}_{=0} + m \cdot \ddot{x} \cdot L \cdot \cos\varphi + c \cdot a \cdot \sin\varphi \cdot a \cdot \cos\varphi$$

Erst wenn für kleine Winkel $\varphi$ gesetzt wird $\sin\varphi \approx \varphi$ und $\cos\varphi \approx 1$, folgt

$$0 = m \cdot \ddot{x} \cdot L + c \cdot a^2 \cdot \varphi$$

mit $x \approx L \cdot \varphi$ und daraus $\ddot{x} \approx L \cdot \ddot{\varphi}$.

Dann folgt:

$$0 = m \cdot L^2 \cdot \ddot{\varphi} + c \cdot a^2 \cdot \varphi$$

$$0 = \ddot{\varphi} + \frac{c \cdot a^2}{m \cdot L^2} \cdot \varphi$$

bzw. mit $\varphi \approx \dfrac{x}{L}$:

$$0 = \ddot{x} + \frac{c \cdot a^2}{m \cdot L^2} \cdot x$$

**508** Ein *Feder-Masse-System* führt Schwingungen im Schwerefeld aus.

a) Mit welcher Anstoßgeschwindigkeit $v_0$ muß die Masse angestoßen werden, damit die Feder im oberen Umkehrpunkt der Masse gerade entspannt ist?

b) Nach welcher Zeit ist die Masse erstmals im oberen Umkehrpunkt?

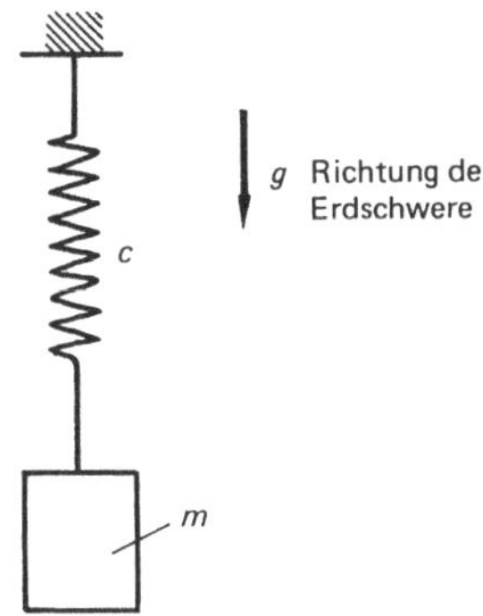


*Lösung:*

a) Die Amplitude $x_{max}$ ist dann gleich der statischen Federverlängerung $x_{st}$:

$$x_{st} = \frac{m \cdot g}{c}$$

Allgemein gilt:

$$x(t) = C_1 \cdot \cos(\omega_0 \cdot t) + C_2 \cdot \sin(\omega_0 \cdot t)$$
$$\dot{x}(t) = -C_1 \cdot \omega_0 \cdot \sin(\omega_0 \cdot t) + C_2 \cdot \omega_0 \cdot \cos(\omega_0 \cdot t)$$

1. Randbedingung: $x(t=0) = 0$ führt zu $C_1 = 0$.

2. Randbedingung: $\dot{x}(t=0) = v_0$ führt zu $C_2 = \dfrac{v_0}{\omega_0}$.

Somit lautet das $x(t)$-Gesetz:

$$x(t) = \underbrace{\frac{v_0}{\omega_0}}_{= x_{max}} \cdot \sin(\omega_0 \cdot t); \quad x_{max} = \frac{v_0}{\omega_0} = \frac{m \cdot g}{c}$$

Daraus: $$v_0 = g \cdot \sqrt{\frac{m}{c}}$$

b) $$x(t = t_1) = -x_{max}; \quad -\frac{v_0}{\omega_0} = \frac{v_0}{\omega_0} \cdot \sin(\omega_0 \cdot t_1)$$

Daraus folgt: $$\sin(\omega_0 \cdot t_1) = -1$$

$$\omega_0 \cdot t_1 = \frac{3}{2}\pi; \quad t_1 = \frac{3 \cdot \pi}{2} \cdot \sqrt{\frac{m}{c}}$$

**509** Die Eigenkreisfrequenz der Biegeschwingungen der am freien Ende einer einseitig eingespannten Blattfeder der Biegesteifigkeit $(E \cdot I_a)$ angebrachten Punktmasse ist zu ermitteln, wobei die Federmasse vernachlässigbar klein sei.

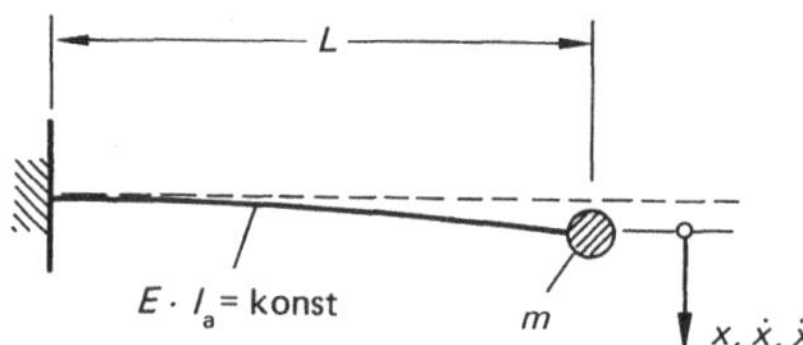


*Lösung:*

1. Statische Gleichgewichtsbetrachtung an der Masse für $\sum F_x = 0$ ergibt:

$$0 = F_{st} - m \cdot g$$

$F_{st}$ ist die von der Feder in der Gleichgewichtslage aufzubringende Federkraft.

2. Dynamische Betrachtung:

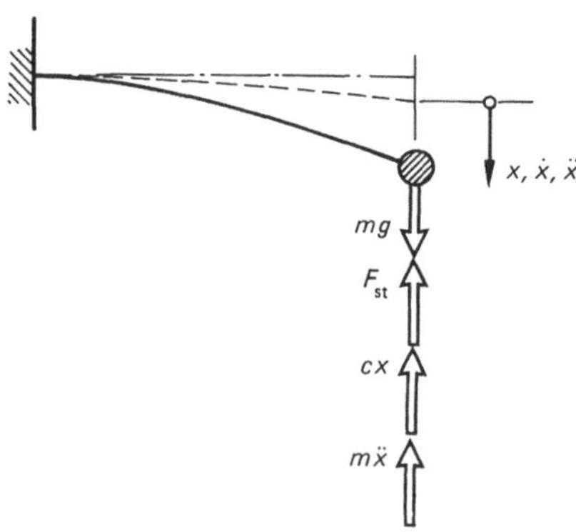


D'Alembertsche Betrachtung: $\sum F_x = 0$

$$0 = \underbrace{m \cdot g - F_{st}}_{= 0,\ \text{siehe Statik-Gleichung}} - c \cdot x - m \cdot \ddot{x}$$

$$0 = m \cdot \ddot{x} + c \cdot x$$

Beschreibung der Federsteifigkeit der Blattfeder:

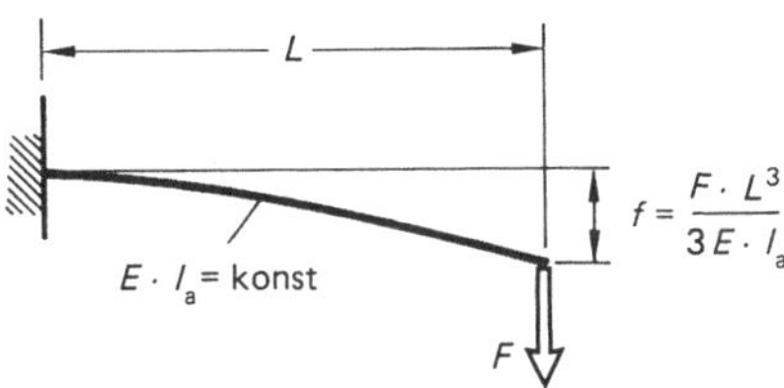


Definition: $$c = \frac{F}{f} = \frac{3 \cdot E \cdot I_a}{L^3}$$

Damit lautet die Differentialgleichung: $0 = \ddot{x} + \dfrac{3 \cdot E \cdot I_a}{m \cdot L^3} \cdot x.$

Die Eigenkreisfrequenz der Schwingungen ist also $\omega_0 = \sqrt{\dfrac{3 \cdot E \cdot I_a}{m \cdot L^3}}$.

**510** Die Eigenkreisfrequenz kleiner Schwingungen eines *mathematischen Pendels* ist zu bestimmen.

*Ergebnis:* $\omega_0 = \sqrt{\dfrac{g}{L}}$

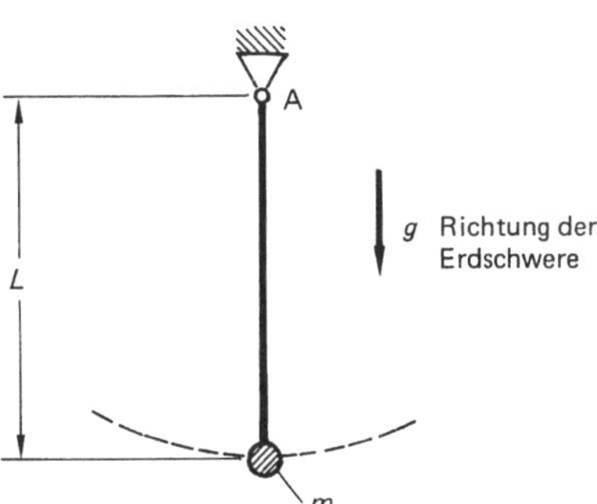


**511** Mittig an einer beidseitig gelenkig gelagerten Blattfeder der konstanten Biegesteifigkeit $E \cdot I_a$ ist die Masse $m$ befestigt. Es ist die *Eigenkreisfrequenz der Biegeschwingungen* zu berechnen.

*Ergebnis:*

$$\omega_0 = \sqrt{\frac{48 \cdot E \cdot I_a}{m \cdot L^3}}$$

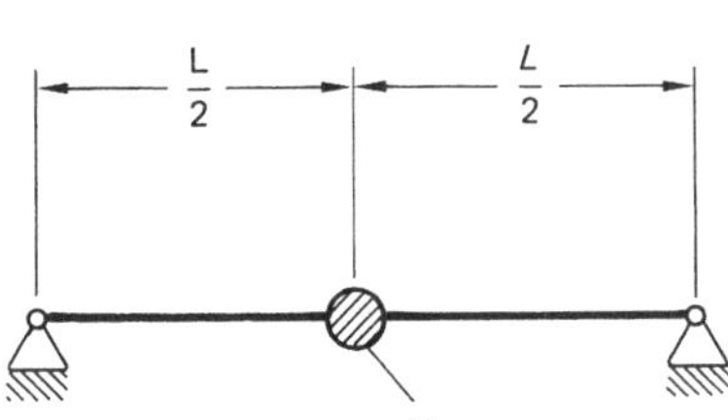

**512** Mittig an einer beidseitig fest eingespannten Blattfeder der konstanten Biegesteifigkeit $E \cdot I_a$ ist die Masse $m$ befestigt. Es ist die *Schwingungszeit $T$ der Biegeschwingungen* zu berechnen.

*Ergebnis:*

$$T = 2\pi \cdot \sqrt{\frac{m \cdot L^3}{192 \cdot E \cdot I_a}}$$

**513** Welche *Federschaltungen* zweier gekoppelter Federn sind bekannt?

*Antwort:*

1. Parallelschaltung:

Kennzeichen ist, daß die Federn gleiche Federwege aufweisen. Ersatzfederkonstante der Schaltung: $c = c_1 + c_2$.

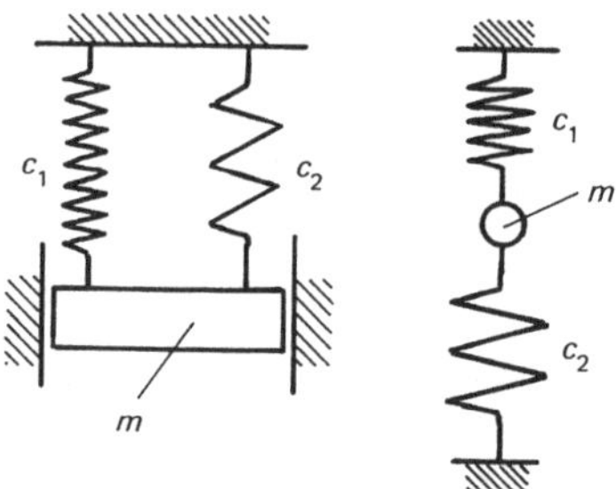


2. Reihen- oder Hintereinanderschaltung:

Kennzeichen ist, daß in beiden Federn die gleiche Federkraft herrscht, die Wege beider Federn addieren sich.

Ersatzfederkonstante der Schaltung: $\frac{1}{c} = \frac{1}{c_1} + \frac{1}{c_2}$

Durch Umformen erhält man auch: $c = \frac{c_1 \cdot c_2}{c_1 + c_2}$

Die Parallelschaltung ist härter als die härtere der parallel geschalteten Federn, die Reihenschaltung ist weicher als die weichste der in Reihe geschalteten Federn. Bei mehr als zwei Federn gilt bei Parallelschaltung

$$c = c_1 + c_2 + c_3 + \dots$$

und bei Reihenschaltung

$$\frac{1}{c} = \frac{1}{c_1} + \frac{1}{c_2} + \frac{1}{c_3} + \dots$$

**514** Die Masse $m = 0{,}9$ kg ist mittels dreier Federn wie skizziert zu einem schwingfähigen System verbunden ($c_1 = 12$ N/cm, $c_2 = 18$ N/cm). Welche Federkonstante $c_3$ muß die dritte Feder besitzen, wenn eine Schwingungszeit von $T = 0{,}2$ s erreicht werden soll?

*Ergebnis:* $c_3 = 1{,}68$ N/cm

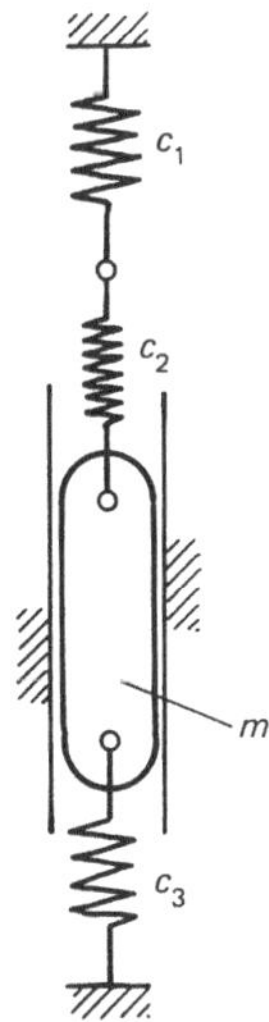


**515** Für das skizzierte System sind Eigenkreisfrequenz, Frequenz und Schwingungszeit kleiner *Drehschwingungen* zu berechnen. $c_1 = 0{,}8$ N/mm; $c_2 = 2$ N/mm; $c_3 = 1{,}2$ N/mm; $m_1 = 2$ kg; $m_2 = 2{,}5$ kg

*Ergebnisse:* $\omega_0 = 26{,}04\ \mathrm{s}^{-1}$; $T = 0{,}241$ s; $f = 4{,}144$ Hz

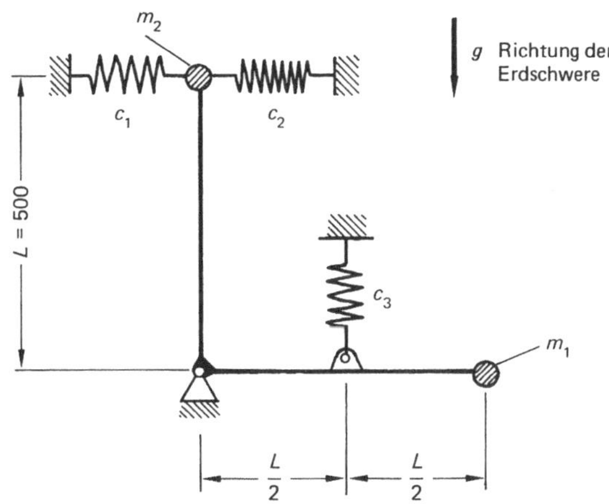

**516** Welche Federsteifigkeit $c$ müssen beide Federn haben, damit die Eigenkreisfrequenz kleiner Schwingungen des Systems $70\ s^{-1}$ beträgt? Es wird vorausgesetzt, wie bei allen ähnlichen Darstellungen, daß die Federn bei Druck nicht ausknicken. $m = 0{,}2$ kg

*Ergebnis:*

$c = 282{,}47$ N/m

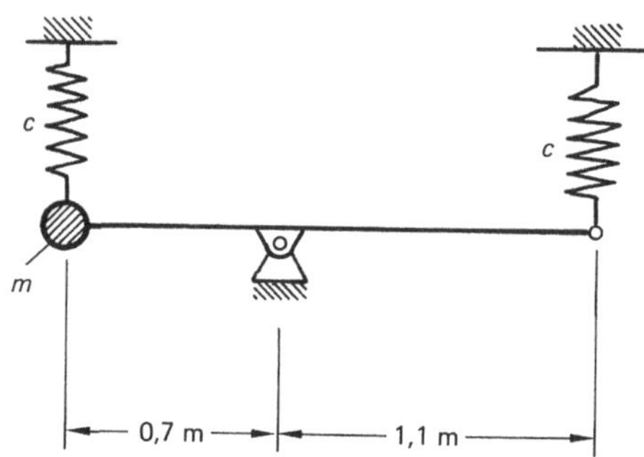


**517** a) Für das skizzierte System ist die Größe $m$ der Massen so zu bestimmen, daß sich eine Schwingungszeit $T = 0{,}8$ s ergibt. $c_1 = 60$ N/cm, $c_2 = 80$ N/cm.
b) Mit welcher Eigenkreisfrequenz pendelt das System, wenn es nicht durch Federn gehalten wird ($c_1 = c_2 = 0$)?

*Ergebnisse:*

a) $m = 10{,}6$ kg;

b) $\omega_0 = 2{,}4\ s^{-1}$

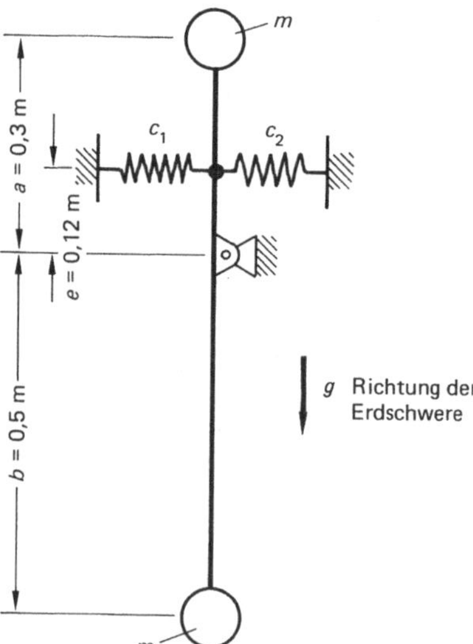


**518** Am freien Ende einer einseitig fest eingespannten, 9 mm breiten und 1 mm dicken Blattfeder aus Stahl ($E = 210\,000$ N/mm$^2$) ist die Masse $m = 3$ kg befestigt, die durch eine weitere Feder der Härte $c_1 = 100$ N/m mit dem Fundament wie skizziert verbunden ist. Zu bestimmen ist die Eigenkreisfrequenz kleiner Schwingungen.

*Ergebnis:* $\omega_0 = 7{,}28\ \mathrm{s}^{-1}$

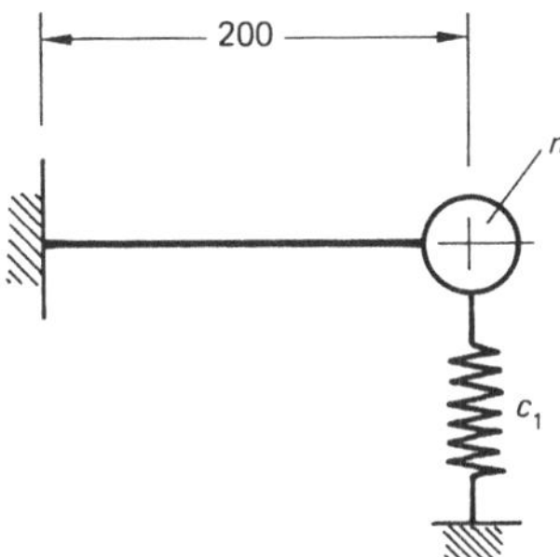


**519** Welche Eigenkreisfrequenz der *Biegeschwingungen* stellt sich ein, wenn $m$ als Punktmasse aufgefaßt wird, die Masse des Balkens unberücksichtigt bleibt und die Biegefestigkeit des Balkens $E \cdot I_a$ über die Balkenlänge konstant ist?

*Ergebnis:*

$$\omega_0 = \sqrt{\frac{243 \cdot E \cdot I_a}{4 \cdot m \cdot L^3}}$$

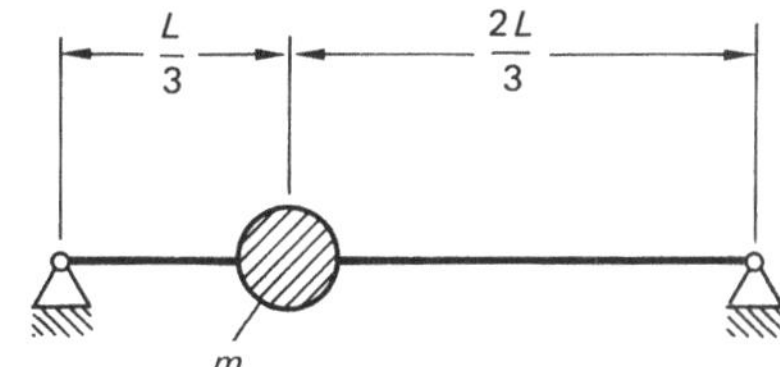


**520** Unter Voraussetzung vernachlässigbar kleiner Rollenmassen ist die *Eigenkreisfrequenz* von Schwingungen des Systems zu bestimmen.

*Ergebnis:* $\omega_0 = 2 \cdot \sqrt{\dfrac{c_1 \cdot c_2}{m \cdot (c_1 + c_2)}}$

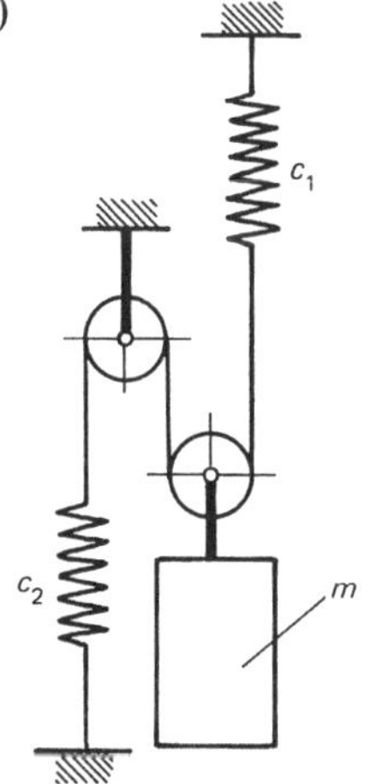


**521** Unter der Voraussetzung vernachlässigbar kleiner Rollenmassen ist die *Eigenkreisfrequenz* von Schwingungen des Systems zu bestimmen.

*Ergebnis:* $\omega_0 = \sqrt{\dfrac{c_1 \cdot c_2}{m \cdot (4c_1 + c_2)}}$

**522** Unter der Voraussetzung vernachlässigbar kleiner Rollenmassen ist die *Eigenkreisfrequenz* von Schwingungen des Systems zu bestimmen.

*Ergebnis:* $\omega_0 = \sqrt{\dfrac{1}{m \cdot \left(\dfrac{1}{c_3} + \dfrac{c_1 + c_2}{4 \cdot c_1 \cdot c_2}\right)}}$

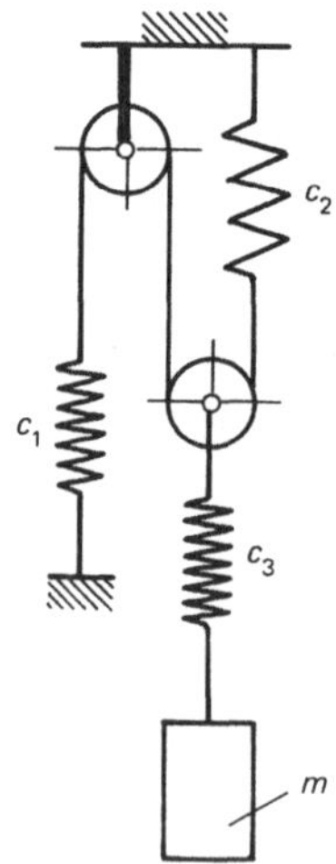

# Kinetik des Körpers bei Drehung um feste Achse

## 6 Massenträgheitsmomente bezüglich Hauptachsen und dazu paralleler Achsen

**601** Was sind *Massenträgheitsmomente*?

*Antwort:*

So wie bei der Translationsbewegung die Masse ein Trägheitsverhalten zeigt, nämlich das Bestreben, mit konstanter Geschwindigkeit auf gerader Bahn zu bleiben, hat auch der Rotor das Bestreben, mit unveränderlicher Drehzahl zu drehen. Für die Translation sagt das Newtonsche Grundgesetz der Dynamik, daß nur Kräfte den Zustand der geradlinigen, gleichförmigen Bewegung zu ändern vermögen:

$$F = m \cdot a$$

Kraft und Bewegungsänderung $a = \mathrm{d}v/\mathrm{d}t$ sind einander proportional, der Proportionalitätsfaktor in der zugehörigen Gleichung ist die Masse. Analog sind die Verhältnisse beim Rotor: Ist die Summe der angreifenden Momente nicht null, so wird das resultierende Moment eine Änderung der Winkelgeschwindigkeit des Rotors bewirken:

$$M \sim \frac{\mathrm{d}\omega}{\mathrm{d}t}$$

Das resultierende Moment ist der zeitlichen Änderung der Winkelgeschwindigkeit proportional, die Proportionalitätskonstante ist das Massenträgheitsmoment $J$:

Dynamisches Grundgesetz der Rotation:

$$M = J \cdot \alpha = J \cdot \ddot{\varphi} \quad (\alpha = \ddot{\varphi} = \text{Winkelbeschleunigung})$$

**602** Wie ist das *Massenträgheitsmoment* in bezug auf eine feste Drehachse definiert?

*Antwort:*

Die Summe aller Produkte aus Massenteilchen d$m$ und dem Quadrat des Abstands zur Drehachse ist definiert als Massenträgheitsmoment in bezug auf eben diese Achse:

$$J_z = \int_m \mathrm{d}m \cdot r^2$$

Die Einheit des Massenträgheitsmoments ist $[J] = \mathrm{kg} \cdot \mathrm{m}^2 = \mathrm{N} \cdot \mathrm{m} \cdot \mathrm{s}^2$.

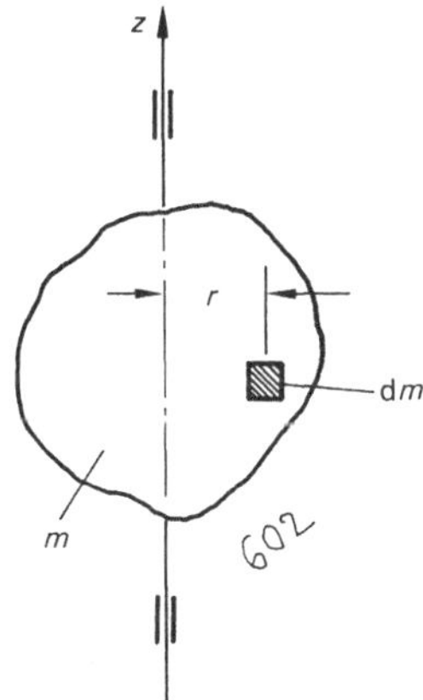

**603** Was ist der *Trägheitsradius* einer Masse in bezug auf eine feste Drehachse?

*Antwort:*

Ordnet man alle Masseteilchen einer Masse mit beliebiger Masseverteilung so im Abstand $i$ von der Drehachse an, daß das Massenträgheitsmoment bei dieser neuen Massenverteilung genauso groß ist wie das des beliebig geformten Rotors, so ist dieser besondere Abstand $i$ der sog. Trägheitsradius.

Ist der Trägheitsradius von Rotoren bekannt, so errechnet man das Massenträgheitsmoment als das Produkt aus Masse und dem Quadrat des Trägheitsradius:

$$J = m \cdot i^2 = \int_m \mathrm{d}m \cdot r^2$$

**604** Was versteht man bei Drehung um eine feste Achse unter *reduzierter Masse?*

*Antwort:*

Reduzierte Masse $m_{\text{red}}$ ist die Punktmasse auf vorgegebenem Abstand $r$ von der Drehachse, die das gleiche Massenträgheitsmoment wie der betrachtete Körper hat; die Einführung dieses Begriffes erfolgt mit dem Ziel, ein Ersatzsystem zu schaffen, das den Körper durch eine Punktmasse ersetzt, die bezüglich der Drehung um eine feste Achse die gleichen Eigenschaften (das gleiche Massenträgheitsmoment) hat wie der betrachtete Körper.

Das Massenträgheitsmoment des Körpers ist $J$, das der Punktmasse ist $m_{\text{red}} \cdot r^2$.

$$J = m_{\text{red}} \cdot r^2; \quad m_{\text{red}} = \frac{J}{r^2}$$

Soll das Ersatzsystem so aussehen, daß Punkt- und Körpermasse gleich sind, dann muß die Punktmasse auf einem bestimmten Radius liegen. Diesen Radius nennt man Trägheitsradius $i$.

Mit $i$ statt $r$ und $m$ statt $m_{\text{red}}$ folgt $J = m \cdot i^2 \rightarrow i = \sqrt{\dfrac{J}{m}}$.

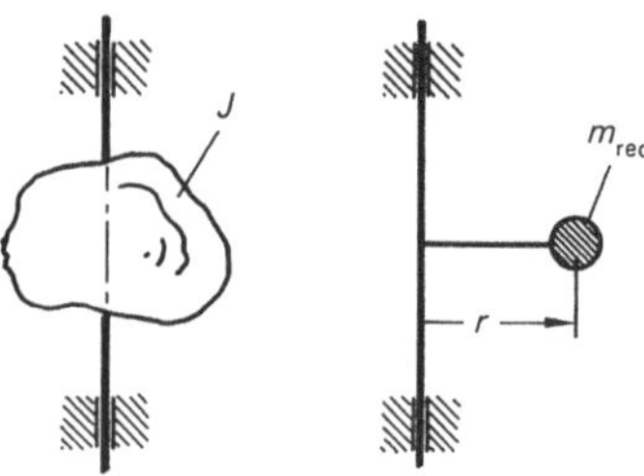


**605** Was versteht man unter dem *Schwungmoment* einer Masse in bezug auf eine feste Drehachse?

*Antwort:*

Das Schwungmoment $(GD^2)$ ist wie das Massenträgheitsmoment ein Maß für die Verteilung der Masse in bezug auf die Drehachse, also ein Maß für die Drehträgheit der Masse. Das Schwungmoment ist dem Massenträgheitsmoment also proportional. In dem Ausdruck $(GD^2)$ – lies: ge-de-Quadrat – ist $G$ das Gewicht der Masse:

$$G = m \cdot g$$

$D$ ist der Trägheitsdurchmesser: $D = 2 \cdot i$

$$GD^2 = m \cdot g \cdot (2 \cdot i)^2$$

Mit $J = m \cdot i^2$ folgt: $J = (GD^2)/4 \cdot g$

Das Massenträgheitsmoment $J$ in bezug auf eine feste Drehachse ist gleich dem Schwungmoment dividiert durch die 4-fache Erdbeschleunigung.

Dimensionsbetrachtung:

$$[GD^2] = \mathrm{N} \cdot \mathrm{m}^2\,; \quad \left[\frac{GD^2}{4g}\right] = \frac{\mathrm{N} \cdot \mathrm{m}^2}{\mathrm{m/s}^2} = \mathrm{N} \cdot \mathrm{m} \cdot \mathrm{s}^2 = \mathrm{kg} \cdot \mathrm{m}^2$$

**606** Wodurch zeichnen sich *Hauptachsen* eines Körpers aus?

*Antwort:*

So wie Flächen Hauptachsen haben ($I_{max}$-, $I_{min}$-Achsen), weisen auch Massen Hauptachsen auf; hier sind es jedoch drei Raumachsen. Dabei stellt eine die $J_{max}$-Achse, eine die $J_{min}$-Achse dar, die dritte Hauptachse bildet mit den beiden erstgenannten ein räumliches, rechtwinkliges Koordinatensystem. Bei Symmetrie der Massenverteilung gilt: Symmetrieachsen sind Hauptachsen. Beispiel Quader: die kantenparallelen Schwerpunktsachsen sind Hauptachsen. Dreht ein Rotor um eine Hauptachse, so ist er dynamisch ausgewuchtet. Bei Rotation um eine Nichthauptachse taumelt der Körper, und es entsteht zufolge der Fliehkräfte ein sog. ‚aufrichtendes Moment', das versucht, die Hauptachse in die Drehachse zu verlegen:

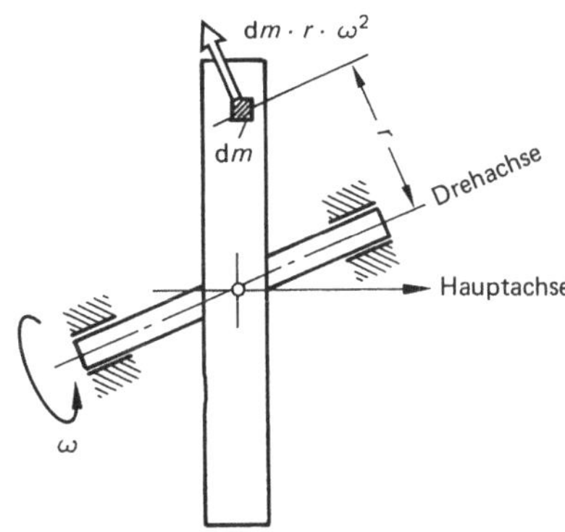


**607** Wie berechnet man das *Massenträgheitsmoment* eines Körpers in bezug auf eine Drehachse, die parallel zu einer Hauptachse liegt?

*Antwort:*

Der aus der Beschreibung der Flächenmomente 2. Ordnung (Flächenträgheitsmomente) bekannte ‚Satz von den parallelen Achsen' (meist als ‚Satz von Steiner' zitiert), gilt auch für die Massenträgheitsmomente:

$$J_{z1} = J_z + m \cdot a^2$$

Das Massenträgheitsmoment bezüglich der zur Hauptachse z parallelen Rotorachse z1 ist gleich der Summe aus dem Massenträgheitsmoment bezüglich der durch den Schwerpunkt gehenden und zur Rotorachse parallelen Achse und dem Produkt aus Masse und dem Quadrat des Abstands zwischen Rotorachse und Schwerpunkt.

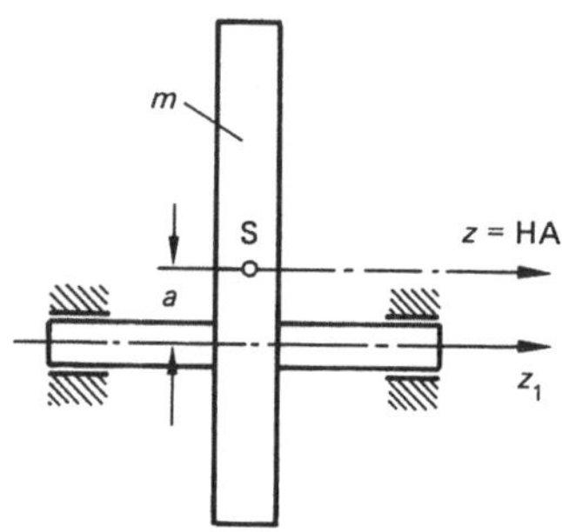


**608** Das Massenträgheitsmoment einer schlanken, langen Stange der Masse $m$ und der Länge $L$ ist für die zur Längsachse senkrechte Achse zu berechnen für die Fälle

a) Drehpunkt ist der Schwerpunkt,

b) Drehpunkt ist ein beliebiger Punkt im Abstand $a$ vom Schwerpunkt,

c) Drehpunkt am Stangenende.

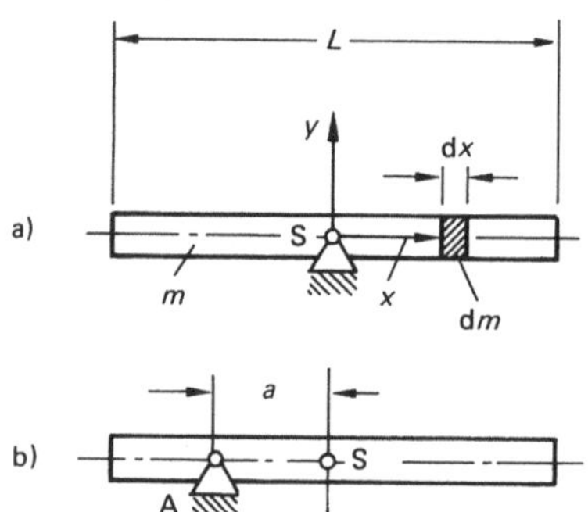


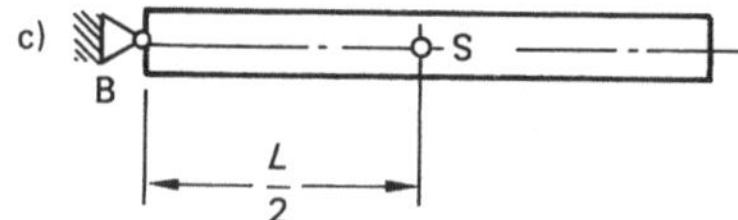


*Lösung:*

a)
$$J_S = J_z = \int_m \mathrm{d}m \cdot x^2 \quad \text{mit} \quad \mathrm{d}m = \frac{m}{L} \cdot \mathrm{d}x$$

$$J_S = J_z = \frac{m}{L} \int x^2 \cdot \mathrm{d}x = \frac{m}{L} \cdot \left| \frac{x^3}{3} \right|_{-L/2}^{+L/2}$$

$$J_S = J_z = \frac{m \cdot L^2}{12}$$

b) $$J_A = J_S + m \cdot a^2$$

c) $$J_B = J_S + m\left(\frac{L}{2}\right)^2 = \frac{m \cdot L^2}{3}$$

**609** Das Massenträgheitsmoment einer Dreiecksscheibe konstanter Dicke ist zu berechnen für die in der Plattenebene senkrechte Drechachse a) durch die Dreiecksspitze, b) durch den Schwerpunkt.

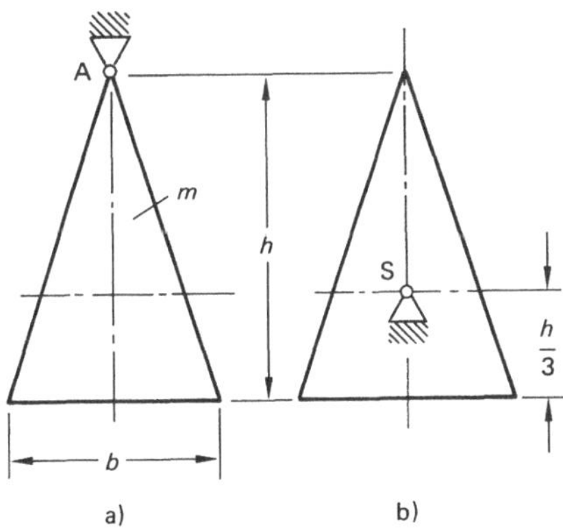


*Lösung:*

a) Das Masseteilchen $dm = \frac{m}{\frac{1}{2}b \cdot h} \cdot dx \cdot b(x)$ wird als Stange aufgefaßt, welche um die um $x$ entfernte Achse A dreht; dabei ergibt sich die ‚Stangen'-Länge $b(x)$ aus der Proportion $b/h = b(x)/x$.

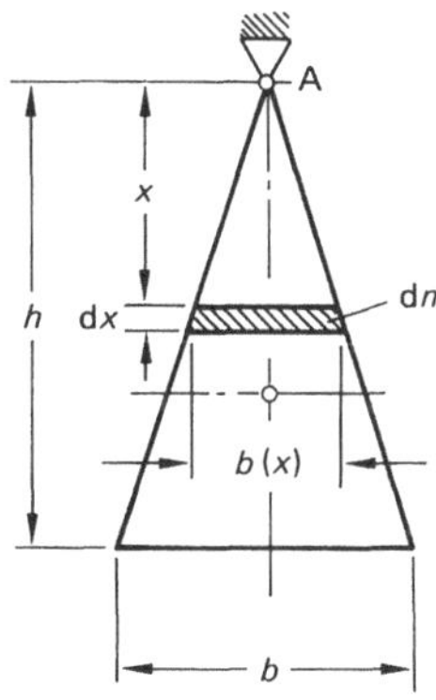


Es folgt damit:

$$dm = \frac{2m}{h^2} \cdot x \cdot dx$$

$$dJ_A = \frac{dm \cdot b^2(x)}{12} + dm \cdot x^2$$

$$dJ_A = \frac{1}{12} \cdot \frac{2m}{h^2} \cdot x \cdot dx \cdot \frac{b^2 \cdot x^2}{h^2} + \frac{2m}{h^2} \cdot x^3 \cdot dx$$

$$J_A = \int dJ_A = \left(\frac{m \cdot b^2}{6h^4} + \frac{2m}{h^2}\right) \cdot \int_{x=0}^{x=h} x^3 \cdot dx$$

$$J_A = \left(\frac{m \cdot b^2}{6 \cdot h^4} + \frac{2m}{h^2}\right) \cdot \left|\frac{x^4}{4}\right|_0^h = \frac{m \cdot b^2}{24} + \frac{m \cdot h^2}{2} = \frac{m}{2} \cdot \left(\frac{b^2}{12} + h^2\right)$$

b) $$J_S = J_A - m \cdot \left(\frac{2h}{3}\right)^2$$

$$J_S = \frac{mb^2}{24} + \frac{mh^2}{2} - \frac{4}{9} mh^2 = \frac{m}{6} \cdot \left(\left(\frac{b}{2}\right)^2 + \frac{h^2}{3}\right)$$

**610** Das Massenträgheitsmoment einer Kreisscheibe konstanter Dicke ist für die Hauptachsen x, y und z zu berechnen. Die Scheibendicke ist sehr viel kleiner als der Scheibendurchmesser.

*Ergebnisse:*

$$J_x = J_y = \frac{1}{2} J_z;$$

$$J_z = \frac{m \cdot R^2}{2} = \frac{m \cdot D^2}{8}$$

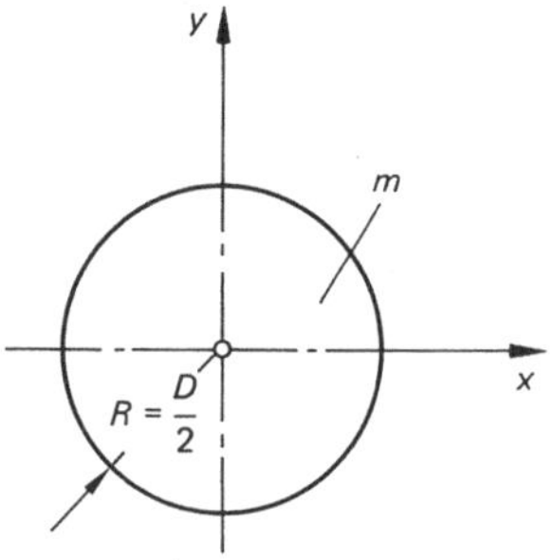

y
m
x
$R = \frac{D}{2}$

**611** Eine *Rechteckscheibe* konstanter Dicke ist wie skizziert im Eckpunkt A drehbar gelagert. Es ist das Massenträgheitsmoment $J_A$ zu berechnen.

*Ergebnis:*

$$J_A = \frac{m}{3} \cdot (b^2 + h^2)$$

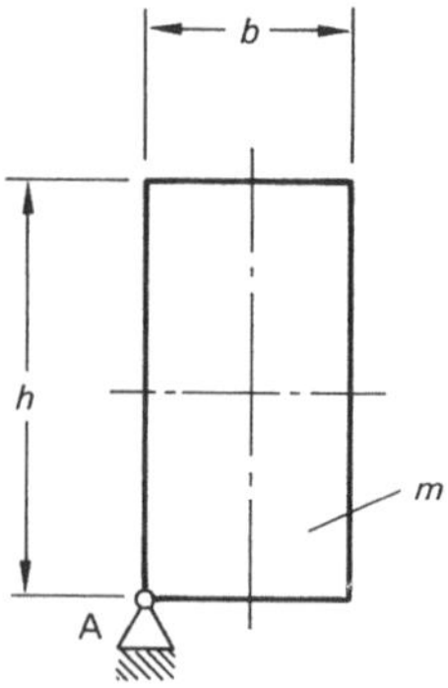

b
h
m
A

**612** Das Massenträgheitsmoment einer *Rechteckplatte* konstanter Dicke in bezug auf die Drehachse A (mittig kurzer Rechteckseite) beträgt $J_A = 0{,}02$ kg m². Die Drehachse soll parallel verlagert werden in den Punkt B mittig der langen Rechteckseite. Es ist $J_B$ zu berechnen.

*Ergebnis:*
$J_B = 0{,}0142 \text{ kg m}^2$

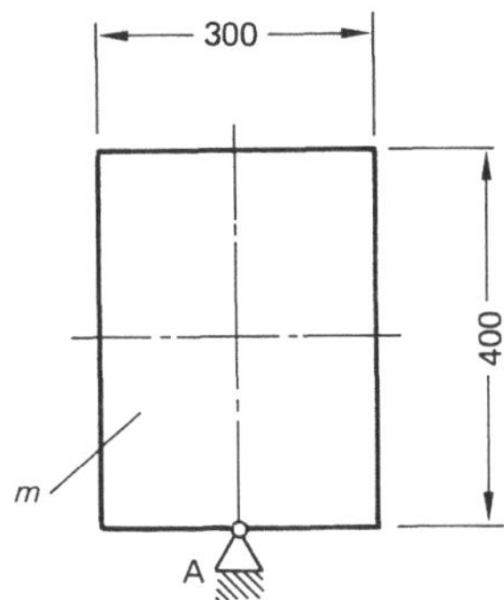


**613** Das Massenträgheitsmoment $J_z$ bezüglich der Längsachse des zylindrischen Rotors vom skizzierten Querschnitt und der Länge 2 m ist zu berechnen. Spezifisches Gewicht des Werkstoffes: 78,5 N/dm³.

*Ergebnis:* $J_z = 827{,}2 \text{ kg m}^2$

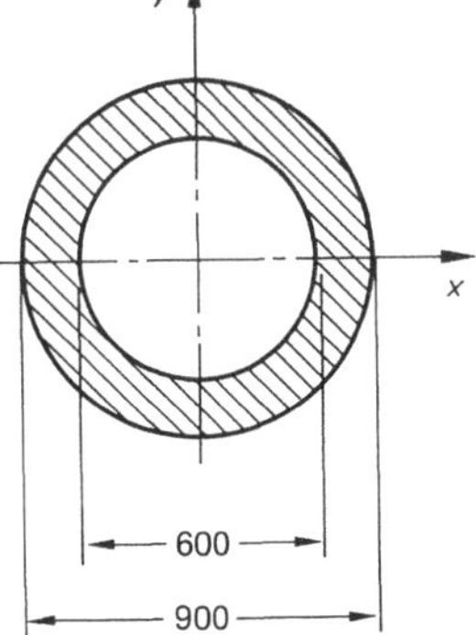


**614** Das Massenträgheitsmoment $J_A$ der skizzierten Scheibe (Kreissegment) konstanter Dicke ist zu berechnen.

*Ergebnis:* $J_A = m \cdot R^2/2$

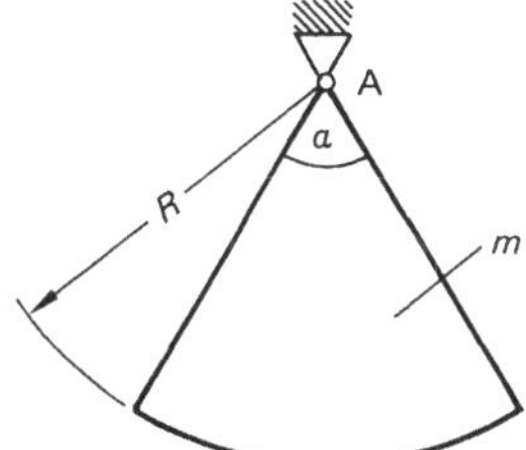


**615** Das Massenträgheitsmoment $J_B$ der skizzierten *Halbkreisscheibe* konstanter Dicke ist zu berechnen.

*Ergebnis:* $J_B = \frac{3}{2} m \cdot R^2$

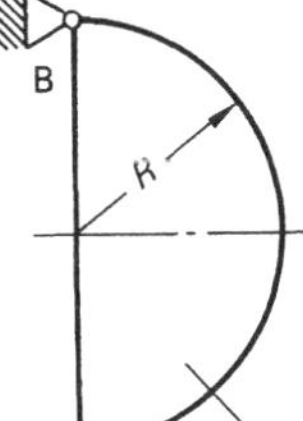

**616** Das Massenträgheitsmoment $J_A$ des aus schlanken Stangen zusammengesetzten Gebildes der Masse $m$ ist zu berechnen.

*Ergebnis:* $J_A = m \cdot L^2$

**617** Für die Achsen z und x des skizzierten Körpers aus Stange ($m_1 = 9$ kg) und zwei Kugeln (je Kugel $m_2 = 4{,}2$ kg) sind die *Massenträgheitsmomente* zu berechnen. Dabei ist der Durchmesser der Stange vernachlässigbar klein. Stangenlänge $L = 1$ m, Kugelradius $r = 5$ cm.

*Ergebnisse:* $J_x = 0{,}0084 \text{ kg m}^2$; $J_z = 3{,}3 \text{ kg m}^2$

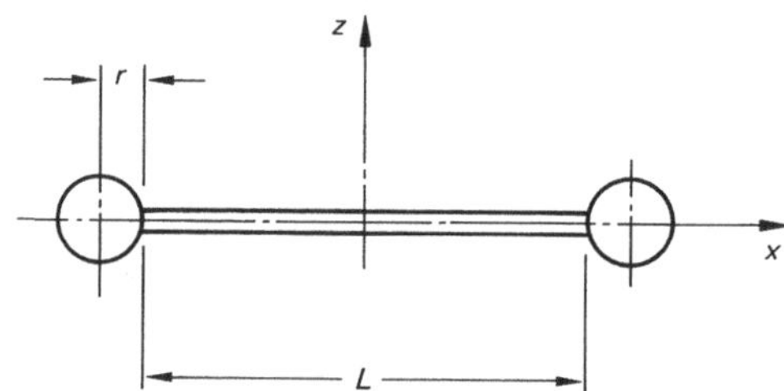


**618** Für den skizzierten Rotor der Masse 800 kg ($D = 1$ m), aus dem 4 rechteckförmige Löcher ausgespart sind, ist das Massenträgheitsmoment $J_x$ zu berechnen.

*Ergebnis:* $J_x = 107{,}9 \text{ kg m}^2$

**619** Das Massenträgheitsmoment $J_A$ der skizzierten Scheibe konstanter Dicke und der Masse $m = 5$ kg ist zu berechnen.

*Ergebnis:*

$J_A = 0{,}038 \text{ kg m}^2$

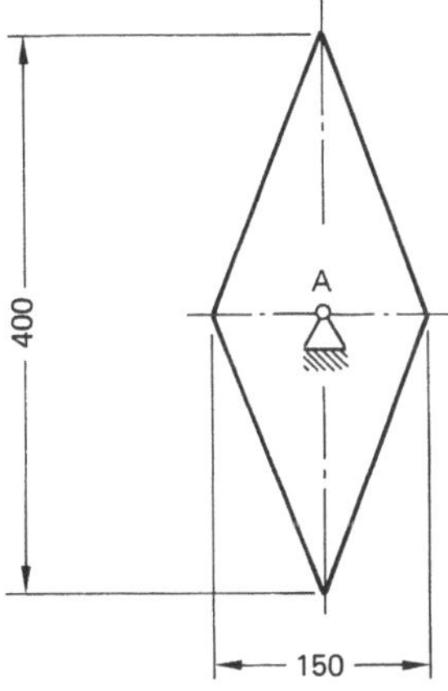


**620** Für den aus schlanken Stangen zusammengesetzten Körper der Masse $m$ ist das Massenträgheitsmoment $J_A$ zu bestimmen.

*Ergebnis:* $J_A = \dfrac{7}{3} \cdot m \cdot a^2$

**621** Für die Rechteckscheibe kleiner, konstanter Dicke und der Masse $m$ ist das Massenträgheitsmoment $J_z$ zu bestimmen.

*Ergebnis:* $J_z = \dfrac{7}{48} \cdot m \cdot b^2$

**622** Für den halbkreisförmig gebogenen Körper der Masse $m$ und kleinem Querschnitt ist das Massenträgheitsmoment $J_A$ zu bestimmen.

*Ergebnis:* $J_A = 2 \cdot m \cdot R^2$

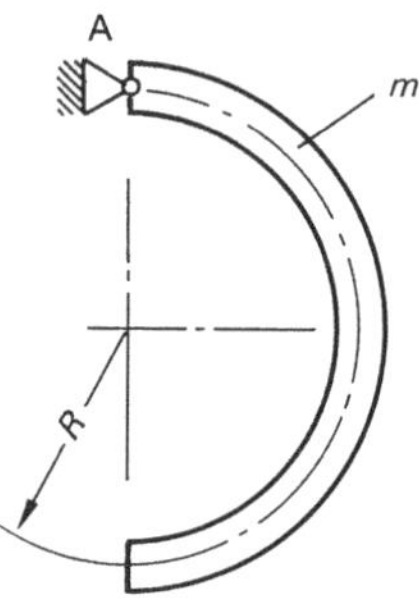


**623** Eine flache Scheibe konstanter Dicke und der Masse $m = 4$ kg ($R = 40$ cm) dreht um die in der Scheibenebene liegende x-Achse, die $a = 16$ cm vom Scheibenmittelpunkt entfernt parallel zur $x_1$-Achse verläuft. Das Massenträgheitsmoment $J_x$ ist zu berechnen.

*Ergebnis:*

$J_x = 0{,}2624 \text{ kg m}^2$

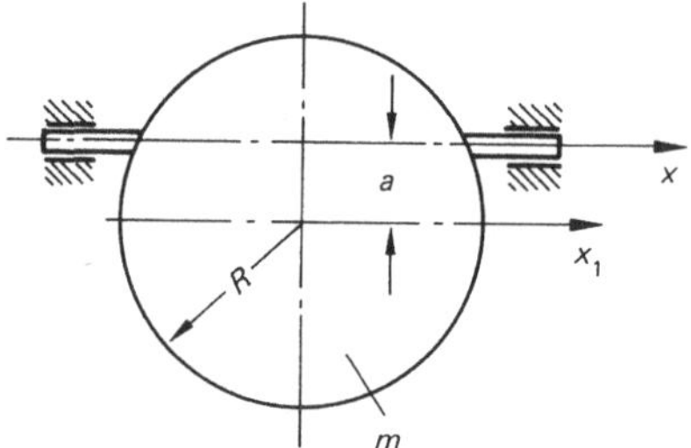


**624** Das Massenträgheitsmoment $J_A$ bezogen auf die Mittelpunktsachse x der flachen Halbkreisscheibe konstanter Dicke und der Masse $m$ ist zu bestimmen.

*Ergebnis:* $J_x = m \cdot R^2/4$

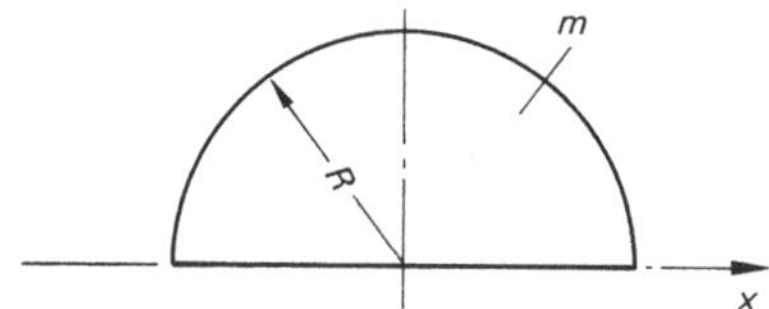


**625** Eine flache Kreisscheibe konstanter Dicke und der Masse $m = 2{,}6$ kg hat ein kreisrundes Loch. Es ist das Massenträgheitsmoment $J_A$ bezüglich der festen Drehachse in A zu berechnen.

*Ergebnis:*

$J_A = 0{,}05676 \text{ kg m}^2$

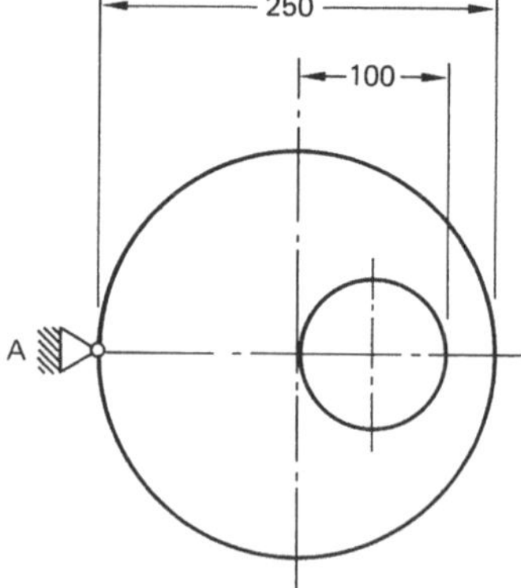

**626** In eine flache, runde Scheibe konstanter Dicke sind 8 radiale Bohrungen vom Durchmesser 20 mm und der Bohrtiefe 100 mm eingebracht. Zu berechnen ist das Massenträgheitsmoment $J_z$ des Rotors der Masse 15 kg.

*Ergebnis:* $J_z = 0{,}1591 \text{ kg m}^2$

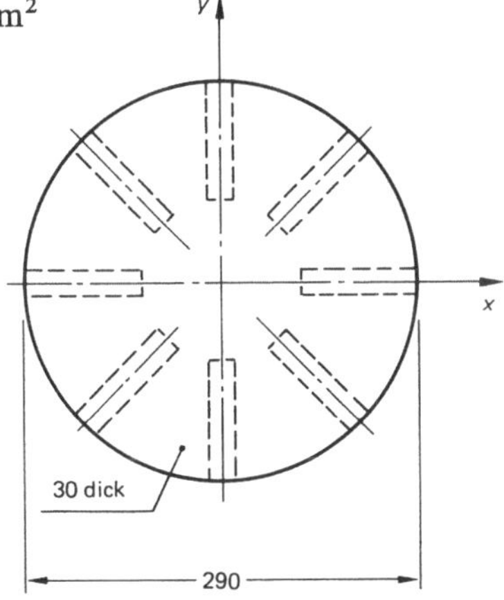


**627** Für den *Ring* der Masse $m$ und dem mittleren Radius $R$ ist das Massenträgheitsmoment $J_x = J_y$ für die Schwerpunktsachsen in Ringebene zu bestimmen. Dabei sei der Ringquerschnitt klein.

*Ergebnis:* $J_x = J_y = \frac{1}{2} \cdot m \cdot R^2$

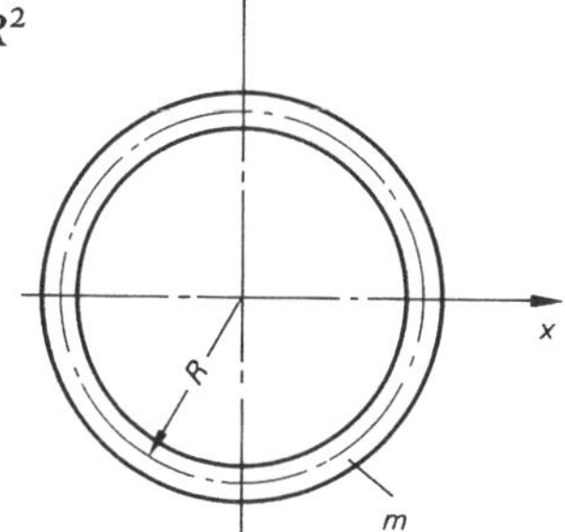


**628** In eine flache Kreisscheibe konstanter Dicke und der Masse $m$ ist ein halbkreisförmiges Loch eingearbeitet. Für die Drehachse in A ist das Massenträgheitsmoment $J_A$ zu bestimmen.

*Ergebnis:*

$$J_A = \frac{31}{224} \cdot m \cdot D^2$$

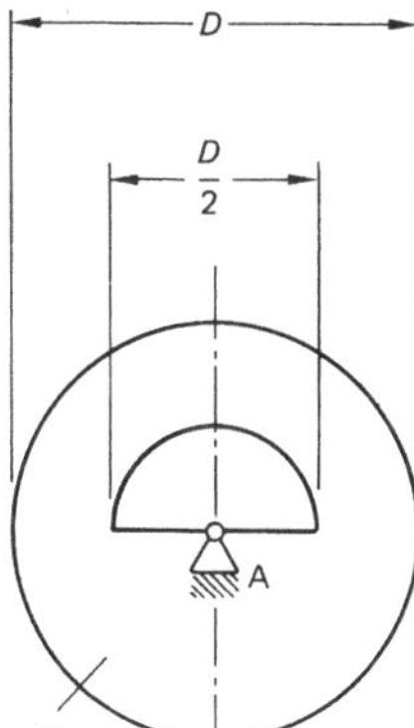

**629** Für die Drehachse $x$ des *Rotors* ist das Massenträgheitsmoment $J_x$ zu berechnen. Das spezifische Gewicht des Werkstoffs ist 78,5 N/dm³.

*Ergebnis:*
$J_x = 2{,}0555 \text{ kg m}^2$

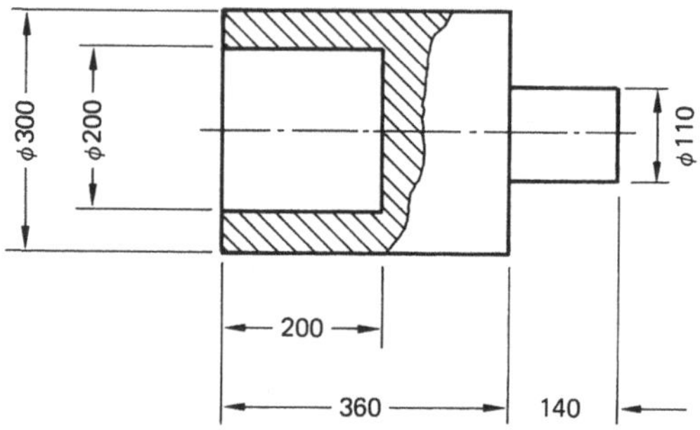

**630** Ein *Rotor* der Masse $m = 6{,}5$ kg rotiert um die x-Achse. Es ist das Massenträgheitsmoment $J_x$ zu berechnen.

*Ergebnis:*
$J_x = 0{,}081 \text{ kg m}^2$

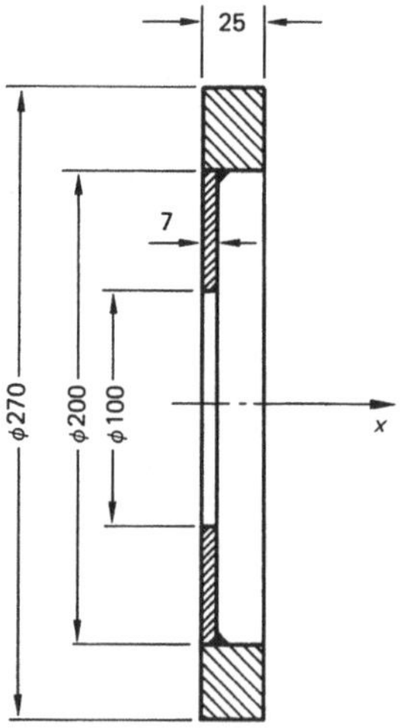

**631** Ein *Rahmen* der Masse $m$ ist in A drehbar gelagert. Es ist das Massenträgheitsmoment $J_A$ zu bestimmen; dabei werden die Teilstücke des Rahmens als schlanke Stangen behandelt.

*Ergebnis:* $J_A = \frac{1}{4} \cdot m \cdot h^2$

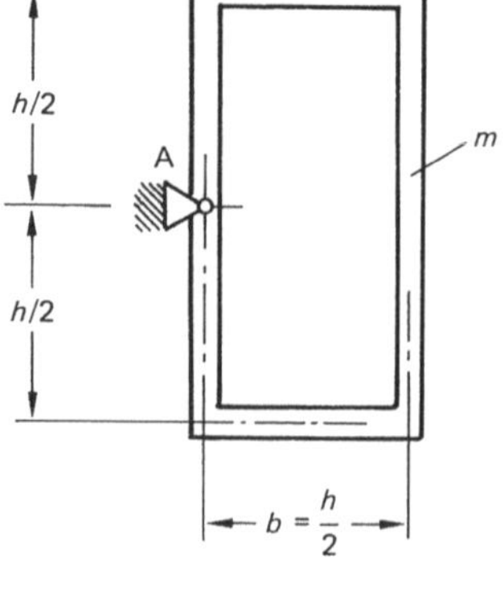

**632** Für die skizzierte flache Scheibe konstanter Dicke und der Masse $m$ ist das Massenträgheitsmoment $J_A$ zu bestimmen. Die Scheibe hat ein mittiges, rundes Loch.

*Ergebnis:* $J_A = 1{,}459 \cdot m \cdot b^2$

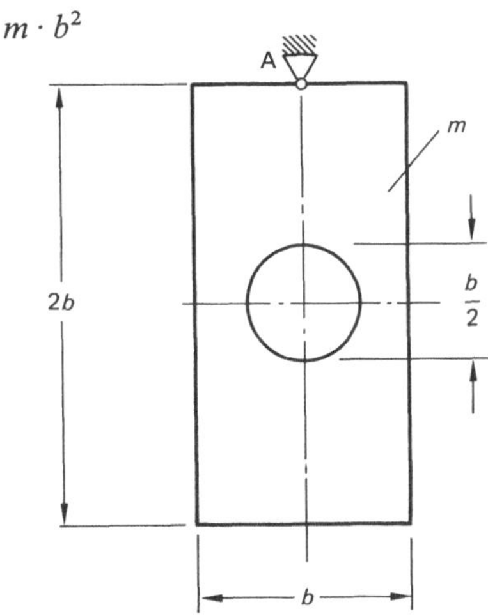


**633** Das Massenträgheitsmoment einer Stahlscheibe (Dichte $\varrho = 7{,}85\ \mathrm{g/cm^3}$) bezüglich der Mittelachse senkrecht zur Zeichenebene ist zu bestimmen. Die Abweichungen einer Rechnung vom genauen Wert sind zu nennen.

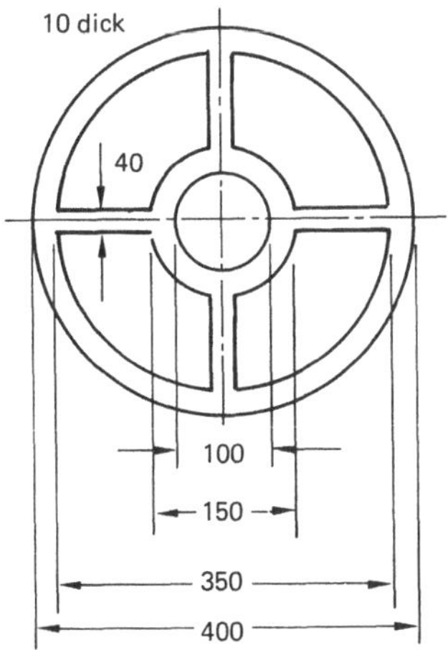


*Ergebnis:*

$J = 0{,}105\ \mathrm{kg\ m^2}$. Geringe Ungenauigkeiten entstehen durch das Rechnen der Speichen als Rechteckplatte.

**634** Wie ist das Verhältnis $J_1/J_2$ der Massenträgheitsmomente einer radial und einer schräg eingebauten Speiche zueinander? Die Speichen sind als dünne Stäbe zu betrachten. Drehachse (Bezugsachse) ist die Mittelachse der Kreise senkrecht zur Zeichenebene. Gesucht ist eine Näherungsformel, die Zahlenrechnung ist für die Werte durchzuführen: $r = 10$ cm; $R = 20$ cm; $L_1 = 10$ cm; $L_2 = 13$ cm

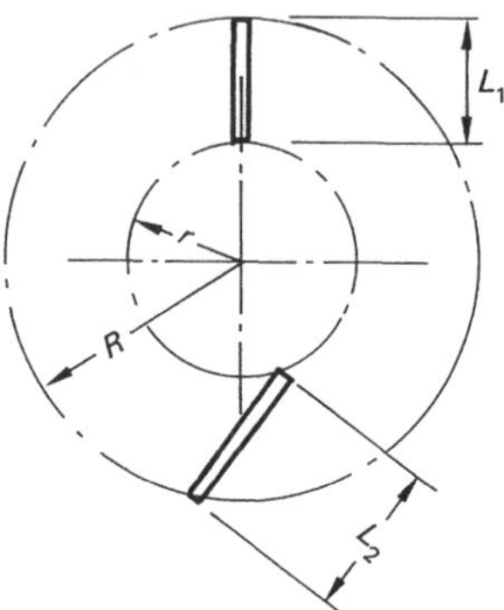


*Ergebnis:* $J_1/J_2 \approx L_1/L_2$. Bei genauer Rechnung mit den angegebenen Zahlen ist der Wert 5,4% größer. Der Schwerpunktabstand der schrägen Speiche wird am einfachsten zeichnerisch bestimmt.

## 7 Dynamisches Grundgesetz der Rotation

**701** Wie lautet das *Dynamische Grundgesetz der Drehung* eines Rotors um eine feste Achse?

*Antwort:* Analog dem Dynamischen Grundgesetz der Translation $F_{Res} = m \cdot a$ (Newton) lautet das Dynamische Grundgesetz der Rotation $M_{Res} = J \cdot \alpha$.

Darin bedeuten

$M_{Res}$ das resultierende äußere Moment,

$J$ das Massenträgheitsmoment des Rotors in bezug auf die Drehachse und

$\alpha = \ddot{\varphi}$ Winkelbeschleunigung des Rotors.

Die Winkelbeschleunigung $\alpha$ eines Rotors ist dem angreifenden äußeren Moment proportional und dem Massenträgheitsmoment umgekehrt proportional. Bei unveränderlicher Masseverteilung, also konstantem Massenträgheitsmoment, ist das $\alpha(t)$-Gesetz des Rotors bei bekanntem $M(t)$-Gesetz ebenfalls bekannt; die Winkelbeschleunigung verhält sich mit der Zeit wie das Drehmoment. Ist $M$ konstant, so liegt mit $\alpha = \text{konst.}$ eine gleichförmig beschleunigte Drehbewegung vor.

**702** Welche Form erhält das *Dynamische Grundgesetz der Rotation* in der D'Alembertschen Schreibweise?

*Antwort:* $$0 = M_{Res} + J \cdot (-\alpha)$$

Die Summe aus dem äußeren, resultierenden Moment und der Summe der Momente aller tangentialen Trägheitskräfte der Massenteilchen des Rotors $(J \cdot \alpha)$ ist null. Fügt man den wirklichen angreifenden Momenten die Trägheitsgröße $(J \cdot \alpha)$ hinzu, wobei diese Trägheitsgröße der Winkelbeschleunigung entgegengerichtet ist (Trägheitsgrößen sind Bewegungswiderstände), so kann formal wieder vom Momentengleichgewicht, also quasi vom „dynamischen Gleichgewicht" gesprochen werden; dies ist das Prinzip von D'Alembert, der den ungleichgewichtigen Zustand formal auf einen Gleichgewichtszustand zurückführt, indem er die Trägheitsgrößen ergänzt.

*Analogie:*

Die der Beschleunigung bei Translation entgegengerichtete Trägheitsgröße ist $(m \cdot a = m \cdot \ddot{x})$; die der Drehbeschleunigung entgegengerichtete Trägheitsgröße ist $(J \cdot \alpha = J \cdot \ddot{\varphi})$.

**703** Eine *Schwungscheibe* mit dem Massenträgheitsmoment $200\,\text{kg}\,\text{m}^2$ dreht mit $n_0 = 1000\,\text{min}^{-1}$. Ein Motor steigert in $t_1 = 7\,\text{s}$ die Drehzahl auf den Wert $n_1$. Das vom Motor übertragene Moment folgt dem Gesetz $M(t) = 1\,\text{kN}\,\text{m} \cdot \cos\left(\frac{\pi}{2t_1} \cdot t\right)$.

a) Auf welche Drehzahl $n_1$ wird die Schwungscheibe beschleunigt?

b) Nach wievielen Umdrehungen $N_1$ ist der Beschleunigungsvorgang beendet?

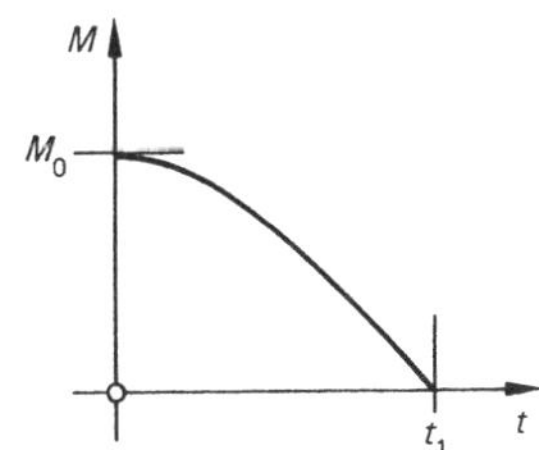

*Lösung:*

a) Dynamisches Grundgesetz der Rotation:

$$M(t) = J \cdot \alpha(t); \quad \alpha_0 = \frac{M_0}{J} = \frac{1000\ \text{Nm}}{200\ \text{kg m}^2} = 5\ \text{s}^{-2}$$

Das $\alpha(t)$-Gesetz lautet somit:

$$\alpha(t) = \alpha_0 \cdot \cos\left(\frac{\pi}{2t_1} \cdot t\right) \text{ mit } \alpha_0 = 5\ \text{s}^{-2}$$

1. Integration:

$$\omega(t) = \int \alpha(t) \cdot \mathrm{d}t = \alpha_0 \cdot \frac{2t_1}{\pi} \cdot \sin\left(\frac{\pi}{2t_1} \cdot t\right) + C_1$$

1. Randbedingung: $\omega(t=0) = \dfrac{\pi \cdot n_0}{30}$

$$\frac{\pi \cdot n_0}{30} = \frac{\alpha_0 \cdot 2t_1}{\pi} \cdot \underbrace{\sin(0)}_{=0} + C_1$$

$$C_1 = \frac{\pi \cdot n_0}{30}$$

$$\omega_1 = \frac{\pi \cdot n_1}{30} = \omega(t = t_1)$$

$$n_1 = \frac{30}{\pi} \cdot \left(\frac{\alpha_0 \cdot 2t_1}{\pi} \cdot \sin\left(\frac{\pi}{2t_1} \cdot t_1\right) + \frac{\pi \cdot n_0}{30}\right)$$

$$n_1 = \frac{30}{\pi} \cdot \left(\frac{\alpha_0 \cdot 2t_1}{\pi} \cdot \underbrace{\sin\left(\frac{\pi}{2}\right)}_{=1} + \frac{\pi \cdot n_0}{30}\right) = 1212{,}77\ \text{min}^{-1}$$

b) 2. Integration:

$$\varphi(t) = \int \omega(t) \cdot \mathrm{d}t = \frac{-\alpha_0 \cdot 4t_1^2}{\pi^2} \cdot \cos\left(\frac{\pi}{2t_1} \cdot t\right) + \frac{\pi \cdot n_0}{30} \cdot t + C_2$$

2. Randbedingung: $\varphi(t=0) = 0$

$$C_2 = \frac{\alpha_0 \cdot 4t_1^2}{\pi^2}$$

$$N_1 = \frac{\varphi_1}{2\pi} = \frac{\varphi(t = t_1)}{2\pi}$$

$$N_1 = \frac{1}{2\pi} \cdot \left(\frac{-\alpha_0 \cdot 4t_1^2}{\pi^2} \cdot \underbrace{\cos\left(\frac{\pi}{2}\right)}_{=0} + \frac{\pi \cdot n_0}{30} \cdot t_1 + \frac{\alpha_0 \cdot 4t_1^2}{\pi^2}\right) = 132{,}47$$

**704** Eine *Rolle* (Scheibe konstanter Dicke) der Masse $m$ ist wie skizziert von einem Seil umschlungen, an dessen Enden die Massen $m$ und $2m$ hängen.

a) Welche Beschleunigung stellt sich ein, wenn das System sich selbst überlassen bleibt?

b) Wie groß muß der Haftreibungskoeffizient zwischen Rolle und Seil sein, damit das Seil nicht über die Rolle rutscht?

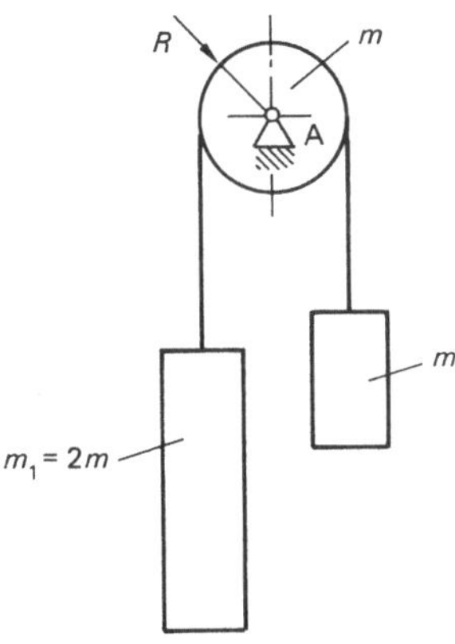


*Lösung:*

a) Festlegen der positiven Bewegungsrichtungen und „dynamische Gleichgewichtsbetrachtungen" an jedem der Körper des Systems:

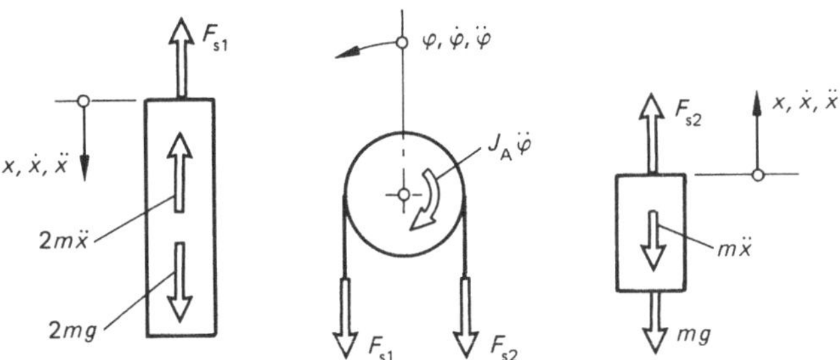


Linke Masse:

D'Alembert: $\sum F_x = 0$

① $0 = 2m \cdot g - F_{S_1} - 2m\ddot{x}$

Rechte Masse: $\sum F_x = 0$

② $0 = m \cdot g + m \cdot \ddot{x} - F_{S_2}$

Rotor: $\sum M_A = 0$

③ $0 = F_{S_1} \cdot R - J_A \ddot{\varphi} - F_{S_2} \cdot R$

Aus ①: $F_{S_1} = 2m \cdot g - 2m \cdot \ddot{x}$

Aus ②: $F_{S_2} = m \cdot g + m \cdot \ddot{x}$

Einsetzen in ③ liefert:

$$0 = R(2mg - 2m \cdot \ddot{x}) - J_A \ddot{\varphi} - R(mg + m \cdot \ddot{x})$$

Darin ist
$$\ddot{\varphi} = \frac{\ddot{x}}{R}$$

Es folgt:
$$\ddot{x} = \frac{m \cdot g \cdot R}{3m \cdot R + \dfrac{J_A}{R}}$$

Mit $J_A = \dfrac{m \cdot R^2}{2}$ wird daraus: $\ddot{x} = \dfrac{2}{7} \cdot g$

b)
$$F_{S_1} = 2m \cdot g - 2m \cdot \frac{2}{7} g = \frac{10}{7} m \cdot g$$

$$F_{S_2} = m \cdot g + m \cdot \frac{2}{7} g = \frac{9}{7} m \cdot g$$

Seilreibungsgesetz:
$$\frac{F_{S_1}}{F_{S_2}} = e^{\mu_0 \cdot \alpha} \quad \text{mit } \alpha = \pi$$

$$\mu_0 \cdot \pi = \ln\left(\frac{10}{9}\right); \quad \mu_0 = 0{,}0335$$

**705** Ein *Rotor* besitzt das Massenträgheitsmoment 10 kg m$^2$; er wird aus der anfänglichen Ruhelage beschleunigt und anschließend wieder verzögert. Der zeitliche Verlauf des Antriebs- bzw. Bremsmoments ist wie gezeigt linear. In der Gesamtzeit $t_1 = 10$ s vollführt der Rotor insgesamt 20 Umdrehungen. Es ist das maximale Moment $M_m$ zu berechnen.

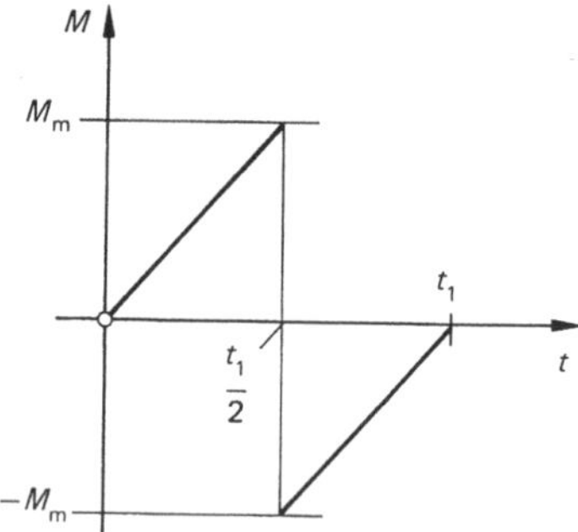


*Lösung:*

Mit dem Dynamischen Grundgesetz folgt für die Beschleunigungsphase:

$$\alpha(t) = \frac{\alpha_m}{\dfrac{t_1}{2}} \cdot t \quad \text{mit } \alpha_m = \frac{M_m}{J}$$

1. Integration:

$$\omega(t) = \int \alpha(t) \cdot dt = \frac{2\alpha_m}{t_1} \cdot \frac{t^2}{2} + C_1$$

1. Randbedingung $\qquad \omega(t=0) = 0$

führt zu $\qquad C_1 = 0$

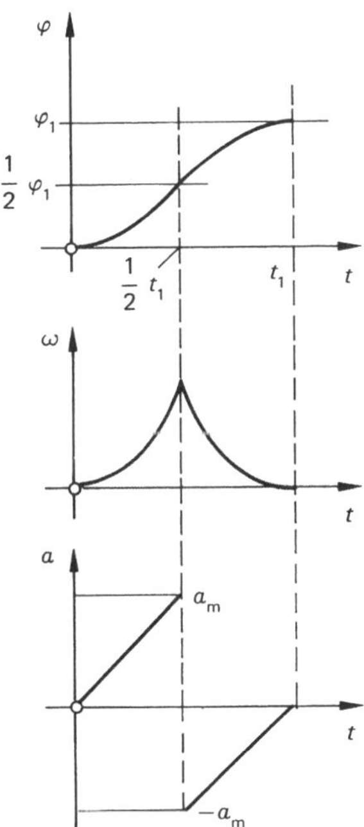


2. Integration:

$$\varphi(t) = \int \omega(t) \cdot \mathrm{d}t = \frac{\alpha_m}{t_1} \cdot \frac{t^3}{3} + C_2$$

2. Randbedingung $\qquad \varphi(t=0) = 0$

führt zu $\qquad C_2 = 0$

$$\frac{1}{2}\varphi_1 = \varphi\left(t = \frac{t_1}{2}\right) = \frac{1}{2} 2\pi N_1; \quad \pi \cdot N_1 = \frac{\alpha_m}{3 t_1}\left(\frac{t_1}{2}\right)^3$$

Daraus: $$\alpha_m = \frac{24 \cdot \pi \cdot N_1}{t_1^2} = \frac{24 \cdot \pi \cdot 20}{(10\,\mathrm{s})^2} = 15{,}08\ 1/\mathrm{s}^2$$

$$M_m = \alpha_m \cdot J = 15{,}08\ 1/\mathrm{s}^2 \cdot 10\,\mathrm{kg\,m}^2 = 150{,}8\ \mathrm{Nm}$$

**706** Eine Masse $m$ hängt am freien Ende eines auf eine Scheibe konstanter Dicke aufgespulten Seils. Die Seilmasse ist zu vernachlässigen, Seilscheibenradius $R = 0{,}2$ m.

a) Welche Masse muß die Scheibe haben, wenn die Beschleunigung der absinkenden Masse $0{,}1 \cdot g$ betragen soll?

b) Nach welcher Zeit hat die Scheibe eine Umdrehung vollführt, wenn das System sich anfänglich in Ruhe befindet und ohne Anstoß losgelassen wird?

c) Mit welcher Geschwindigkeit löst sich das Seil von der Scheibe, wenn insgesamt 10 m Seil aufgespult waren?

d) Wann verläßt das Seilende die Seilscheibe?

*Ergebnisse:* a) $m_S = 18 \cdot m$; b) $t_1 = 1{,}6$ s; c) $v = 4{,}43$ m/s; d) $t_2 = 4{,}515$ s

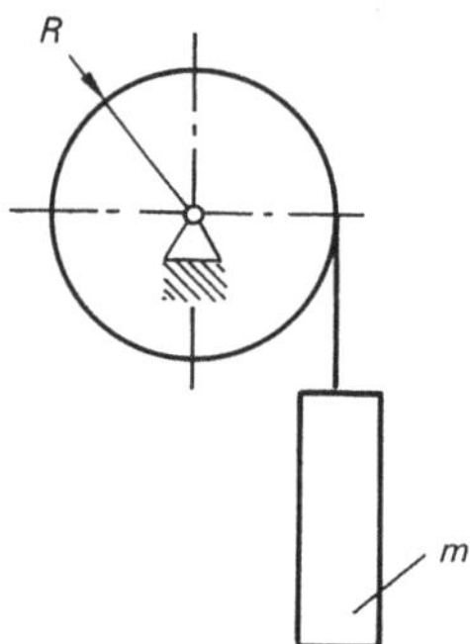


**707** Welches *Schwungmoment* ($GD^2$) besitzt der Rotor, wenn er, aus der Ruhe ohne Anstoß losgelassen, nach 4 s eine ganze Umdrehung vollführt hat? $m_1 = 10$ kg; $m_2 = 2$ kg

*Ergebnis:* $GD^2 = 1336{,}25$ N m²

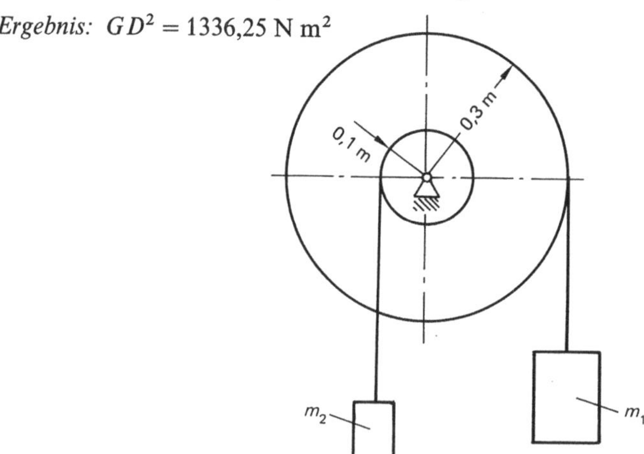


**708** Wie groß muß der Radius $r$ des Zapfens sein, auf den das Seil aufgespult ist, an dessen freiem Ende die konstante Handkraft $F_H = 12$ N zieht, so daß der Rotor mit dem Schwungmoment $GD^2 = 4$ N m² in 0,5 s aus der Ruhelage auf 50 min⁻¹ beschleunigt wird?

*Ergebnis:* $r = 88{,}96$ mm

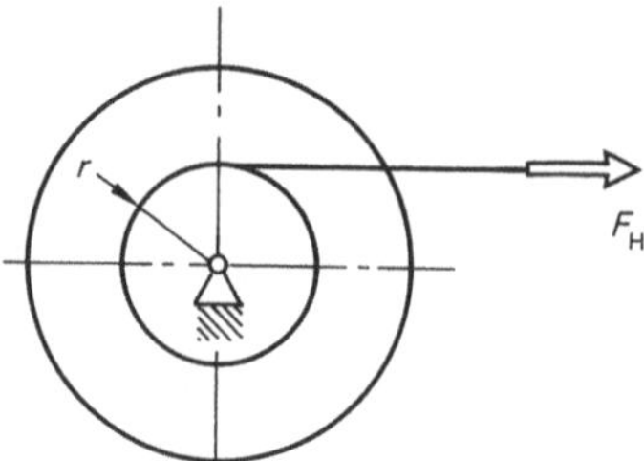

**709** Ein *Rotor* mit dem Massenträgheitsmoment 25 kg m$^2$ dreht mit $n_0 = 900\ \text{min}^{-1}$. Er wird in der Zeit $t_1$ nach einem harmonischen $\alpha(t)$-Gesetz bis zum Stillstand abgebremst. Das maximale Bremsmoment beträgt 125 N m.

a) Es ist die Funktion $\alpha(t)$ zu beschreiben.

b) Wie groß ist die Bremszeit $t_1$?

c) Wieviele ganze Umdrehungen vollführt der Rotor in der Bremsphase?

*Ergebnisse:* a) $\alpha(t) = -\alpha_0 \cdot \sin\left(\frac{\pi}{t_1} \cdot t\right)$; b) $t_1 = 29{,}609$ s; c) $N = 222{,}07$

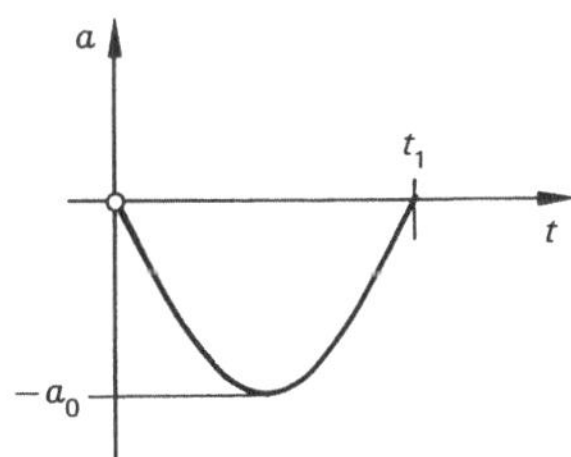


**710** Ein *Rotor* mit dem Massenträgheitsmoment 50 kg cm$^2$ dreht anfänglich mit $n_0 = 500\ \text{min}^{-1}$. Er wird in der Zeit $t_1$ bis zum Stillstand abgebremst. Das Bremsmoment ist zeitlich veränderlich und steigt nach der Funktion

$$M_B(t) = M_{B_{max}} \cdot \left(\cos\left(\frac{\pi}{2t_1} \cdot t\right) - 1\right).$$

Wie lange dauert der Bremsvorgang?

*Hinweis:* Beachten Sie die Einheit des Massenträgheitsmomentes!

*Ergebnis:* $t_1 = 7{,}2$ s

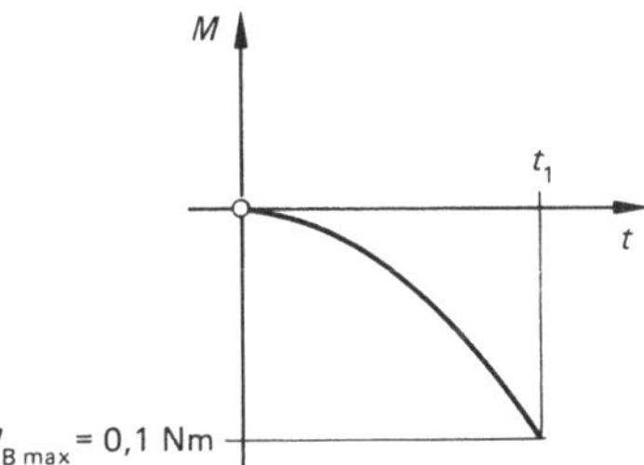


**711** Ein *Rotor* dreht anfänglich mit $\omega_0 = 2000\ \text{s}^{-1}$; er wird beschleunigt auf $2\omega_0$ nach dem Gesetz

$$\omega(t) = \omega_0 \cdot \left(2 - \cos\left(\frac{\pi}{2t_1} \cdot t\right)\right).$$

Dabci vollführt er 6000 Umdrehungen.

a) In welcher Zeit ist die Drehzahl verdoppelt?

b) Wie groß ist die maximale Winkelbeschleunigung?

c) Welches maximale Antriebsmoment ist erforderlich, wenn der Rotor ein Massenträgheitsmoment von 28 kg m$^2$ besitzt?

*Ergebnisse:* a) $t_1 = 13{,}83$ s; b) $\alpha_m = 227{,}23\ \mathrm{s}^{-2}$; c) $M_m = 6{,}362$ kN m

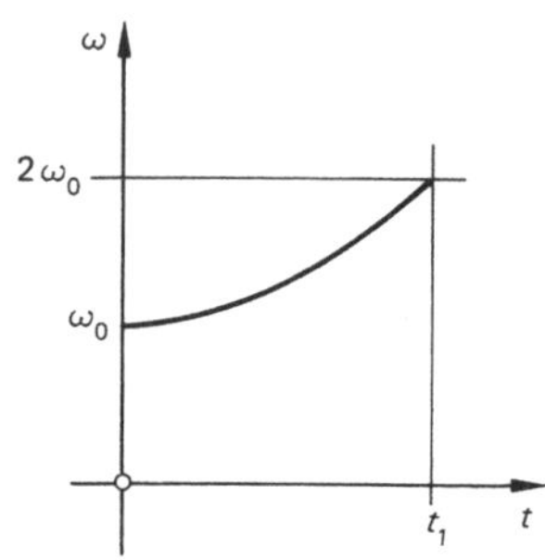


**712** Ein *Rotor* mit dem Massenträgheitsmoment 3 kg m² wird aus dem Stillstand nach dem Gesetz

$$\alpha(t) = \alpha_0 \cdot \left(2 - \cos\left(\frac{\pi}{2t_1} \cdot t\right)\right)$$

beschleunigt. Nach $t_1 = 3$ s beträgt die Drehzahl $n_1 = 500\ \mathrm{min}^{-1}$. Welches größte Drehmoment $M_m$ muß aufgebracht werden?

*Ergebnis:* $M_m = 76{,}81$ N m

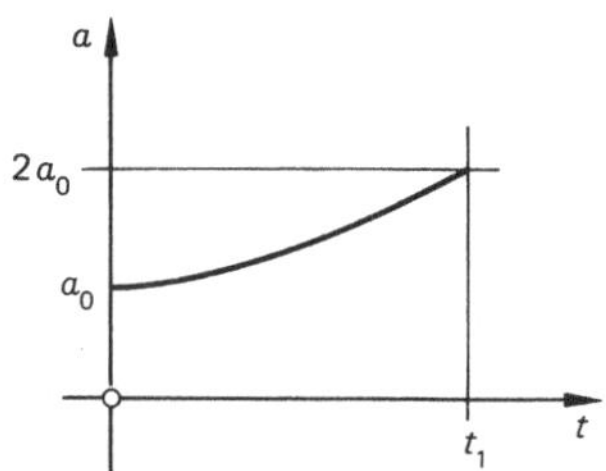


**713** Der *Rotor* vom Massenträgheitsmoment 15 kg m² dreht anfänglich mit $\omega_0 = 10^3\ \mathrm{s}^{-1}$. Er wird dann so verzögert, daß er in 4 s zum Stillstand kommt.

a) Das harmonische $\omega(t)$-Gesetz ist zu formulieren.

b) Wieviele ganze Umdrehungen vollführt der Rotor in der Bremszeit?

c) Welches maximale Bremsmoment muß aufgebracht werden?

*Ergebnisse:* a) $\omega(t) = \omega_0 \cdot \cos\left(\frac{\pi}{2t_1} \cdot t\right)$; b) $N = 405{,}28$; c) $M_m = 5{,}89$ kN m

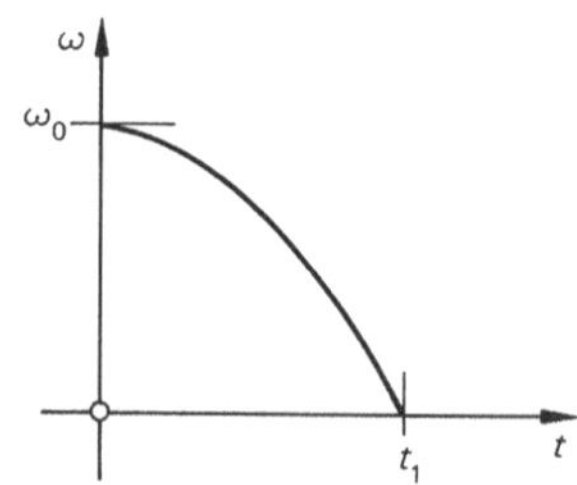

**714** Ein *Rotor* mit dem Massenträgheitsmoment 80 kg m² dreht mit $n_0 = 100\ \text{min}^{-1}$ und wird 40 s lang nach einem quadratischen Zeitgesetz beschleunigt. Es ist die Drehzahl $n_1$ am Ende der Beschleunigungsphase zu bestimmen und zuvor das $\alpha(t)$-Gesetz zu formulieren. Das anfängliche Drehmoment $M(t=0)$ beträgt 200 N m.

*Ergebnisse:* $\alpha(t) = \alpha_0 \cdot \left(1 - \left(\frac{t}{t_1}\right)^2\right)$; $n_1 = 736{,}62\ \text{min}^{-1}$

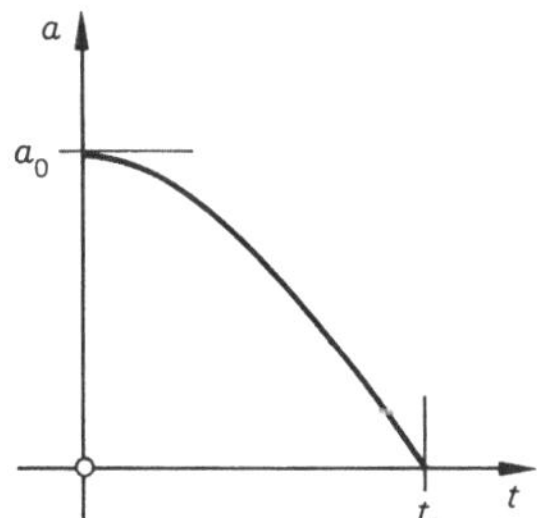


**715** Das Seil von vernachlässigbar kleiner Masse ist auf eine Trommel aufgespult und hält am freien Seilende die auf schiefer Ebene (Gleitreibungszahl 0,15) liegende Masse *m*. Welche Beschleunigung erfährt diese Masse bei einem Trommelradius von $R = 0{,}2$ m (Trommel als Scheibe konstanter Dicke behandeln), und nach welcher Zeit hat die Trommel die Drehzahl 400 min$^{-1}$ erreicht? Das System ist anfänglich in Ruhe.

*Ergebnisse:* $a = 1{,}88\ \text{m/s}^2$; $t = 4{,}46$ s

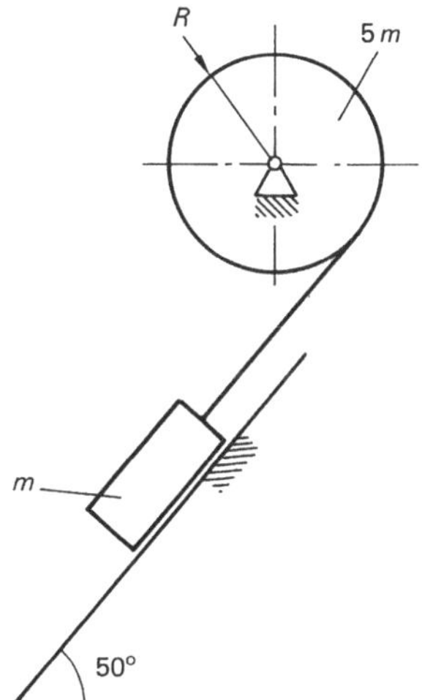


**716** Ein Seil von vernachlässigbar kleiner Masse ist wie skizziert über zwei gleiche Rollen ($R = 0{,}4$ m) gelegt; an den Seilenden hängen die Massen $m_1 = 1$ kg und $m_2 = 2$ kg. Die Rollen sind als Scheiben konstanter Dicke zu behandeln. Die translatorisch bewegten Massen erfahren eine Beschleunigung von $\frac{1}{6}g$. Welches Massenträgheitsmoment besitzen die Rollen, und wie groß ist die Rollenmasse?

*Ergebnisse:* $J = 0{,}24\ \mathrm{kg\,m^2}$; $m_R = 3\ \mathrm{kg}$

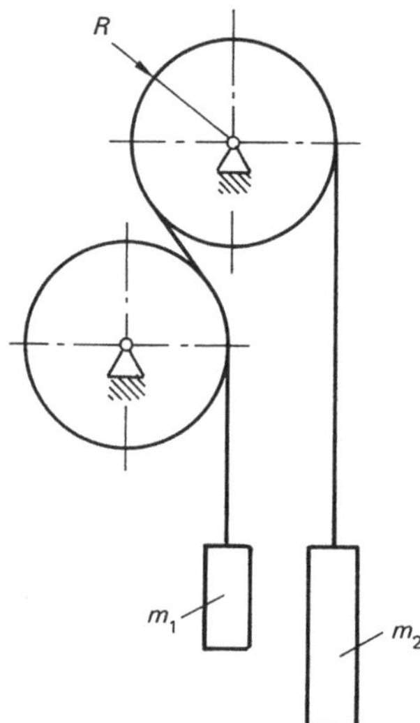


**717** Die Massen $m_1 = 5\ \mathrm{kg}$ und $m_2 = 8\ \mathrm{kg}$ hängen anfänglich auf gleicher Höhe. Die Seilscheiben (Scheiben konstanter Dicke) mit dem Radius $R = 0{,}17\ \mathrm{m}$ haben ein Massenträgheitsmoment von $0{,}12\ \mathrm{kg\,m^2}$. Das System wird aus der Ruhe ohne Anstoß losgelassen. Nach welcher Zeit weisen die translatorisch bewegten Massen einen Höhenunterschied von 3 m auf?

*Ergebnis:* $t = 1{,}47\ \mathrm{s}$

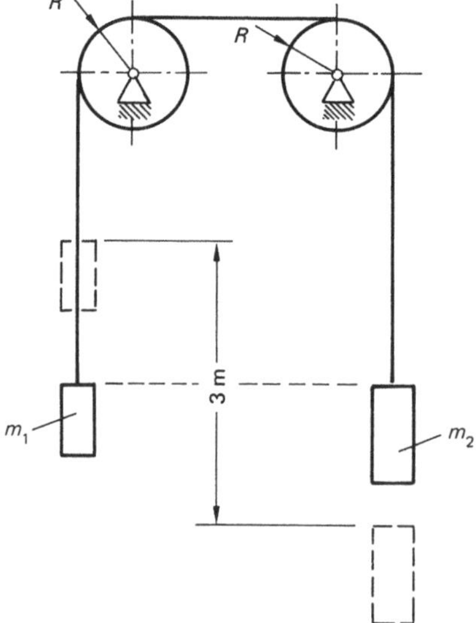


**718** Um den Kranz des Rades 2 zweier anfänglich stillstehender, kämmender Räder ($J_2 = 2 \cdot J_1$) ist ein Seil von vernachlässigbar kleiner Masse aufgewickelt, an dessen freiem Ende die Masse $m = 1\ \mathrm{kg}$ hängt. Welche Geschwindigkeit hat diese Masse nach 8 s, wenn das System aus der Ruhe ohne Anstoß losgelassen wird?

Die Rolle 1 ist als Scheibe konstanter Dicke zu behandeln, sie hat die Masse $m_1 = 1\ \mathrm{kg}$.

*Ergebnis:* $v = 19{,}62$ m/s

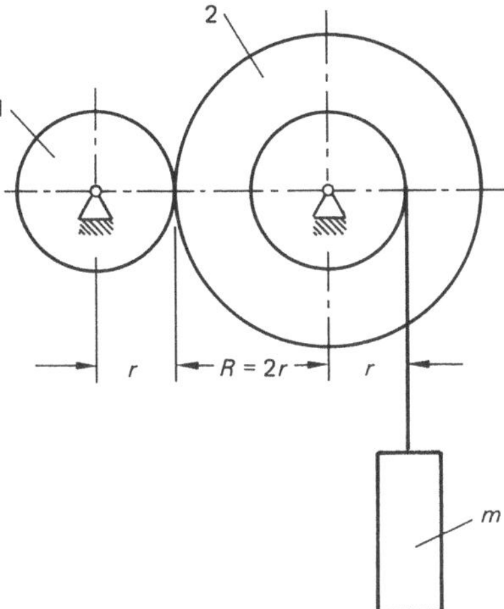


**719** Das Schwungmoment des Rotors beträgt 200 N m², die auf der schiefen Ebene gleitende Masse ist $m = 50$ kg. Der Gleitreibungskoeffizient beträgt $\mu = 0{,}1$. Es sind die im Seil wirksame Zugkraft sowie die Drehzahl des Rotors nach 7 s zu berechnen. Das System ist anfänglich in Ruhe. $r = 100$ mm

*Ergebnisse:* $F_S = 364{,}5$ N; $n = 478$ min$^{-1}$

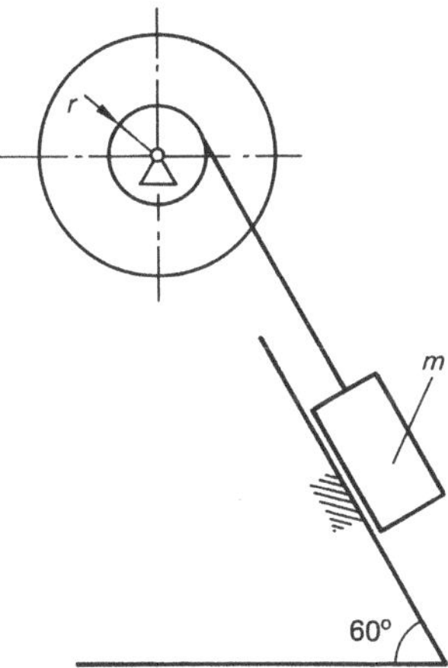


**720** Die mit loser Rolle vernachlässigbar kleiner Masse versehene *Masse m* bewegt sich abwärts; das Seilende des Seils von vernachlässigbar kleiner Seilmasse ist auf eine Scheibe konstanter Dicke aufgespult. Die Scheibenmasse ist doppelt so groß wie die translatorisch bewegte Masse. Welche Beschleunigung erfährt das absinkende Gewicht?

*Ergebnis:* $a = 1{,}962\ \text{m/s}^2$

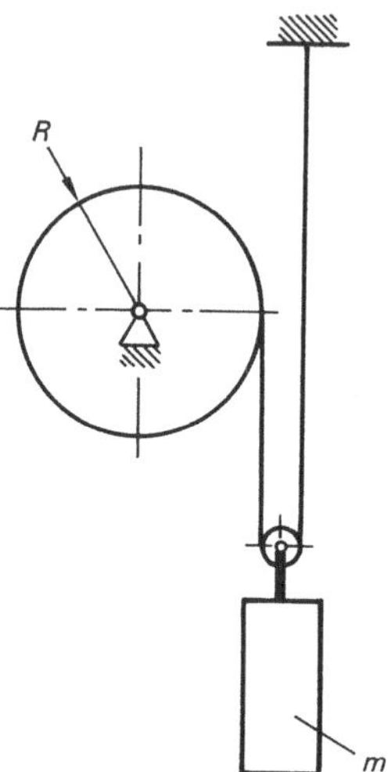


**721** Für die dargestellte Lage des *mehrteiligen Systems* ist die Beschleunigung $a_1$ des Gewichtes $G_1$ gesucht. Reibung in den Lagern ist zu vernachlässigen; die Rolle wird durch das Seil ohne Schlupf gedreht.

Gegeben: $G_1$; $J$; $r$; $G_2$; $L$; Erdbeschleunigung $g$.

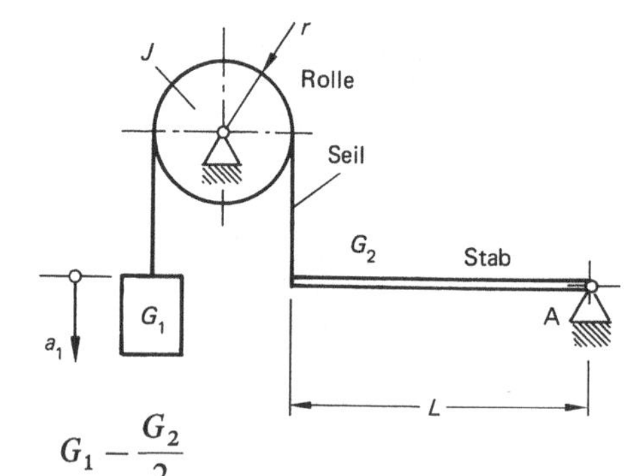


*Ergebnis:* $a_1 = g \cdot \dfrac{G_1 - \dfrac{G_2}{2}}{G_1 + \dfrac{J}{r^2} \cdot g + \dfrac{G_2}{3}}$

Lösungshinweis:

Mehrteilige Systeme werden methodisch so behandelt, daß jeder Körper einzeln freigemacht wird und Gleichgewichtsbedingungen aufgestellt werden.

Für das vorliegende und ähnliche Systeme läßt sich aber auch ein Ansatz für das Gesamt-System aufstellen. Das Seil verbindet alle Körper und hat überall den Beschleunigungs-Betrag $a_1$. So kann für das Seil das Kräftegleichgewicht aus den Gewichts- und Trägheitskräften aufgestellt werden. Die Wirkung der trägen Massen der drehenden Körper wird durch auf das Seil reduzierte Massen erfaßt!

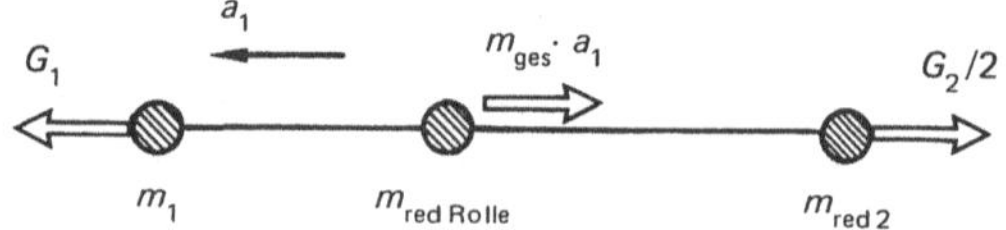

$$m_{\text{red Rolle}} = \frac{J}{r^2}$$

$$m_{\text{red 2}} = \frac{J_{A2}}{L^2} = m_2 \cdot \frac{L^2}{3} \cdot \frac{1}{L^2} = \frac{m_2}{3}$$

$$m_{\text{ges}} = m_1 + m_{\text{red Rolle}} + m_{\text{red 2}}$$

$$\sum F = 0 = -G_1 + m_{\text{ges}} \cdot a_1 + \frac{G_2}{2}; \quad a_1 = \frac{G_1 - \frac{G_2}{2}}{m_{\text{ges}}}$$

Nach Einsetzen und Umformen erhält man das gleiche Ergebnis wie oben.

**722** Aus der Ruhelage gleitet ein Körper ($G$) abwärts, versetzt über ein Seil eine reibungsfrei gelagerte Rolle ($J$) in Drehung und spannt eine mit der Kraft $F_v = c \cdot f_v$ vorgespannte Zugfeder. Welche Geschwindigkeit $v$ hat der Körper nach Zurücklegen des Weges $s$?

Gegeben: $s$, $c$, $f_v$, $J$, $r$, $G$, $\beta$, Erdbeschleunigung $g$, Gleitreibzahl $\mu$ zwischen Körper ($G$) und Unterlage.

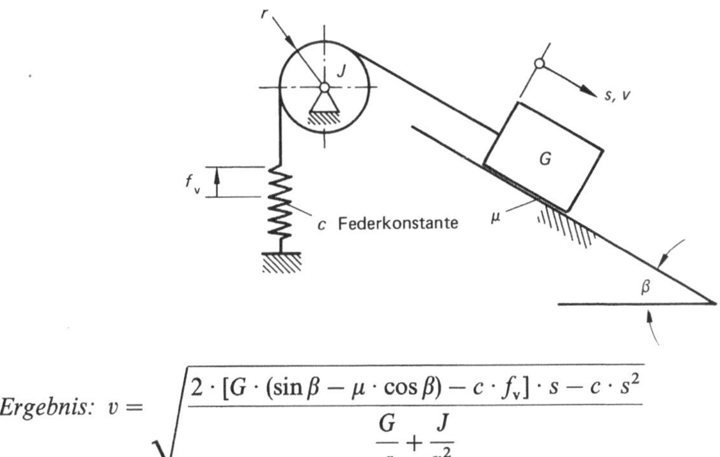


*Ergebnis:* $v = \sqrt{\dfrac{2 \cdot [G \cdot (\sin\beta - \mu \cdot \cos\beta) - c \cdot f_v] \cdot s - c \cdot s^2}{\dfrac{G}{g} + \dfrac{J}{r^2}}}$

## 8 Arbeit, Energie, Leistung

**801** Wie lautet die Formel zur Berechnung der *kinetischen Energie bei der Drehung* einer Masse um eine feste Achse?

*Antwort:*

Die Bewegungsenergie bei Drehung um eine feste Achse errechnet sich aus der Formel

$$E_{\text{Rot.}} = \frac{J \cdot \omega^2}{2}$$

Darin ist $J$ das Massenträgheitsmoment bezüglich der Rotorachse und $\omega$ die augenblickliche Winkelgeschwindigkeit. Die Analogie zwischen Translation und Rotation wird deutlich:

| $E_{Tr.}$ | $E_{Rot.}$ |
|---|---|
| $\frac{m \cdot v^2}{2}$ | $\frac{J \cdot \omega^2}{2}$ |
| $m$ ⟵ | ⟶ $J$ |
| $v$ ⟵ | ⟶ $\omega$ |

Der Masse bei der Translation entspricht das Massenträgheitsmoment bei der Drehung, der Bahngeschwindigkeit bei der Translation entspricht die Winkelgeschwindigkeit bei der Drehung.

Die Einheiten: $[E_{Tr.}] = \text{kg}\,(\text{m/s})^2 = \text{N m}$; $[E_{Rot.}] = \text{kg m}^2\,\text{s}^{-2} = \text{N m}$

**802** Wie wird die *Bewegungsenergie eines abrollenden Rades* berechnet?

*Antwort:*

Die Bewegung eines abrollenden Rades ist eine allgemeine, ebene Bewegung; sie besitzt Translations- und Rotationsanteile. Man kann die Bewegung in eine Translation mit der Bahngeschwindigkeit $v_S$ (Geschwindigkeit der Radachse), und Drehung um die Radachse, also um den Schwerpunkt, aufspalten, wobei die Winkelgeschwindigkeit der Drehung $\omega = v_S/R$ ist.

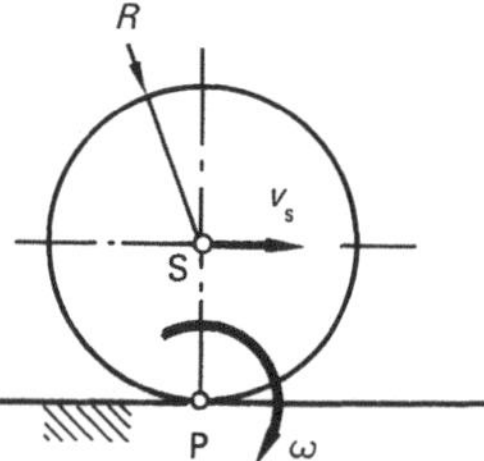


P ist der Momentanpol, der augenblicklich geschwindigkeitslose Punkt des Rades.

Man kann die Bewegungsenergie zerlegen in den Translationsanteil $E_{Tr.} = \frac{m \cdot v_S^2}{2}$ und den Rotationsanteil $E_{Rot.} = \frac{J_S \cdot \omega^2}{2}$ mit $\omega = v_S/R$.

Die gesamte kinetische Energie des abrollenden Rades ist dann:

$$E = \frac{m \cdot v_S^2}{2} + \frac{J_S \cdot \omega^2}{2} = \frac{m \cdot (\omega \cdot R)^2}{2} + \frac{J_S \cdot \omega^2}{2} = \frac{\omega^2}{2} \cdot \underbrace{(J_S + m \cdot R^2)}_{= J_P}$$

Faßt man die Abrollbewegung als augenblickliche Drehung um den Momentanpol P auf, so ist $E = E_{Rot.}$:

$$E_{Rot.} = \frac{J_P \cdot \omega^2}{2}$$

Hierin bezieht sich das Massenträgheitsmoment natürlich auf den Punkt P, den Ruhepunkt bei schlupffreier Abrollbewegung.

**803** Wie lautet der *Energiesatz der Mechanik,* wenn Rotationsenergien zu berücksichtigen sind?

*Antwort:*

Im Energiesatz der Mechanik

$$U_0 + E_0 \pm W_N = U_1 + E_1$$

sind $U$ die Potentialenergien, also Lageenergie $U_h$ und Energie der elastischen Deformation (Federenergie) $U_f$. $E$ ist jeweils die Summe der Bewegungsenergien der beteiligten Massen, also Translationsenergie plus Rotationsenergie:

$$U = U_h + U_f\,; \quad E = E_{Tr.} + E_{Rot.}$$

**804** Wie sind *Arbeit und Leistung eines Drehmomentes* definiert?

*Antwort:*

Aus der Definition der Arbeit folgt durch Umformung:

$$W = \int F_t\,ds; \quad ds = r \cdot d\varphi; \quad M = F_t \cdot r$$
$$W = \int F_t \cdot r \cdot d\varphi$$
$$W = \int M(\varphi) \cdot d\varphi \quad \text{falls } M = \text{konst.} \rightarrow W = M \cdot \varphi$$

Leistung eines Momentes: $\quad P = \dfrac{dW}{dt} = \dfrac{M(\varphi)\,d\varphi}{dt} = M \cdot \omega$

**805** Ein außenverzahntes Rad der Masse $m = 10$ kg (als Scheibe konstanter Dicke zu behandeln) mit dem Durchmesser $d = 20$ cm rollt aus der skizzierten Ruhelage auf dem innenverzahnten Rad vom Radius $R = 1$ m in den Tiefpunkt der ‚Bahn'. Mit welcher Kraft drückt die bewegte Scheibe beim Durchlaufen des Bahntiefpunktes gegen die Bahn?

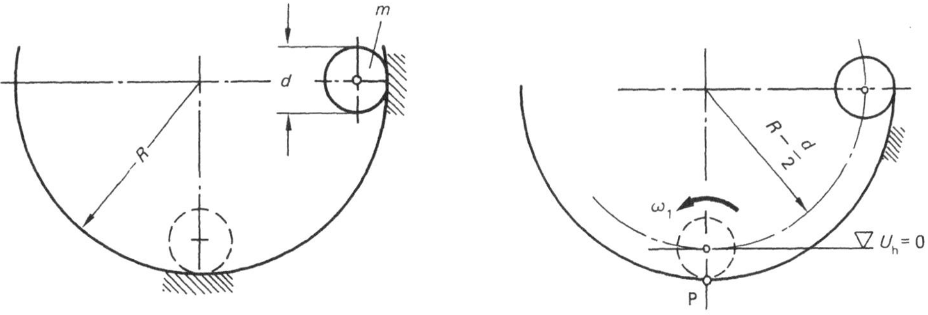


*Lösung:*

Die Energiebilanz zwischen Startpunkt (Index ‚0') und tiefstem Bahnpunkt (Index ‚1') ergibt:

$$m \cdot g \cdot \left(R - \frac{d}{2}\right) = \frac{J_P \cdot \omega_1^2}{2}$$

$$J_P = J_S + m \cdot \left(\frac{d}{2}\right)^2 = \frac{m \cdot d^2}{8} + \frac{m \cdot d^2}{4} = \frac{3m \cdot d^2}{8}$$

$$m \cdot g \cdot \left(R - \frac{d}{2}\right) = \frac{3}{8} m \cdot d^2 \cdot \frac{\omega_1^2}{2}$$

$$\omega_1 = \sqrt{\frac{16 \cdot g\left(R - \frac{d}{2}\right)}{3 \cdot d^2}} = \sqrt{\frac{16 \cdot 9{,}81\ \text{m/s}^2 \cdot 0{,}9\ \text{m}}{3 \cdot (0{,}2\ \text{m})^2}} = 34{,}31\ \text{s}^{-1}$$

Maximale Bahngeschwindigkeit:

$$v_1 = \frac{d}{2} \cdot \omega_1 = 0{,}1\ \text{m} \cdot 34{,}31\ \text{s}^{-1} = 3{,}431\ \text{m/s}$$

Normalbeschleunigung:

$$a_n = \frac{v_1^2}{R - \frac{d}{2}} = \frac{(3{,}431\ \text{m/s})^2}{0{,}9\ \text{m}} = 13{,}08\ \text{m/s}^2$$

Normalkraft $F_N$

$$F_N = F_G + F_F$$

$F_G$ = Gewichtskraft
$F_F$ = Fliehkraft

$$F_N = m \cdot g + m \cdot a_n = m \cdot \left(g + \frac{v_1^2}{R - \frac{d}{2}}\right)$$

$$F_N = 10\ \text{kg} \cdot (9{,}81\ \text{m/s}^2 + 13{,}08\ \text{m/s}^2) = 228{,}9\ \text{N}$$

**806** Welche Bahngeschwindigkeit $v_A$ muß der Kreisscheibe konstanter Dicke und der Masse $m$ am Fußpunkt der halbkreisförmigen Bahn (A) mitgeteilt werden, damit sie am Höchstpunkt der Bahn (B) in den Fang gelangen kann? Die Rauhigkeit zwischen Bahn und Scheibe garantiert zu allen Zeiten reines Rollen.

$R = 41$ cm, $r = 8$ cm

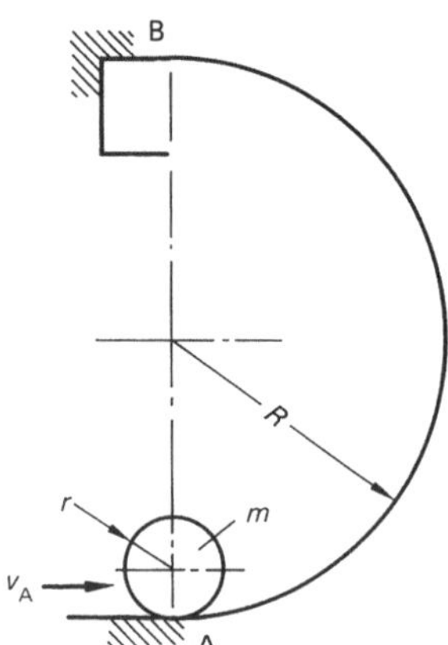

*Lösung:*

Die erforderliche Bahngeschwindigkeit bei B folgt aus:

$$F_F = F_G$$

$$\frac{m \cdot v_B^2}{\varrho} = m \cdot g$$

$$v_B^2 = g \cdot \varrho = g \cdot (R - r)$$

Energiebilanz zwischen A und B:

$$\frac{J_P \cdot \omega_A^2}{2} = m \cdot g \cdot h + \frac{J_P \cdot \omega_B^2}{2}$$

P = jeweiliger Berührpunkt (Momentanpol)

$h = 2\varrho = 2(R - r)$

$J_P = J_S + m \cdot r^2 = \frac{3}{2} m \cdot r^2$

Es folgt damit:

$$\frac{\frac{3}{2} m \cdot r^2 \cdot \left(\frac{v_A}{r}\right)^2}{2} = m \cdot g \cdot 2(R - r) + \frac{\frac{3}{2} m \cdot r^2 \cdot \left(\frac{v_B}{r}\right)^2}{2}$$

Daraus:

$$v_A = \sqrt{\frac{11}{3} g (R - r)} = \sqrt{\frac{11}{3} \cdot 9{,}81 \text{ m/s}^2 (0{,}41 - 0{,}08) \text{ m}} = 3{,}445 \text{ m/s}$$

**807** Eine schwere *Dreieckscheibe konstanter Dicke* kippt aus der skizzierten, labilen Gleichgewichtslage und prallt nach 180° Drehung vor ein Widerlager. Mit welcher Winkelgeschwindigkeit trifft die Scheibe auf, wenn das Drehlager als reibungsfrei angesehen werden kann?

*Ergebnis:* $\omega = 28{,}01 \text{ s}^{-1}$

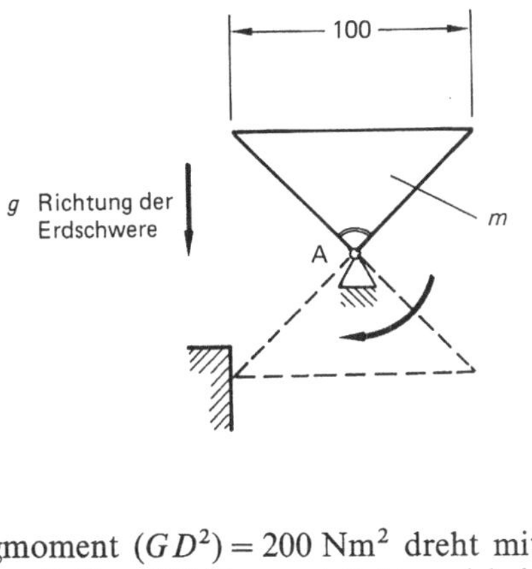

**808** Ein *Rotor* vom Schwungmoment $(GD^2) = 200 \text{ Nm}^2$ dreht mit $n_0 = 1500 \text{ min}^{-1}$. Ein Bremsklotz wird 4 s lang mit $F_B = 500$ N angedrückt und hebt dann wieder von der Scheibe ab. Die Gleitreibungszahl ist 0,2.

a) Wie groß ist die Drehzahl des Rotors nach 4 Sekunden?

b) Wieviele Umdrehungen hat er in dieser Bremszeit vollführt?

*Ergebnisse:* a) $n = 1200{,}2\ \text{min}^{-1}$; b) $N = 90$

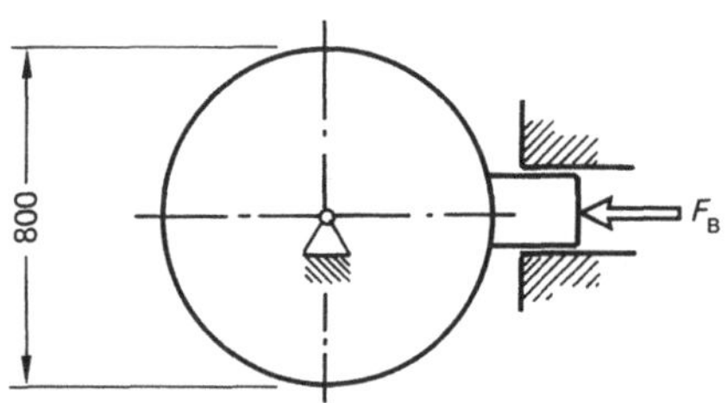


**809** Eine schwere, runde *Scheibe konstanter Dicke* ($R = 38$ cm) dreht aus der skizzierten anfänglichen Ruhelage ohne Anstoß und trifft nach 90° Drehung vor das Widerlager. Wie groß ist die Winkelgeschwindigkeit der Scheibe vor dem Aufprall?

*Ergebnis:* $\omega = 5{,}867\ \text{s}^{-1}$

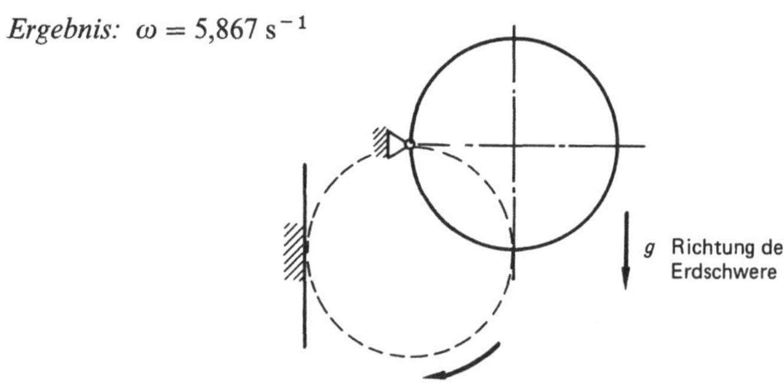


**810** a) Nach welcher Zeit $t_B$ kommt ein *Rotor* mit dem Massenträgheitsmoment 20 kg m² zum Stillstand, der wie skizziert durch zwei Scheibenbremsen abgebremst wird? Seine anfängliche Drehzahl ist $n_0 = 2500\ \text{min}^{-1}$. Während des Bremsvorgangs dreht der Rotor 700mal. Koeffizient der Gleitreibung: $\mu = 0{,}25$.

b) Wie groß sind die Bremsandrückkräfte $F_B$?

*Ergebnisse:*

a) $t_B = 33{,}6$ s;

b) $F_B = 1{,}039$ kN

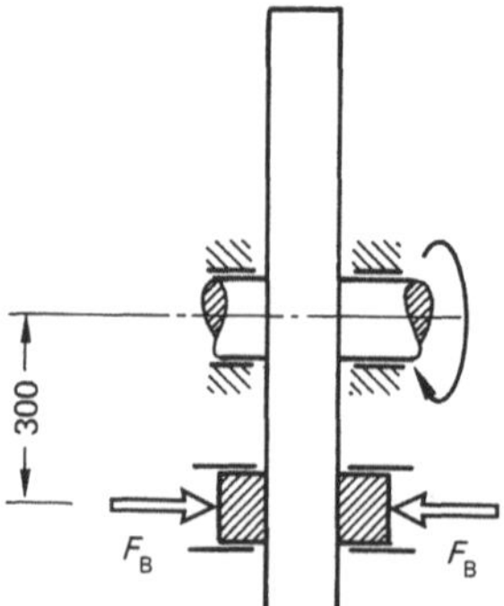

**811** Eine *Rolle* mit dem Schwungmoment 100 $Nm^2$ und der Masse 16 kg rollt auf rauher, schiefer Ebene hinab. Welche Drehzahl ist erreicht, wenn die Rolle aus der Ruhe ohne Anstoß losgelassen wird und einen Höhenunterschied von 1 m zurückgelegt hat? Es darf vorausgesetzt werden, daß die Bewegung stets ohne Schlupf ist.

*Ergebnis:* $n = 74{,}86\ \text{min}^{-1}$

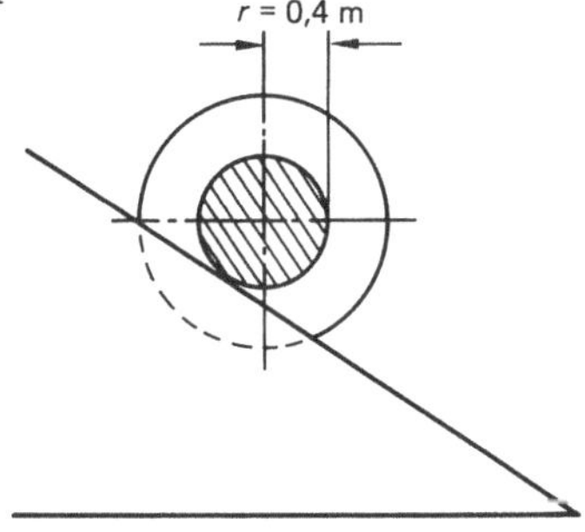


**812** Um eine im Mittelpunkt reibungsfrei drehbar gelagerte *Scheibe konstanter Dicke* von der Masse 40 kg ist ein Seil von vernachlässigbar kleiner Masse gespult, an dessen freiem Ende ein Gewicht der Masse 80 kg hängt. Das System wird ohne Anstoß aus der Ruhe losgelassen und bleibt sich 5 s lang selbst überlassen. Dann wird mit $F_B = 10$ kN konstanter Bremsandrückkraft bis zum Stillstand abgebremst. Koeffizient der Gleitreibung ist $\mu = 0{,}15$. Scheibenradius $r = 0{,}4$ m.

a) Wieviele Umdrehungen vollführt der Rotor in der Bremsphase?

b) Wie lange dauert der Bremsvorgang?

c) Welche Mindestbremsandrückkraft $F_B$ ist erforderlich, damit überhaupt eine Verzögerung des Rotors möglich ist?

*Ergebnisse:*

a) $N = 42{,}8$;

b) $t_B = 5{,}49$ s;

c) $F_{B_{min}} = 5{,}232$ kN

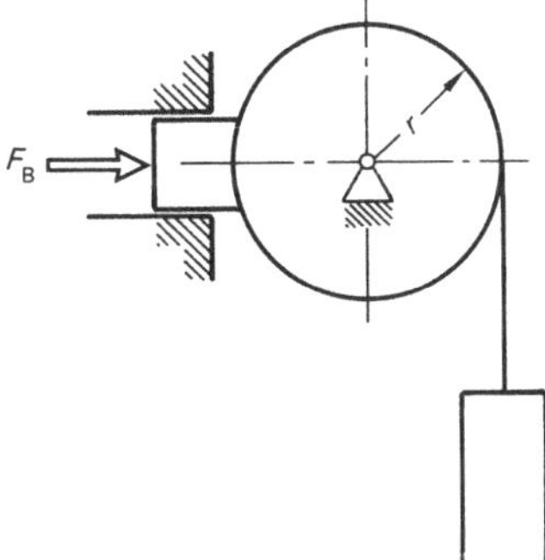


**813** Ein zylindrischer *Rotor* (Scheibe konstanter Dicke) von der Masse 1 t dreht mit $n_0 = 200\ \text{min}^{-1}$ und soll durch Andrücken eines Bremsklotzes in 10 s auf die halbe Drehzahl abgebremst werden. Welche Bremsandrückkraft $F_B$ ist erforderlich bei einem Gleitreibungskoeffizienten von $\mu = 0{,}15$? Scheibendurchmesser $D = 1$ m.

*Ergebnis:* $F_B = 1745{,}33$

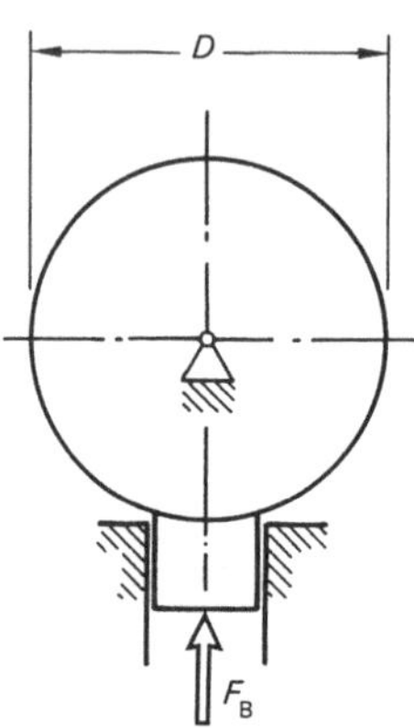


**814** Ein *Schwungrad* mit dem Schwungmoment 23,5 $Nm^2$ wird aus dem Stillstand durch die am Seilzug angreifende Kraft $F$ in Drehung versetzt, wobei die Kraft linear mit dem Weg abnimmt.

a) Wie groß muß die Bremskraft $F_B$ sein, damit im anschließenden Bremsvorgang der Rotor nach 12 Umläufen zum Stillstand kommt? Gleitreibungszahl $\mu = 0{,}1$.

b) Wie lange dauert der Bremsvorgang?

*Ergebnisse:*

a) $F_B = 49{,}7$ N;

b) $t = 9{,}53$ s

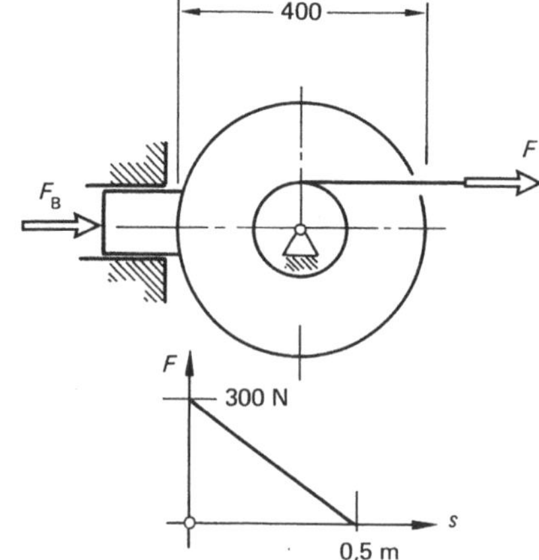


**815** Welche Anfangsgeschwindigkeit $v_A$ muß der *Scheibe konstanter Dicke* mit der Masse $m = 1$ kg mitgeteilt werden, damit die Feder der Steifigkeit $c = 10$ N/cm beim Auftreffen noch 2 cm zusammengedrückt wird? Es wird vorausgesetzt, daß die gesamte noch vorhandene Bewegungsenergie in Formänderungsarbeit an der Feder umgesetzt wird. Die Bewegung der Scheibe ist stets eine Rollbewegung ohne Schlupf.

*Ergebnis:*

$v_A = 2{,}05$ m/s

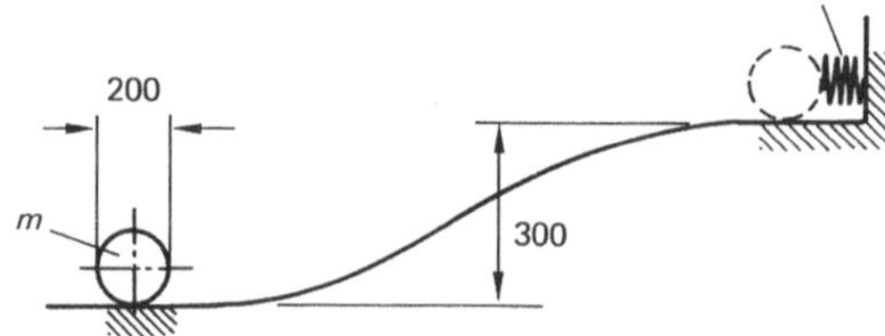

**816** Eine Feder der Steifigkeit $c = 20$ N/cm ist um 7 cm vorgespannt. Mit welcher Winkelgeschwindigkeit trifft die 1 m lange Stange der Masse $m = 1$ kg nach Entriegelung der Arretierung und 90° Drehung auf den Boden auf?

*Ergebnis:*

$\omega = 10{,}846\ s^{-1}$

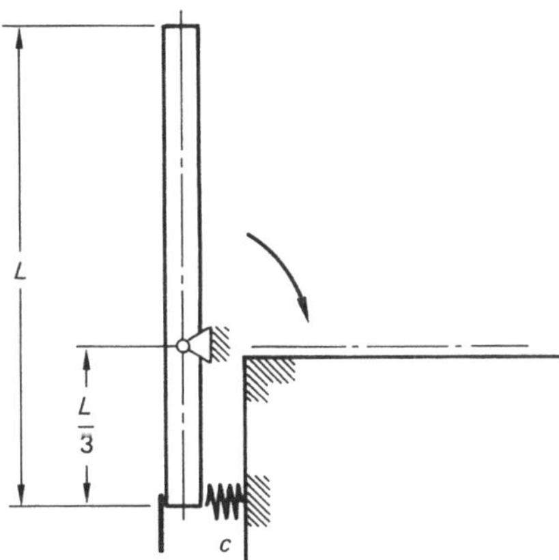


**817** Eine schlanke *Stange* der Länge 1 m und vom Gewicht 20 N liegt wie skizziert vor einer vorgespannten Feder der Steifigkeit $c = 50$ N/cm. Um welchen Vorspannweg muß diese Feder vorgespannt werden, damit nach Entriegeln der Arretierung die Stange nach 90° Drehung beim Auftreffen auf die oben an der Wand angebrachte zweite Feder gleicher Härte diese noch um 2 cm zusammendrückt?

*Ergebnis:*

$f = 6$ cm

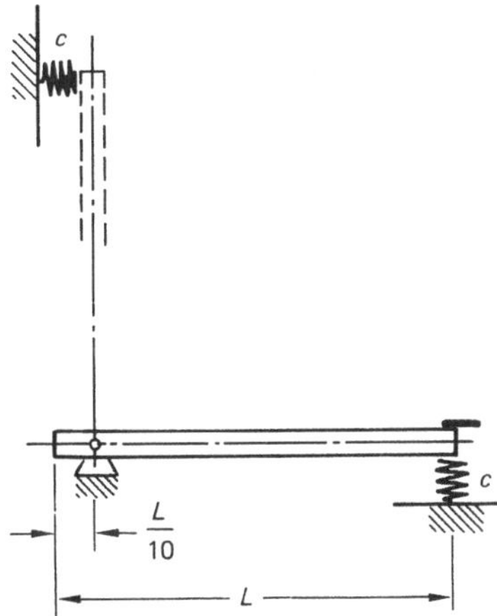


**818** Eine *Rechteckscheibe konstanter Dicke* hat die Masse 10 kg. Sie fällt aus der skizzierten anfänglichen Ruhelage ohne Anstoß um das reibungsfreie Gelenk A und trifft nach 90° Drehung vor eine Feder mit der Federkonstanten $c = 20$ N/cm.

a) Mit welcher Winkelgeschwindigkeit trifft die Scheibe vor die Feder?

b) Nach welcher Berührzeit löst sich die Scheibe wieder von der Feder?

*Ergebnisse:*

a) $\omega = 8{,}535\ \mathrm{s}^{-1}$;

b) $t = 0{,}125\ \mathrm{s}$

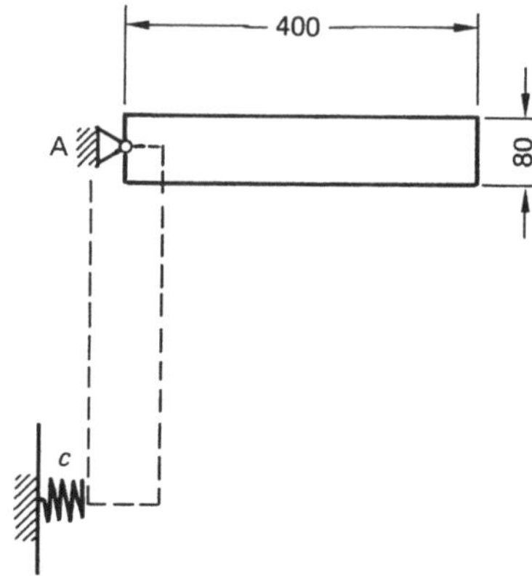


**819** Ein aus schlanken Stangen geformtes Bauteil fällt aus der skizzierten Ruhelage, um das Gelenk A reibungsfrei drehend, nach 90° Drehung vor eine Feder der Härte $c = 0{,}9\ \mathrm{kN/cm}$. Das Bauteil wiegt 31 N. Zu bestimmen sind

a) das Massenträgheitsmoment $J_A$,

b) die Winkelgeschwindigkeit kurz vor Auftreffen auf die Feder,

c) der Federweg bis zum Stillstand der Bewegung.

*Ergebnisse:*

a) $J_A = 0{,}1613\ \mathrm{kg\,m}^2$;

b) $\omega = 10\ \mathrm{s}^{-1}$;

c) $f = 13{,}4\ \mathrm{mm}$

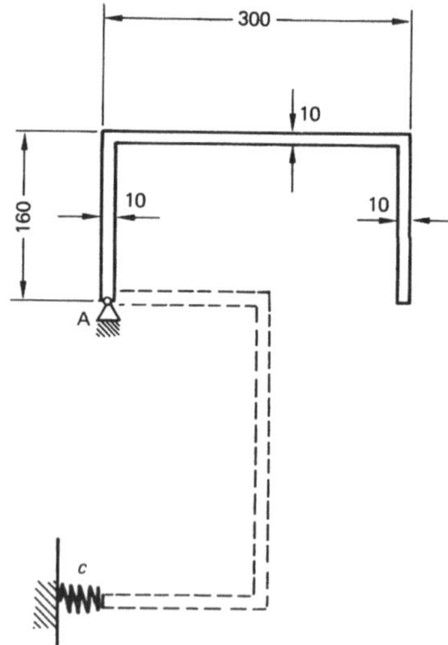


**820** Ein *Rotor* (Scheibe konstanter Dicke) der Masse 80 kg hat den Durchmesser 1 m. Er dreht anfänglich mit $n_0 = 6000\ \mathrm{min}^{-1}$. Ein Bremsklotz wird 15 s lang mit linear steigender Bremskraft $F_B$ angedrückt. Die Gleitreibungszahl ist $\mu = 0{,}25$. Die nach 15 s erreichte Bremskraft bleibt dann konstant.

a) Wie lange dauert der gesamte Bremsvorgang bis zum Stillstand?

b) Wieviele Umdrehungen vollführt der Rotor insgesamt bis zum Stillstand?

*Ergebnisse:*

a) $t = 91{,}28$ s;

b) $N = 4927{,}6$

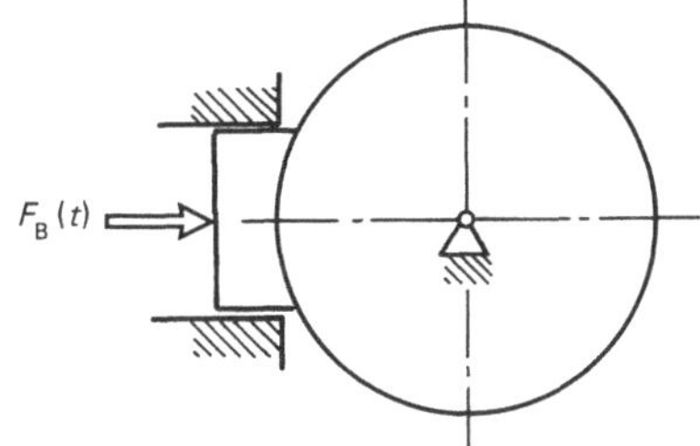


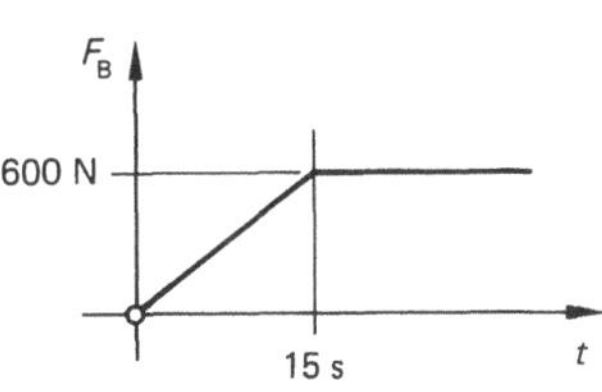


**821** Ein *Rotor* (Scheibe konstanter Dicke) der Masse 250 kg mit dem Radius 1 m wird durch ein konstantes Antriebsmoment $M_A$ aus dem Stillstand beschleunigt; gleichzeitig drückt die Bremskraft $F_B = 800$ N gegen die Scheibe, Gleitreibungszahl $\mu = 0{,}4$. Wie groß ist $M_A$, wenn der Rotor in 17 Sekunden die Drehzahl von 900 $\text{min}^{-1}$ erreicht?

*Ergebnis:*

$M_A = 1013$ Nm

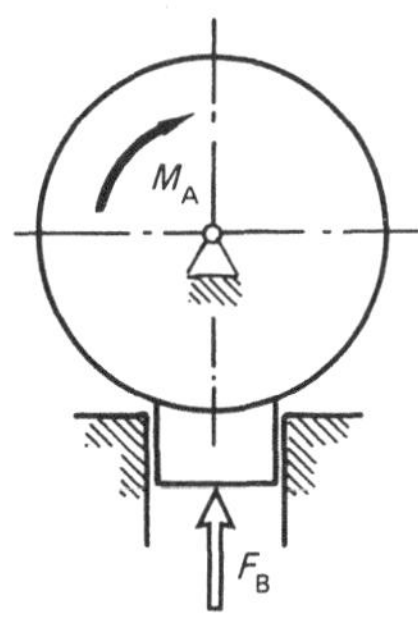


**822** Ein *Halbring* der Masse 0,3 kg hat den mittleren Radius $R = 2$ cm. Er ruht arretiert vor einer auf Druck vorgespannten Feder der Steifigkeit $c = 25$ N/cm in der skizzierten Lage. Welche Winkelgeschwindigkeit hat der Körper nach Entriegeln und 180° Drehung, wenn der Vorspannfederweg 3 cm beträgt?

*Ergebnis:*

$\omega = 101{,}76\ \text{s}^{-1}$

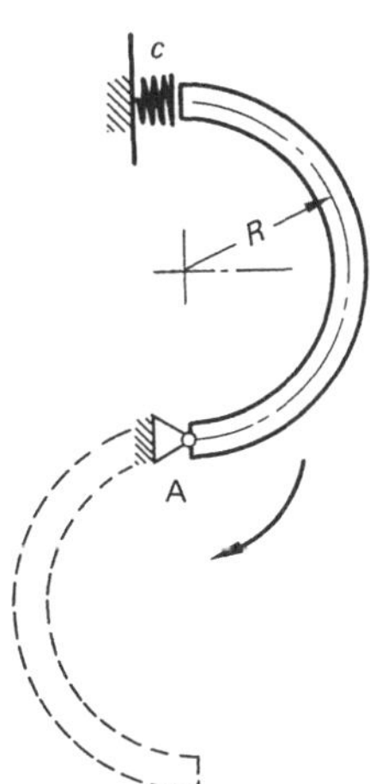

**823** Ein aus drei 1 m langen und gleich schweren Stangen zusammengesetzter Rahmen der Masse 1 kg wird aus der skizzierten Ruhelage ohne Anfangsdrehung losgelassen. Welche Winkelgeschwindigkeit liegt nach 90° Drehung vor, wenn das Drehgelenk reibungsfrei angenommen wird?

*Ergebnis:* $\omega = 4{,}76\ \mathrm{s}^{-1}$

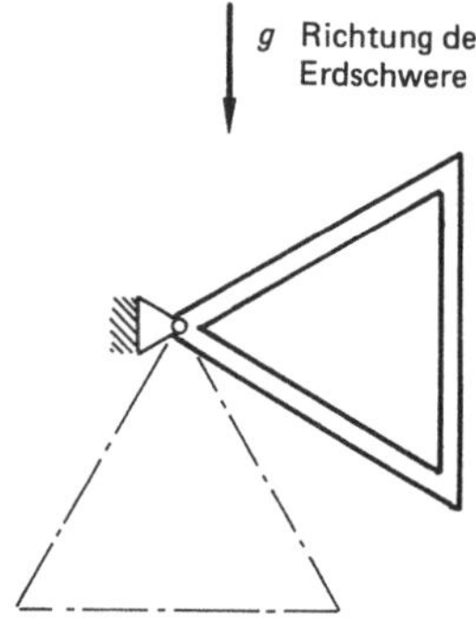


**824** An eine im Schwerpunkt reibungsfrei drehbar gelagerte Scheibe der Masse 17 kg (Durchmesser der Scheibe konstanter Dicke $D = 1{,}6$ m) ist ein 1 m langer schlanker Stab der Masse 3 kg wie skizziert befestigt. Das System befindet sich in der skizzierten labilen Gleichgewichtslage, aus der es ohne nennenswerte Anfangsgeschwindigkeit dreht und nach 270° Drehung vor eine Feder der Härte $c = 250$ N/cm schlägt.

a) Wie weit wird die Feder zusammengedrückt?

b) Welche Winkelgeschwindigkeit besitzt der Körper kurz vor Aufprall auf die Feder?

*Ergebnisse:*

a) $f = 55{,}3$ mm;

b) $\omega = 2{,}67\ \mathrm{s}^{-1}$

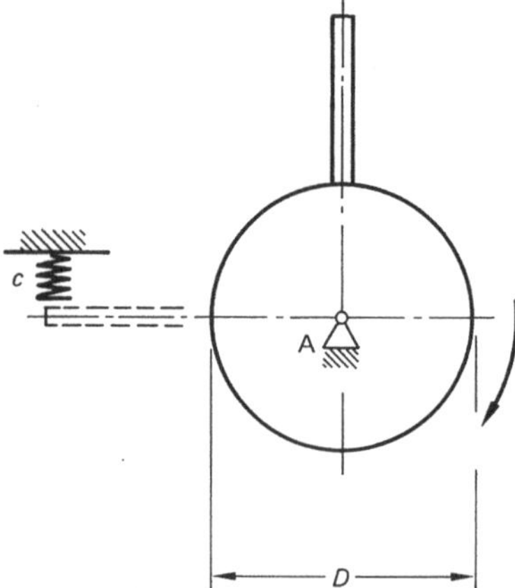


**825** Ein *Rad* (Scheibe konstanter Dicke) der Masse 1 kg ($r = 4$ cm) ist reibungsfrei drehbar am Ende einer Stange der Masse 0,4 kg ($L = 17$ cm) gelagert. Die Stange dreht reibungsfrei um A, das Rad rollt auf der kreisförmigen Bahn schlupffrei. Es sind zu bestimmen a) die maximale Drehzahl des Rades, b) die maximale Drehzahl der Stange. Das System ist anfänglich in Ruhe.

*Ergebnisse:* a) $n = 373{,}71\ \text{min}^{-1}$; b) $n = 87{,}93\ \text{min}^{-1}$

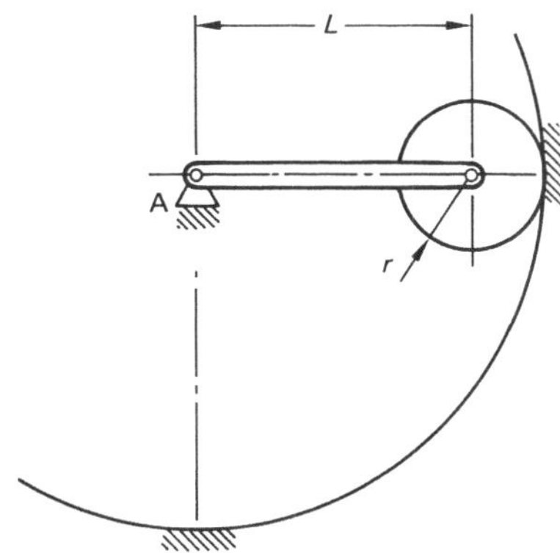


**826** Ein *Zahnrad* der Masse $m$ (als Scheibe konstanter Dicke zu behandeln), Radius $r = 40$ cm, rollt aus der skizzierten Ruhelage an einem innenverzahnten, stillstehenden Rad abwärts und dreht dabei das in A reibungsfrei drehbar gelagerte Rad gleicher Masse und Größe.

a) Welche maximale Geschwindigkeit erreicht das abwärts rollende Rad?

b) Welche Drehzahl erreicht es?

c) Welche Drehzahl erreicht das in A gelagerte Rad?

*Ergebnisse:* a) $v = 2{,}118$ m/s; b) $n = 50{,}556\ \text{min}^{-1}$; c) $n = 101{,}112\ \text{min}^{-1}$

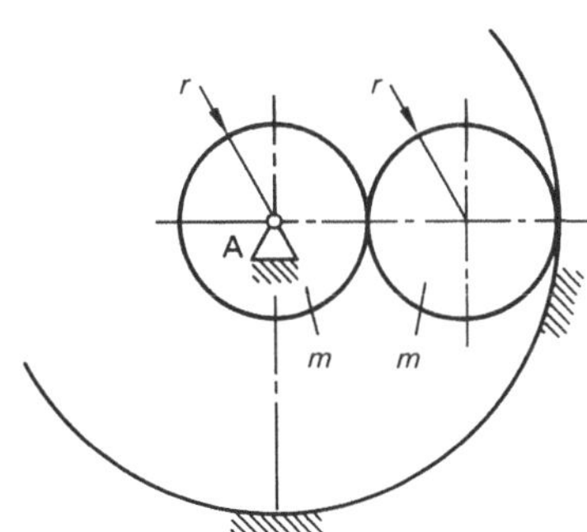


**827** Das in A reibungsfrei drehbar gelagerte System befindet sich in der skizzierten Stellung in Ruhe und wird dann losgelassen.

a) Welche maximale Drehzahl erreichen die Rollen vom Radius $R = 10$ cm, wenn stets schlupffreie Abrollbewegung vorausgesetzt wird und der Rollenhalter von vernachlässigbar kleiner Masse ist?

b) Welche maximale Drehzahl erreicht der Rollenhalter?

*Ergebnisse:* a) $n = 244{,}21\ \text{min}^{-1}$; b) $n = 43{,}68\ \text{min}^{-1}$

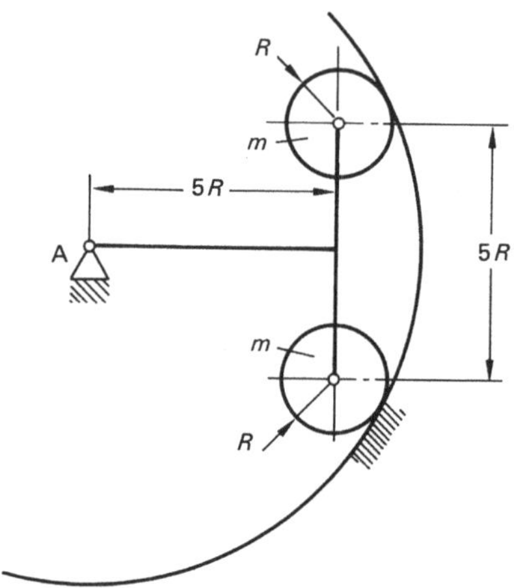


**828** Eine in A reibungsfrei drehbar gelagerte Stange der Masse $m$ und eine Kreisscheibe konstanter Dicke und der gleichen Masse sind miteinander in B gelenkig verbunden. Das Gebilde wird aus der skizzierten Ruhelage ohne Anstoß losgelassen. Welche größte Drehzahl erreicht die Stange, wenn vorausgesetzt wird, daß zwischen Kreisscheibe und Bahn kein Schlupf eintritt? Scheibenradius $R = 0{,}08$ m.

*Ergebnis:* $n = 63{,}45\ \text{min}^{-1}$

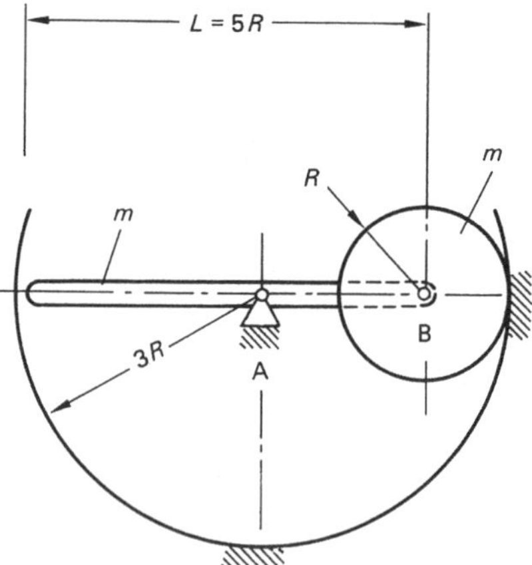


**829** Zwei Rollen gleicher Masse und gleicher Abmessungen (Scheiben konstanter Dicke) sind reibungsfrei auf einer Stange von vernachlässigbar kleiner Stangenmasse wie skizziert gelagert. Die Stange dreht reibungsfrei um das Gelenk A. Welche größte Drehzahl erreicht die Stange, wenn das System aus der skizzierten Ruhelage ohne Anstoß losgelassen wird? $R = 15$ cm. Abrollbewegungen (Rolle/Rolle und Rolle/Bahn) sind schlupffrei.

*Ergebnis:* $n = 36{,}7\ \mathrm{min}^{-1}$

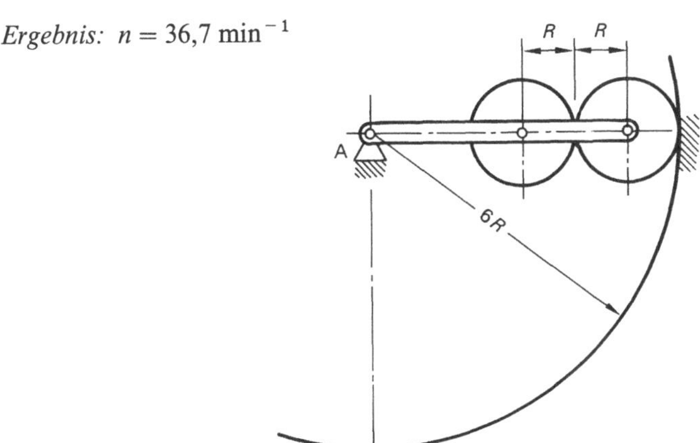


**830** Der *Wirkungsgrad* $\eta$ *einer Seilrolle* soll aus dem Verhältnis der Leistungen $P_0$ (Rolle ohne Reibung, ohne Masse) zu $P_r$ (Rolle mit Reibung und Masse) bestimmt werden (ohne Seilumlenkverluste). Welche Einflüsse kann man vernachlässigen? Man zeige die Gültigkeit der Näherungsformel $\eta = \dfrac{D - \mu_z \cdot d}{D + \mu_z \cdot d}$.

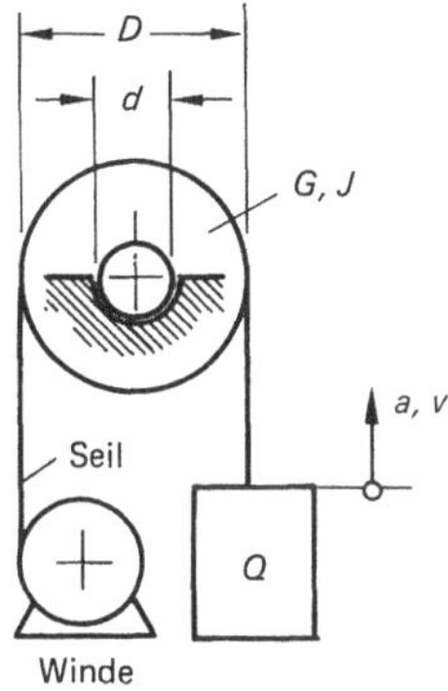


$D = 0{,}5\ \mathrm{m}$; $d = 40\ \mathrm{mm}$; $Q = 10\ \mathrm{kN}$; $G = 750\ \mathrm{N}$; $J = 10\ \mathrm{kg\ m^2}$

Zapfenreibzahl $\mu_z = 0{,}1$; Beschleunigung in 0,5 s auf 6 m/min

Reibmoment $M_r = \mu_z \cdot \dfrac{d}{2} \cdot N$; mit $N$: Normalkraft im Lager

Leistung einer Kraft $P = F \cdot v$

*Ergebnis:*

$$\eta = \frac{P_0}{P_r} = \frac{F_{S0} \cdot v}{F_{Sr} \cdot v} = \frac{F_{S0}}{F_{Sr}}$$

Die Kräfte sind die Seilkräfte an der Winde ohne und mit Einfluß der Seilrolle.

$$\eta = \frac{D - \mu_z \cdot d}{D + \mu_z \cdot d + \delta}$$

$$\delta = \frac{\mu_z \cdot d \cdot G + \dfrac{4 \cdot J \cdot a}{D}}{Q \cdot \left(1 + \dfrac{a}{g}\right)}; \quad g \text{ Erdbeschleunigung}$$

In der Größe $\delta$, die die Abweichung von der Näherungsformel erfaßt, steckt hauptsächlich der Einfluß der Massenträgheit der Seilrolle. Der Anteil, der die Erhöhung der Reibung infolge des Eigengewichtes der Seilrolle erfaßt, wird stets sehr klein bleiben, da das Rollengewicht gegenüber der Nutzlast gering ist.

Wirkungsgrad mit $\delta$: $\eta = 98{,}05\%$; Näherung ohne $\delta$: $\eta = 98{,}41\%$

**831** Ein Motor dreht mit konstanter Drehzahl $n_m$. Die *Reibungskupplung* wird gleichmäßig betätigt, so daß das Kupplungs- oder Reibmoment linear mit der Zeit ansteigt: $M_r = k_1 \cdot t$; $k_1 = \text{konst.}$

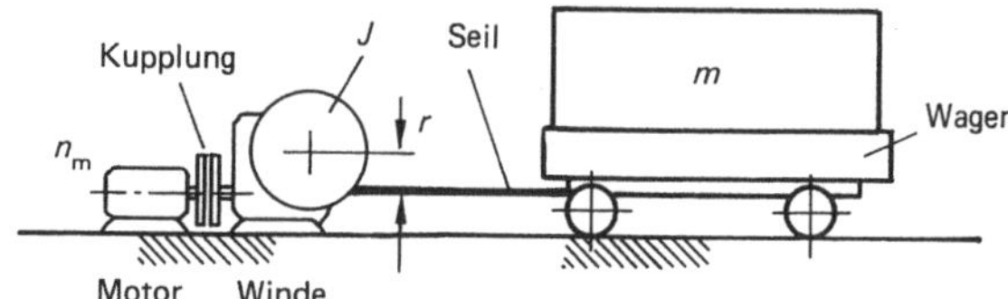


Gesucht: Beschleunigung $a(t)$ und Geschwindigkeit $v(t)$ des Wagens, die Nutzleistung $P_n$ (bestimmt aus der Bewegung des Wagens) in Abhängigkeit von der Zeit $P_n(t)$ und dem Weg $P_n(s)$, die zugeführte Leistung als Motorleistung $P_z(t)$.

Gegeben: $n_m$; $k_1$; $r$; $m$; $J$ Massenträgheitsmoment der Seiltrommel einschließlich aller umlaufenden Triebwerksteile, $i$ Untersetzung des Seilwindengetriebes. Der Fahrwiderstand des Wagens soll vernachlässigt werden.

*Lösung:*

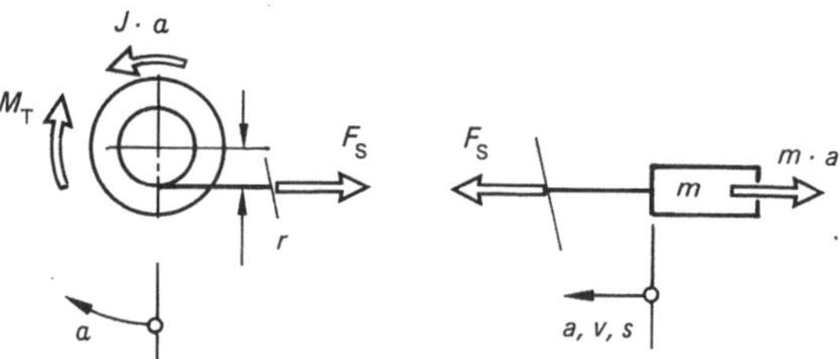


Trommelmoment $M_T = i \cdot M_r = i \cdot k_1 \cdot t = J \cdot \alpha + m \cdot a \cdot r$ mit $\alpha = \dfrac{a}{r}$ und umgerechneter Gesamtmasse $m_{ges} = m + \dfrac{J}{r^2}$ ist $a(t) = \dfrac{i \cdot k_1}{r \cdot m_{ges}} \cdot t = k_2 \cdot t$; $k_2 = \text{konst.}!$

$$v(t) = \int_0^t a(t) \cdot \mathrm{d}t = \frac{1}{2} \cdot k_2 \cdot t^2$$

$$P_n(t) = F_S \cdot v(t) = \frac{1}{2} \cdot m \cdot k_2^2 \cdot t^3; \quad \text{Seilkraft } F_S = m \cdot a(t);$$

$$\text{mit } s(t) = \int_0^t v(t) \cdot \mathrm{d}t = \frac{1}{6} \cdot k_2 \cdot t^3 \text{ wird } P_n(s) = 3 \cdot m \cdot k_2 \cdot s;$$

$$P_z(t) = M_r \cdot \omega_m = k_1 \cdot t \cdot 2\pi \cdot n_m = k_3 \cdot t; \; k_3 = \text{konst.}!$$

**832** Ein Block (Anfangsgeschwindigkeit $v_0 = 0$) wird auf eine motorisch angetriebene Rollenbahn (Drehzahl $n = \text{konst.}$) gelegt.

Nach welcher Zeit $t_1$ rutscht der Block gegenüber den Rollen nicht mehr?

Wie groß ist der Wirkungsgrad $\eta$, wenn die kinetische Energie des Blocks als Nutzarbeit und die Antriebsarbeit als zugeführte Arbeit aufgefaßt werden?

Gegeben: $n$, $r$, $\mu$, $g$; gesucht $t_1$, $\eta$.

*Ergebnis:* $t_1 = \dfrac{2\pi \cdot n \cdot r}{\mu \cdot g}$; $\eta = 50\%$

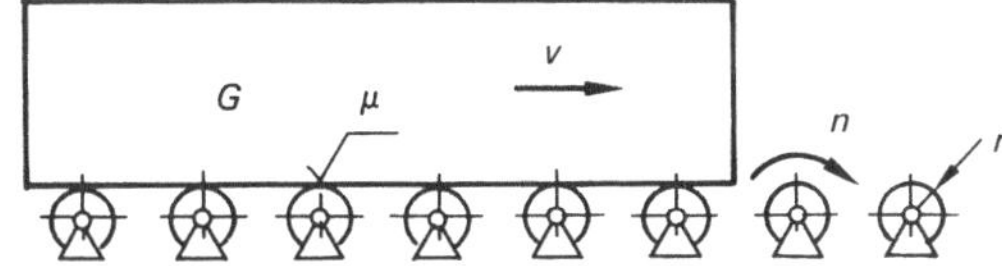


## 9 Drehimpuls (Drall)

**901** Wie ist der *Drall* oder *Drehimpuls* einer rotierenden Masse definiert, und welche Richtung hat der Drallvektor?

*Antwort:*

$$\bar{L}_z = \int_m (\bar{r} \cdot d\bar{p}) = J_z \cdot \bar{\omega}$$

Die Produkte aus Impuls $d\bar{p}$ des Massenteilchens $dm$ und dem Hebelarm $r$ zur Drehachse sind, aufsummiert über die ganze Rotormasse $m$, gleich dem Drehimpuls oder Drall. Darin ist $d\bar{p} = dm \cdot \bar{v}$. Rotiert der Körper um eine Trägheitshauptachse, so ist der Drallvektor mit dem Vektor $\omega$ (Winkelgeschwindigkeit der Drehung) gleichgerichtet. Der Drall ist gleich dem Produkt aus Massenträgheitsmoment bezogen auf die feste Drehachse $z$ und der Winkelgeschwindigkeit. Die Ableitung nach der Zeit liefert

$$\frac{dL_z}{dt} = \frac{d}{dt}(J_z \cdot \omega)$$

Ist $J_z$, das Massenträgheitsmoment, konstant, so folgt:

$$\frac{dL_z}{dt} = J_z \cdot \frac{d\omega}{dt} = J_z \cdot \alpha$$

Die zeitliche Änderung des Dralls ist gleich dem Produkt aus Massenträgheitsmoment und Winkelbeschleunigung; dieses ist nach dem Dynamischen Grundgesetz der Rotation aber gleich dem resultierenden Moment der äußeren Kräfte am Rotor:

$$\frac{dL_z}{dt} = M_z$$

Ist der Rotor von äußeren Momenten frei, so gilt wegen $M_z = 0$

$$dL_z = 0, \quad \text{d.h. } L_z = \text{konst und } (J_z \cdot \omega) = \text{konst.}$$

Wirken Momente äußerer Kräfte auf den Rotor, so gilt

$$L_{z_1} - L_{z_0} = \int_{t_0}^{t_1} \mathrm{d}L_z = \int M_z \cdot \mathrm{d}t$$

Bei konstanten Momenten äußerer Kräfte:

$$L_{z_1} - L_{z_0} = M_z \cdot \int_{t_0}^{t_1} \mathrm{d}t$$

**902** Was versteht man unter *Impuls*?

*Antwort:*

Im dynamischen Grundgesetz der Form $\bar{F} = \frac{\mathrm{d}}{\mathrm{d}t}(m \cdot \bar{v})$ wird

$$m \cdot \bar{v} = \bar{p}$$

als Impuls bezeichnet.

Falls die Summe der äußeren Kräfte gleich Null ist, ist der Impuls konstant. Dieser insbesondere für Systeme mit mehreren Massen interessante Zusammenhang wird im

Impulserhaltungssatz: $\sum m_i \cdot \bar{v}_i = \bar{p}_0 = \text{konst.}$

erfaßt, d. h., der Gesamtimpuls $\bar{p}_0$ bleibt zu jedem Zeitpunkt konstant.

**903** Wie lautet der *Drehimpulserhaltungssatz* (*Drallsatz*)?

*Antwort:*

Der Drehimpuls- oder Drallvektor ist bei Rotation um eine feste Achse dann konstant, wenn keine äußeren Drehmomente auf den Rotor einwirken: $J_0 \cdot \omega_0 = J_1 \cdot \omega_1 = \text{konst.}$

**904** Wie ist der *Drallsatz* anzuwenden, wenn aufgrund von Stoßkräften beim Auftreffen des drehenden Körpers auf ein Hindernis die Drehrichtung eine Änderung erfährt bzw. wenn beim Auftreffen eines translatorisch bewegten Körpers auf ein Hindernis eine Drehbewegung entsteht?

*Antwort:*

Da die Stoßkraft nur in bezug auf die Kraftangriffsstelle kein Moment ausübt, ist es wichtig, die Drehimpulse stets auf den Stoßpunkt zu beziehen. Man zerlegt den Drall in eine Komponente $L_S$ und das Impulsmoment $m \cdot v_S \cdot h$:

$$J_z \cdot \omega = J_S + m \cdot v_S \cdot h$$

Darin ist $h$ die Entfernung (der Hebelarm) vom Schwerpunkt zum Stoßpunkt.

*Beispiel:*

Eine schwere Stange der Masse $m$ und der Länge $L$ dreht mit $\omega_0$ um A und trifft bei B auf, so daß die Stange nach dem Stoß mit $\omega_1$ um B dreht, jedoch mit anderer Drehrichtung.

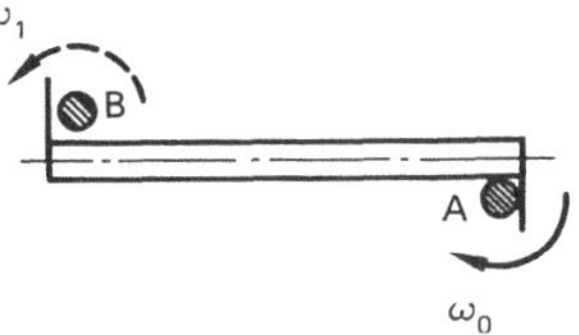


$$L_{0B} = m \cdot \frac{L}{2} \cdot v_{S_0} - J_S \cdot \omega_0$$

$$L_{1B} = m \cdot \frac{L}{2} \cdot v_{S_1} + J_S \cdot \omega_1$$

Beide Drallvektoren beziehen sich auf den Stoßpunkt B, Linksdrehung positiv definiert.

Mit $v_{S_0} = \frac{L}{2} \cdot \omega_0$ und $v_{S_1} = \frac{L}{2} \cdot \omega_1$ wird daraus mit $L_{0B} = L_{1B}$

$$m \cdot \left(\frac{L}{2}\right)^2 \cdot \omega_0 - \frac{m \cdot L^2}{12} \cdot \omega_0 = m \cdot \left(\frac{L}{2}\right)^2 \cdot \omega_1 + \frac{m \cdot L^2}{12} \cdot \omega_1$$

Es folgt:
$$\omega_1 = \frac{1}{2} \cdot \omega_0$$

**905** Am Ende einer Stange der Länge $L$ ist eine Kreisscheibe konstanter Dicke (Masse $m$, Radius $R$) drehbar wie skizziert gelagert. Die Stange selbst ist in A drehbar gelagert, ihre Masse ist vernachlässigbar klein. Anfänglich dreht die Scheibe mit $\omega_0$ um B, die Stange ist bewegungsfrei. Bei *plötzlicher Fixierung* von Stange und Scheibe kommt es zur Drehung des Systems um A. Die Winkelgeschwindigkeit $\omega_A$ nach Fixierung ist zu berechnen.

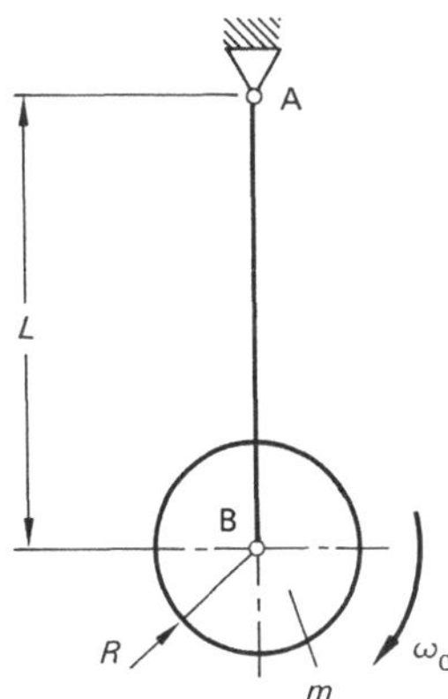


*Lösung:*

Die bei der Fixierung auftretenden Kräfte heben sich als Gegenkräfte nach außen bei Gleichgewichtsbetrachtung des Systems heraus; also liegt Erhaltung des Dralls vor:

$$J_0 \cdot \omega_0 = J_A \cdot \omega_A$$

$$J_0 = \frac{m \cdot R^2}{2}; \quad J_A = \frac{m \cdot R^2}{2} + m \cdot L^2$$

Es folgt damit:
$$\omega_A = \frac{\omega_0}{1 + 2 \cdot \left(\frac{L}{R}\right)^2}$$

**906** Eine *Stange* der Masse $m$ und der Länge $L$ fällt in horizontaler Lage lotrecht nach unten und trifft mit der Geschwindigkeit $v_0$ am linken Stangenende auf ein Hindernis auf. Mit welcher Winkelgeschwindigkeit dreht die Stange nach dem Stoß?

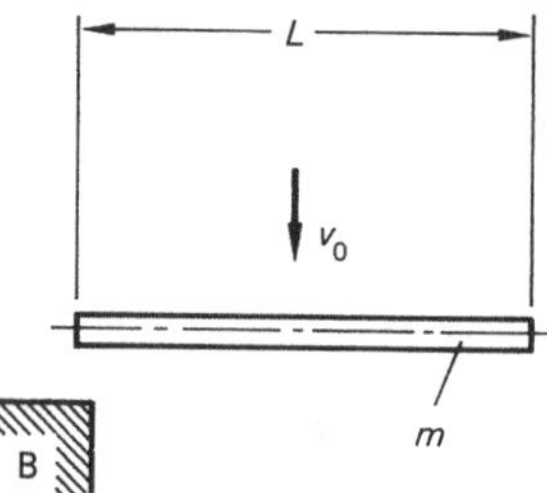


*Lösung:*

Der Drall vor und nach dem Stoß ist auf den Stoßpunkt zu beziehen:

$$L_{0B} = \underbrace{J_S \cdot \omega_0}_{=0 \text{ (keine Drehung vor dem Stoß)}} + m \cdot \frac{L}{2} \cdot v_0$$

$$L_{1B} = J_B \cdot \omega_1 \quad \text{mit} \quad J_B = \frac{m \cdot L^2}{3}$$

$$m \cdot \frac{L}{2} \cdot v_0 = \frac{m \cdot L^2}{3} \cdot \omega_1$$

$$\omega_1 = \frac{3 \cdot v_0}{2 \cdot L}$$

**907** Zwei gleich lange und gleich schwere schlanke *Stangen* sind reibungsfrei drehbar um die horizontale Achse in A gelagert. Stange 1 fällt aus der skizzierten Anfangsruhelage und nimmt nach 90° Drehung die zuvor ruhig hängende Stange 2 mit (Ankopplung). Mit welcher Winkelgeschwindigkeit dreht das dann gekoppelte System weiter?

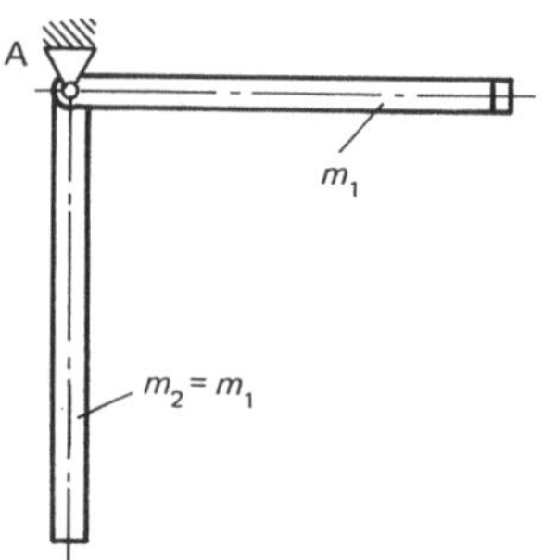

*Lösung:*

Drallerhaltung bei Stoß:

$$\frac{m_1 \cdot L^2}{3} \cdot \omega_0 = \frac{(2m)\,L^2}{3} \cdot \omega_1$$

$\omega_0$ = Winkelgeschwindigkeit Stange 1 vor Stoß
$\omega_1$ = Winkelgeschwindigkeit des Systems $(m_1 + m_2)$ nach Stoß

$\omega_0$ aus Energiesatz:

$$m_1 \cdot g \cdot \frac{L}{2} = \frac{J_A \cdot \omega_0^2}{2}$$

mit

$$J_A = \frac{m_1 L^2}{3}$$

$$\omega_0 = \sqrt{\frac{3g}{L}}$$

Damit folgt:

$$\omega_1 = \frac{\omega_0}{2} = \sqrt{\frac{3g}{4L}}$$

**908** Vor Einlegen der *Reibkupplung* zwischen den Rotoren 1 ($J_1 = 15$ kg m$^2$) und 2 ($J_2 = 27$ kg m$^2$) dreht Rotor 1 mit $n_1 = 2000$ min$^{-1}$, Rotor 2 mit $n_2 = 800$ min$^{-1}$ mit gleicher Drehrichtung. Die Kupplung überträgt das konstante Reibmoment $M_k = 195$ Nm. Reibmomente in den Rotorlagerungen sind vernachlässigbar klein.

a) Welche gemeinsame Drehzahl stellt sich ein?

b) Wie lange dauert der Kupplungsvorgang?

c) Wieviele Umdrehungen vollführen die Rotoren in der Kupplungszeit, und wieviele Umdrehungen drehen die Kupplungsscheiben gegeneinander?

d) Wie groß ist der Energieverlust?

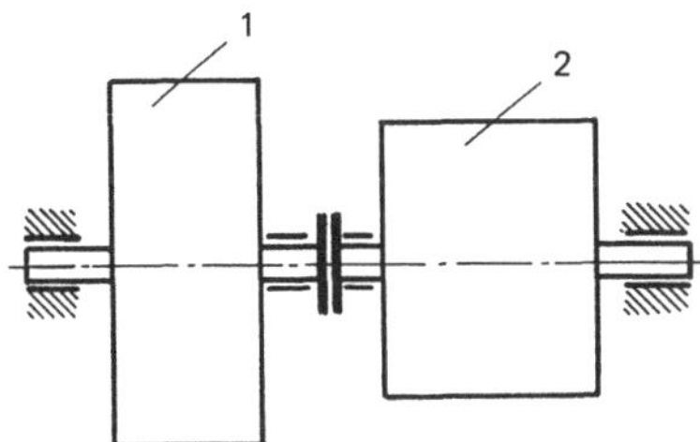


*Lösung:*

a) Drallerhaltung, da keine äußeren Momente auf das Gesamtsystem einwirken:

$$J_1 \cdot \omega_1 + J_2 \cdot \omega_2 = (J_1 + J_2) \cdot \omega_E$$

$$\omega = \frac{\pi \cdot n}{30}$$

Es folgt:

$$n_E = \frac{J_1 \cdot n_1 + J_2 \cdot n_2}{J_1 + J_2} = 1228{,}6 \text{ min}^{-1}$$

b) Drallsatz in integrierter Form

$$\int_{t=0}^{t_E} dL = \int_{t=0}^{t_E} M_k \cdot dt$$

Rotor 1:

$$J_1 \cdot \omega_E - J_1 \cdot \omega_1 = -M_k \cdot |t|_0^{t_E}$$

$$t_E = \frac{J_1 \cdot \pi \cdot (n_1 - n_E)}{30 M_k} = 6{,}214 \text{ s}$$

Rotor 2:

$$J_2 \cdot \omega_E - J_2 \cdot \omega_2 = +M_k \cdot t_E$$

$$t_E = 6{,}214 \text{ s}$$

c)

$$\varphi_1 = \frac{\omega_1 + \omega_E}{2} \cdot t_E = \frac{\pi \cdot t_E}{60}(n_1 + n_E)$$

$$N_1 = \frac{\varphi_1}{2\pi} = 167{,}19$$

$$\varphi_2 = \frac{\omega_2 + \omega_E}{2} \cdot t_E = \frac{\pi \cdot t_E}{60}(n_2 + n_E)$$

$$N_2 = \frac{\varphi_2}{2\pi} = 105{,}05$$

$$N_k = N_1 - N_2 = 62{,}14$$

d) Energieverlust $\Delta E$

$$\Delta E = M_k \cdot \Delta\varphi$$

$$\Delta E = M_k \cdot 2\pi \cdot N_k = 76\,135 \text{ Nm}$$

Probe:

$$\Delta E = \frac{J_1}{2}\omega_1^2 + \frac{J_2}{2}\omega_2^2 - \frac{J_1 + J_2}{2}\omega_E^2$$

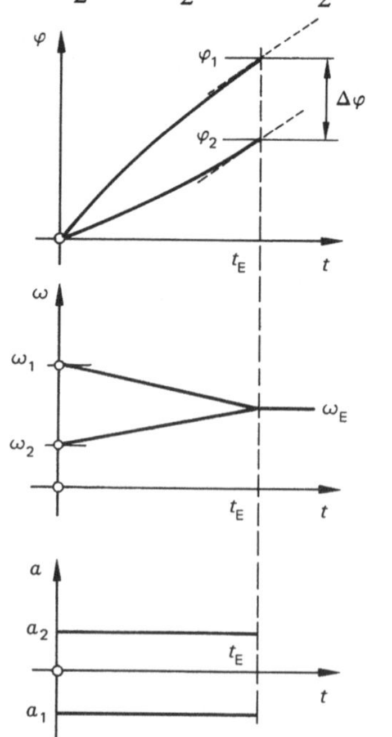

**909** Auf einer um die vertikale $z$-Achse reibungsfrei drehbar gelagerten *Scheibe* vom Massenträgheitsmoment $J_z$ befindet sich eine Person der Masse $m$ in der Entfernung $R$ von der Drehachse. Die Scheibe steht still, wenn die Person beginnt, sich mit der zur Scheibe relativen Geschwindigkeit $v$ in gleichbleibendem Abstand $R$ zur Drehachse zu bewegen.

a) Welche Winkelgeschwindigkeit besitzt die Scheibe in einem beliebigen Augenblick?

b) Mit welcher Winkelgeschwindigkeit dreht die Scheibe, wenn die Person auf der Scheibe eine vollständige Kreisbahn zurückgelegt hat?

c) Welchen gesamten Drehwinkel $\varphi_1$ hat die Scheibe dann zurückgelegt?

d) Welchen Drehwinkel hat die Scheibe zurückgelegt, wenn die Person in bezug auf das Absolutsystem eine ganze Umdrehung vollzogen hat?

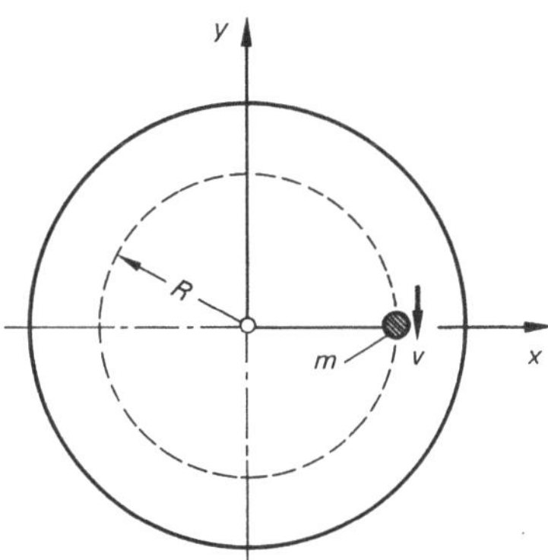


*Lösung:*

a) Da der Drall anfänglich null ist und keine äußeren Momente auf die Drehachse einwirken, ist der Gesamtdrall zu jedem Zeitpunkt null. Vorzeichenwahl für positiven Drallvektor hier: linksdrehend positiv.

$$0 = J_z \cdot \omega(t) + m \cdot (R \cdot \omega(t) - v) \cdot R$$

$$\omega(t) = \frac{m \cdot v \cdot R}{J_z + m \cdot R^2}$$

$$\omega(t) > 0, \quad \text{d.h. Linksdrehung der Scheibe.}$$

b) $\omega = \text{konst}$, die Scheibe erfährt keine Winkelbeschleunigung.

c) $$\varphi(t) = \int \omega(t) \cdot \mathrm{d}t = \frac{m \cdot v \cdot R}{J_z + m \cdot R^2} \cdot t + C_1$$

Randbedingung: $$\varphi(t=0) = 0$$

Es folgt: $$C_1 = 0$$

$$v = \frac{\text{Weg}}{\text{Zeit}}; \quad t_1 = \frac{2\pi \cdot R}{v}$$

$$\varphi(t=t_1) = \frac{m \cdot v \cdot R}{J_z + m \cdot R^2} \cdot \frac{2\pi \cdot R}{v} = \frac{2\pi}{1 + \dfrac{J_z}{m \cdot R^2}}$$

d) $$v_{\text{abs.}} = v_{\text{Scheibe}} - v_{\text{Person}} = -\omega \cdot R + v$$

Zeit für einen Umlauf im Absolutsystem: $t_2$

$$t_2 = \frac{2\pi R}{v_{\text{abs.}}} = \frac{2\pi \cdot R}{v - \omega \cdot R}$$

$t_2$ in $\varphi(t)$ einsetzen liefert

$$\varphi(t=t_2) = \frac{m \cdot v \cdot R}{J_z + m \cdot R^2} \cdot \frac{2\pi \cdot R}{v - \omega \cdot R} \quad \text{mit } \omega = \frac{m \cdot v \cdot R}{J_z + m \cdot R^2}$$

$$\varphi(t=t_2) = 2\pi \cdot \frac{m \cdot R^2}{J_z}$$

**910** Über eine *Kreisscheibe* der Masse $m_R$ mit dem Radius $R$ (Scheibe konstanter Dicke) ist rutschfest ein Seil von vernachlässigbar kleiner Masse gelegt. An den zum Boden herabhängenden Seilenden hält je eine Person der Masse $m_P$ fest. Die im Bild rechte Person klettert mit der zum Seil relativen Geschwindigkeit $v$ am Seil hoch. Welche Drehzahl stellt sich an der Scheibe ein?

*Ergebnis:*

$$n = \frac{30 \cdot v}{\pi \cdot R \cdot \left(2 + \frac{m_R}{2 m_P}\right)}$$

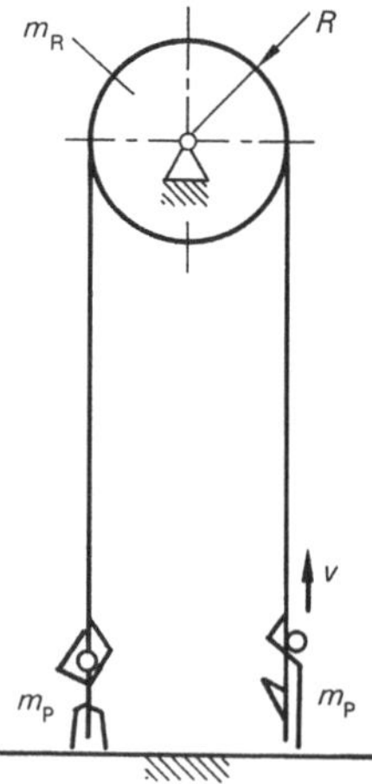


**911** Um die vertikale Achse $z$ rotiert eine schlanke *Stange* der Masse $m$ und der Länge $L$ mit $\omega_0$. Am Stangenende ist drehbar auf paralleler Drehachse eine zweite Stange (halbe Länge, halbe Masse) wie skizziert angeordnet. Eine plötzliche Lageänderung der Massen zueinander in die „Stecklage" (Arretierung!) führt zur Drehzahländerung. Welche Winkelgeschwindigkeit liegt dann vor?

*Ergebnis:* $\omega_1 = \frac{5}{9}\omega_0$

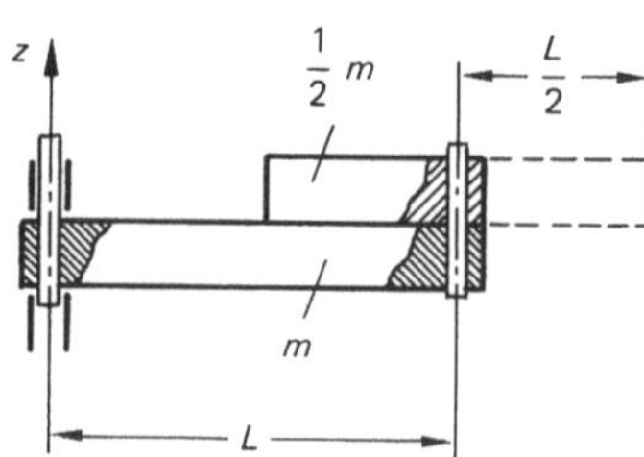

**912** *Scheibe* 1 dreht auf der stillstehenden *Scheibe* 2 mit $\omega_0 = 10\,\text{s}^{-1}$ um die $z_1$-Achse. Alsdann wird die Relativbewegung durch plötzliche Fixierung unterbunden, und das dann starre System dreht um die $z$-Achse mit $\omega_1$. Unter der Voraussetzung, daß es sich um Scheiben konstanter und gleicher Dicke handelt, ist $\omega_1$ zu berechnen.

*Ergebnis:* $\omega_1 = \frac{1}{23}\,\omega_0 = 0{,}4348\,\text{s}^{-1}$

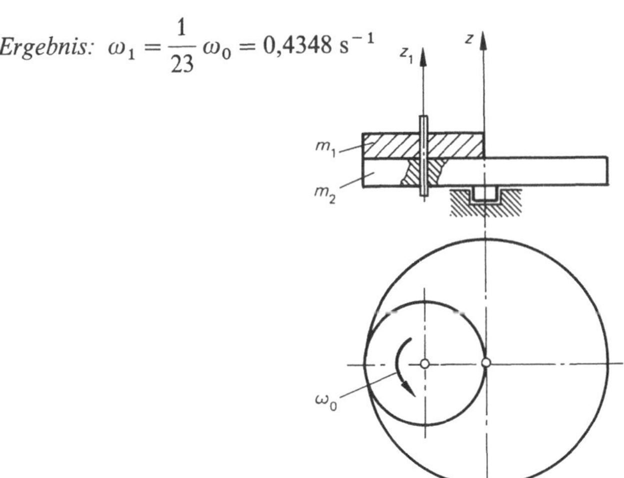


**913** Welche Winkelgeschwindigkeit des nach Fixierung der *Scheiben* zueinander starr verbundenen Systems stellt sich ein, wenn Scheibe 1 anfänglich mit $\omega_{01}$ relativ zur Scheibe 2 dreht und Scheibe 2 mit $0{,}5\,\omega_{01}$ a) im selben Drehsinn, b) entgegengesetzt rotiert?

Die Scheiben sind von konstanter und gleicher Dicke.

*Ergebnisse:* a) $\omega = \frac{12}{23} \cdot \omega_{01}$; b) $\omega = \frac{-10}{23} \cdot \omega_{01}$

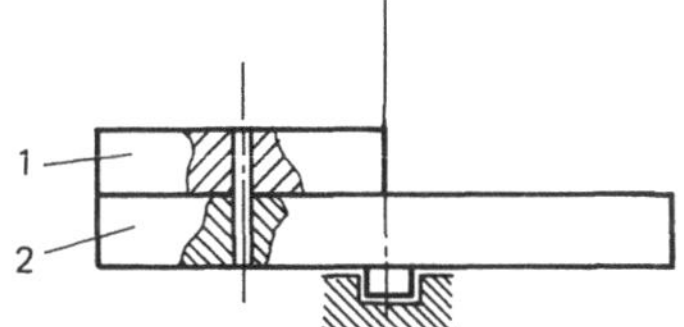


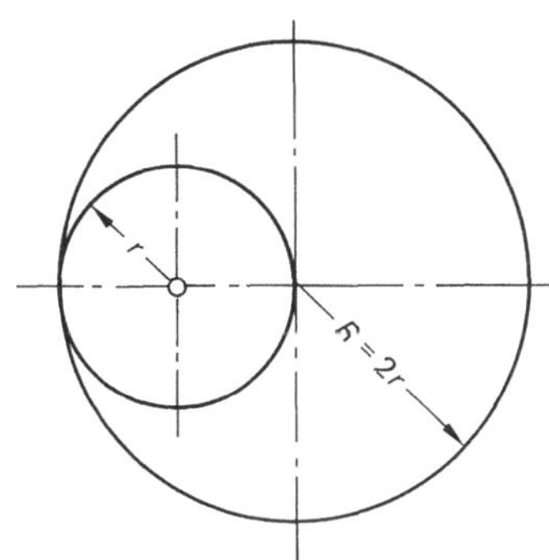

**914** Wie muß das Verhältnis der *Rotormassen* $m_2 : m_1$ sein, damit nach Arretierung der Scheiben zueinander Stillstand des Systems garantiert sein soll? Die anfängliche Drehzahl von Scheibe 2 beträgt 20% jener von Scheibe 1, wobei die Scheiben gegenläufig drehen.

*Ergebnis:* $m_2/m_1 = 3/4$

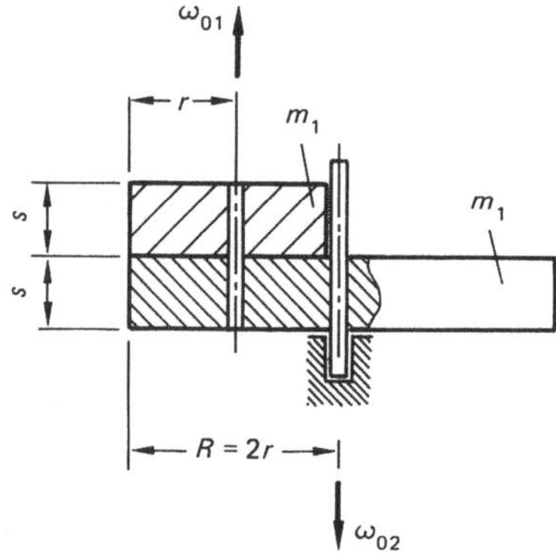


**915** *Rotor* 1 ($J_1 = 9$ kg m$^2$) dreht anfänglich mit $n_1 = 1500$ min$^{-1}$. Die dann einfallende Rutschkupplung überträgt das konstante Reibmoment $M_k = 25$ Nm. Welche gemeinsame Drehzahl stellt sich ein, und wie lange dauert der Kupplungsvorgang, wenn

a) Rotor 2 anfänglich stillsteht,

b) Rotor 2 anfänglich mit $n_2 = 400$ min$^{-1}$ gleichsinnig dreht,

c) Rotor 2 anfänglich mit $n_2 = 500$ min$^{-1}$ gegenläufig dreht?

*Ergebnisse:*

a) $n_E = 500$ min$^{-1}$; $t_E = 37{,}7$ s

b) $n_E = 766{,}\overline{6}$ min$^{-1}$; $t_E = 27{,}646$ s

c) $n_E = 166{,}\overline{6}$ min$^{-1}$; $t_E = 50{,}265$ s

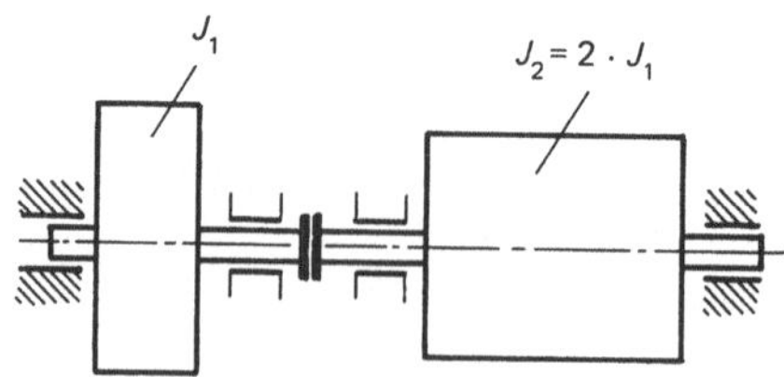


**916** Zwei *Rotoren* drehen gegenläufig: $n_1 = 2400$ min$^{-1}$, $n_2 = 1600$ min$^{-1}$. Das Massenträgheitsmoment von Rotor 1 beträgt 7,5 kg m$^2$.

a) Welches Massenträgheitsmoment hat Rotor 2, wenn nach dem Angleich der Drehzahlen durch Einfallen der Rutschkupplung das System stillsteht?

b) Welches konstante Reibmoment $M_k$ überträgt die Kupplung, wenn der Stillstand des Systems nach 12 Sekunden erreicht ist?

*Ergebnisse:* a) $J_2 = 11{,}25$ kg m$^2$; b) $M_k = 157{,}08$ Nm

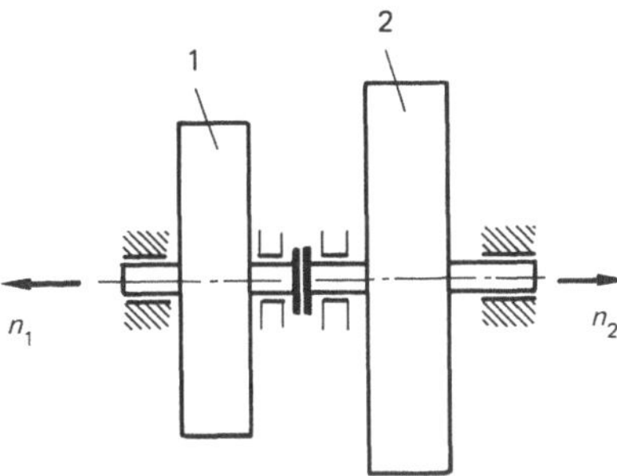


**917** Ein *Rotor* vom Massenträgheitsmoment 20 kg m$^2$ wird aus der anfänglichen Drehzahl $n_0 = 300$ min$^{-1}$ so abgebremst, daß das Bremsmoment linear von Null auf den Größtwert $M_{B_{max}} = 28$ Nm in $t_1 = 16$ s ansteigt.

a) Welche Drehzahl liegt nach 16 Sekunden vor?

b) In welcher Zeit $t_2$ müßte $M_{B_{max}}$ erreicht sein, damit der Rotor in dieser Zeit zum Stillstand kommt?

*Ergebnisse:* a) $n = 193$ min$^{-1}$; b) $t_2 = 44{,}88$ s

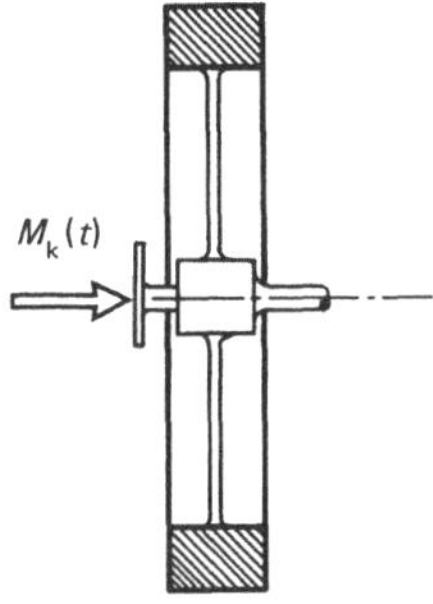


**918** Das *Bugrad* eines Flugzeugs ($J = 8{,}5$ kg m$^2$, $R = 0{,}4$ m – als Scheibe konstanter Dicke zu behandeln) setzt bei einer Landegeschwindigkeit von $v_L = 190$ km/h auf. Dabei wird eine Normalkraft zwischen Rad und Bahn von 12 kN wirksam. Das Rad dreht sich vor der Berührung mit der Landebahn nicht. Koeffizient der Gleitreibung ist $\mu = 0{,}6$.

a) Nach welcher Zeit ist der Schlupf zwischen Rad und Bahn überwunden, so daß Rollen des Rades vorliegt?

b) Welche Reibarbeit wurde aufgebracht?

c) Auf welche Anfangsdrehzahl $n_0$ müßte das Rad vorbeschleunigt werden, damit die Reibarbeit um 50% verringert wird?

d) In welcher Zeit ist dann der Schlupf überwunden?

*Ergebnisse:* a) $t = 0{,}39$ s; b) $W_R = 74$ kJ; c) $n_0 = 890{,}0$ min$^{-1}$; d) $t = 0{,}114$ s

**919** Ein Rotor vom Radius $r_1 = 40$ cm ($m_1 = 200$ kg) dreht anfänglich mit $\omega_0 = 150$ s$^{-1}$ und fällt dann in vertikaler Führung auf die noch stillstehende Scheibe 2 ($r_2 = 50$ cm,

$m_2 = 350$ kg); es handelt sich um Kreisscheiben konstanter Dicke. Koeffizient der Gleitreibung ist $\mu = 0{,}25$.

a) Welche Drehzahlen liegen vor, wenn der Schlupf überwunden ist?

b) Wie lange dauert die Schlupfphase?

c) Wieviel Prozent der anfänglichen Energie des Systems gehen verloren?

d) Nach wievielen Umdrehungen $N_2$ des Rotors 2 ist der Schlupf überwunden?

*Ergebnisse:*

a) $n_1 = 520{,}9 \text{ min}^{-1}$;
$n_2 = 416{,}7 \text{ min}^{-1}$;

b) $t = 7{,}784$ s;

c) $63{,}\overline{63}\%$;

d) $N_2 = 27{,}03$

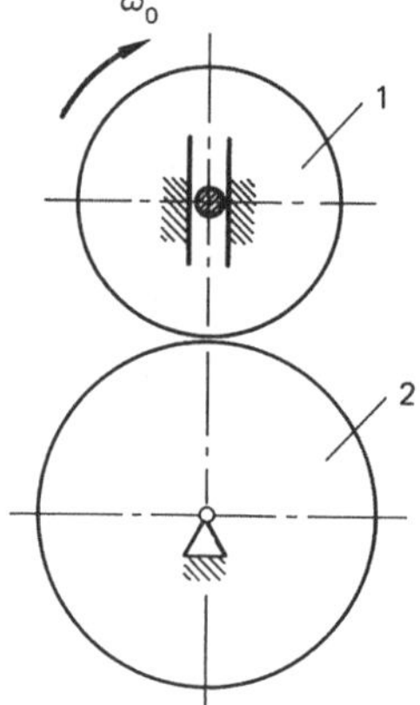


**920** Rotor 1 ($m_1 = 200$ kg, $J_1 = 16 \text{ kg m}^2$, $r_1 = 0{,}4$ m) dreht anfänglich mit $\omega_0 = 150 \text{ s}^{-1}$ und wird dann durch Entriegeln des Schwenkarmes auf den Rotor 2 ($m_2 = 350$ kg, $J_2 = 43{,}75 \text{ kg m}^2$, $r_2 = 0{,}5$ m) abgesetzt. Dabei dreht Rotor 2 anfänglich

a) nicht,

b) mit $\omega_B = 80 \text{ s}^{-1}$ gleichsinnig,

c) mit $\omega_B = 100 \text{ s}^{-1}$ gegenläufig,

d) mit $\omega_B = 120 \text{ s}^{-1}$ gegenläufig,

e) mit $\omega_B = 130 \text{ s}^{-1}$ gegenläufig.

Zu bestimmen sind die Winkelgeschwindigkeiten $\omega_1$ und $\omega_2$ nach Ende der Schlupfphase.

*Ergebnisse:*

a) $\omega_1 = 54{,}\overline{54} \text{ s}^{-1}$ ↻; $\omega_2 = 43{,}63 \text{ s}^{-1}$ ↺

b) $\omega_1 = 9{,}0\overline{9} \text{ s}^{-1}$ ↺; $\omega_2 = 7{,}\overline{27} \text{ s}^{-1}$ ↻

c) $\omega_1 = 134{,}\overline{09} \text{ s}^{-1}$ ↻; $\omega_2 = 107{,}\overline{27} \text{ s}^{-1}$ ↺

d) $\omega_1 = 150 \text{ s}^{-1}$ ↻; $\omega_2 = 120 \text{ s}^{-1}$ ↺;
keine Drehzahländerung, weil kein Schlupf im Moment des Aufsetzens!

e) $\omega_1 = 157{,}9\overline{54} \text{ s}^{-1}$ ↻; $\omega_2 = 126{,}\overline{36} \text{ s}^{-1}$ ↺

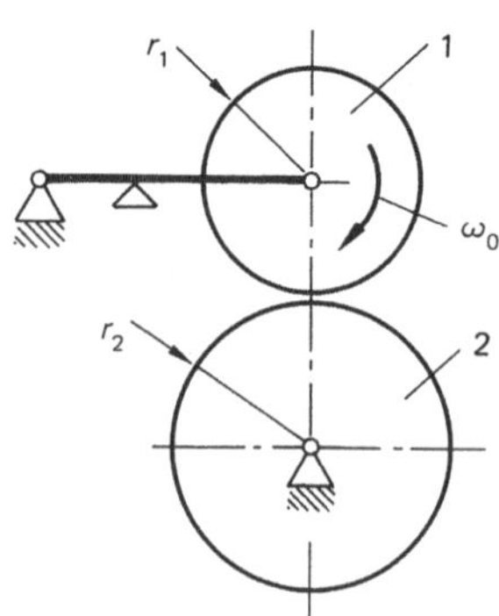

**921** Nach Entriegelung der *Schwenkstange* mit Rotor 1 ($J_1$, $r_1 = 0{,}5$ m, $\omega_0 = 100\ \text{s}^{-1}$) kommt es zum Schlupf mit dem gleichläufig drehenden Rotor 2 ($J_2 = 50$ kg m$^2$, $\omega_B = 70\ \text{s}^{-1}$, $r_2 = 0{,}6$ m). Der Koeffizient der Gleitreibung ist $\mu = 0{,}1$. Welches Massenträgheitsmoment $J_1$ ist erforderlich, damit nach Ende der Schlupfphase die Rotoren zum Stillstand gekommen sind?

*Ergebnis:* $J_1 = 29{,}1\overline{6}$ kg m$^2$

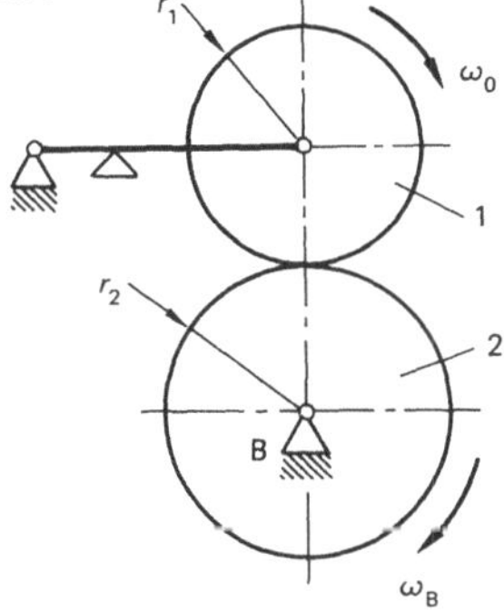


**922** Rotor 1 dreht anfänglich mit $n_1 = 800\ \text{min}^{-1}$, Rotor 2 weist ein fünfmal größeres Schwungmoment auf und dreht in gleicher Drehrichtung mit $n_2 = 300\ \text{min}^{-1}$. Die dann einfallende Rutschkupplung überträgt ein konstantes Reibmoment.

a) Welche gemeinsame Drehzahl stellt sich ein?

b) Wie groß ist das in der Kupplung übertragene Moment, wenn der Vorgang des Drehzahlangleichs in 1,2 Minuten beendet ist?

*Ergebnisse:*

a) $n_E = 383{,}\overline{3}\ \text{min}^{-1}$;

b) $M_k = 24{,}24$ Nm

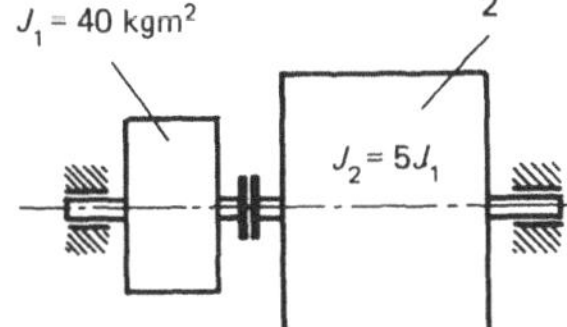


**923** Ein *Schwungrad* 1 ($J_1 = 90$ kg m$^2$) dreht vor dem Kupplungsvorgang mit $n_1 = 1200\ \text{min}^{-1}$. Die Kupplung überträgt ein konstantes Moment von 33 Nm.

a) Welche gemeinsame Drehzahl stellt sich ein, wenn das Massenträgheitsmoment des anfänglich stillstehenden Rotors 2 doppelt so groß ist wie das von Rotor 1?

b) Wie lange dauert der Kupplungsvorgang?

*Ergebnisse:*

a) $n_E = 400\ \text{min}^{-1}$;

b) $t_E = 3{,}8$ min

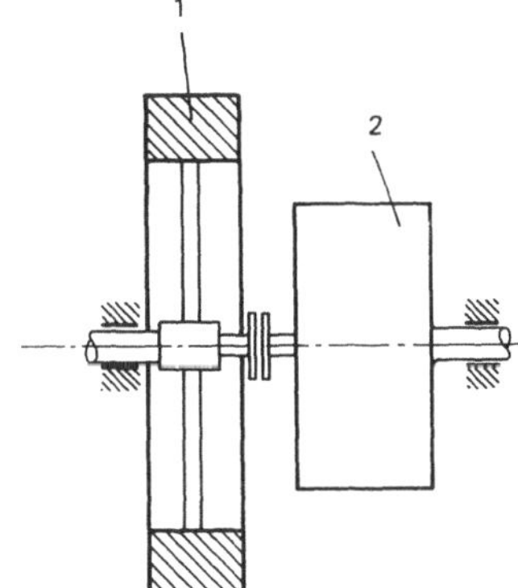

# Kinetik der allgemeinen, ebenen Bewegung

## 10 Dynamisches Grundgesetz der ebenen Bewegung

**1001** Was versteht man unter einer *allgemeinen Bewegung* in der Ebene?

*Antwort:*

Sonderformen der Bewegung sind Translation und Rotation, also Verschiebebewegung und Drehbewegung. Die allgemeine ebene Bewegung besitzt translatorische und rotatorische Bewegungsanteile, es ist eine Bewegung in der Ebene, bei der weder eine feste Drehachse existiert – dann läge Rotation vor –, noch sind die Bahnen der Punkte des Körpers zueinander parallel – dies ist das Kennzeichen bei Translationsbewegung. Die allgemeine ebene Bewegung kann in ihren translatorischen und ihren rotatorischen Anteil zerlegt werden. Die Kinetik zerlegt in Translation und Rotation um den Schwerpunkt; kinematisch ist auch eine andere Zerlegung möglich, der Schwerpunktssatz der Mechanik jedoch fordert die Zerlegung in Translation und Rotation um den Schwerpunkt.

**1002** Wie lautet der *Schwerpunktssatz* der Mechanik ebener Bewegungen?

*Antwort:*

Der Schwerpunkt eines Körpers bewegt sich so, als ob die gesamte Masse des Körpers punktförmig im Schwerpunkt vereinigt wäre und die resultierende äußere Kraft im Schwerpunkt angriffe, unabhängig von der Lage ihrer Wirkungslinie, – dies ist der Schwerpunktssatz.

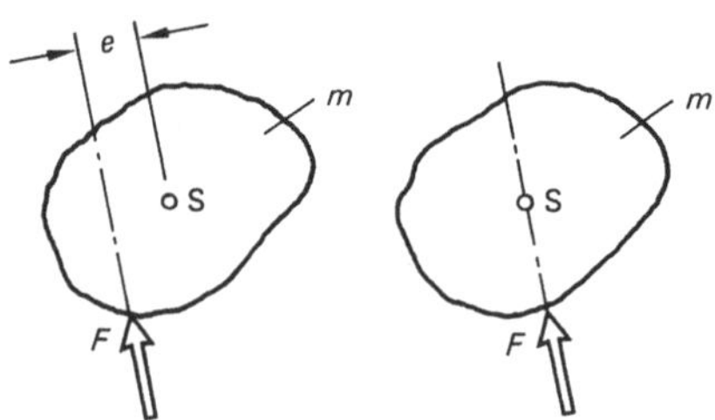


In beiden Darstellungen erfährt der Körper die Schwerpunktsbeschleunigung $a_S = F/m$. Wenn die WL der resultierenden äußeren Kraft nicht durch den Schwerpunkt verläuft (linkes Bild), überlagert sich der Translationsbewegung eine Drehbewegung mit der Winkelbeschleunigung

$$\ddot{\varphi} = \frac{M}{J_S} = \frac{F \cdot e}{J_S}$$

Greift an der frei beweglichen Scheibe in der Ebene eine Kraft so an, daß ihre WL um das Maß '*e*' am Schwerpunkt vorbei verläuft, so stellt sich eine Translationsbewegung so ein, als griffe die Kraft auf paralleler WL im Schwerpunkt an, und es überlagert sich dieser beschleunigten Translationsbewegung eine beschleunigte Drehbewegung, deren Winkelbeschleunigung dem Moment $F \cdot e$ proportional ist.

Das Dynamische Grundgesetz der Translation $F = m \cdot a$ gilt somit auch für die allgemeine ebene Bewegung, die Masse wird dabei als Punktmasse im Schwerpunkt konzentriert. Das Dynamische Grundgesetz der Rotation $M_S = J_S \cdot \alpha$ gilt auch dann, wenn keine feste Drehachse vorliegt; das der Winkelbeschleunigung proportionale Moment ist das Moment der resultierenden Kraft in bezug auf den Schwerpunkt des Körpers, das Massenträgheitsmoment ist auf den Körperschwerpunkt zu beziehen: $J_S$.

**1003** Eine schwere *Kreisscheibe konstanter Dicke* bewegt sich eine schiefe Ebene hinab.

a) Die Bahn ist rauh, und es ist zu untersuchen, wie groß der Haftreibungskoeffizient $\mu_0$ sein muß, damit kein Schlupf zwischen Scheibe und Bahn entsteht. Dabei bedeutet Schlupf, daß der Berührpunkt zwischen Scheibe und Bahn nicht geschwindigkeitslos ist; Rollen bedeutet, daß der Abrollpunkt der augenblickliche Pol, der Momentanpol, ist.

b) Wie groß ist die Schwerpunktsbeschleunigung, wenn es wegen zu kleiner Haftreibungszahl zum Schlupf kommt, und welche Winkelbeschleunigung der Scheibe liegt dann vor?

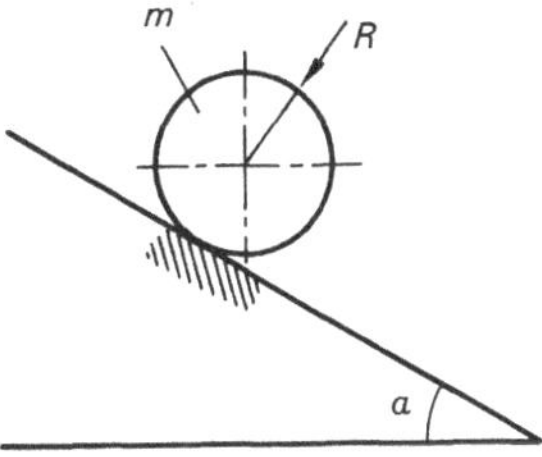


*Lösung:*

a) Wahl der positiven Koordinatenrichtungen für die kinematischen Größen; hier: $x$, $\dot{x}$ und $\ddot{x}$ Schwerpunktskoordinaten, und passende Drehkoordinaten $\varphi$, $\dot{\varphi}$ und $\ddot{\varphi}$.

Zerlegen der Gewichtskraft in Komponenten parallel und normal zur Bahn.

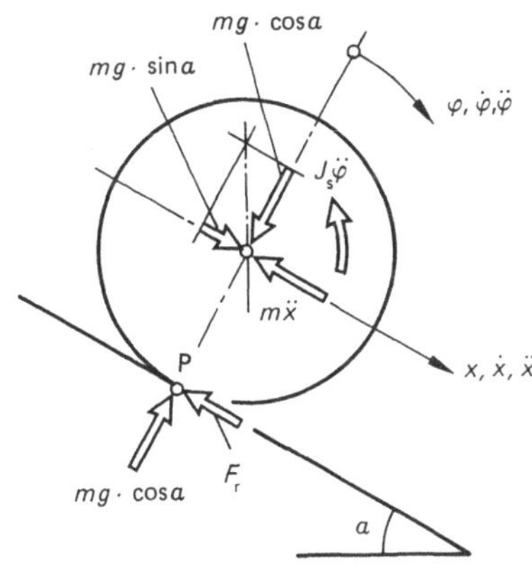


D'Alembert:

$$\sum F_x = 0$$

(1) $$0 = m \cdot g \cdot \sin\alpha - m \cdot \ddot{x} - F_r$$

$$\sum M_S = 0$$

(2) $$0 = J_S \cdot \ddot{\varphi} - F_r \cdot R$$

Ist P der Abrollpunkt, so gilt:

(3) $$x = \varphi \cdot R$$
$$\dot{x} = \dot{\varphi} \cdot R$$
$$\ddot{x} = \ddot{\varphi} \cdot R$$

Aus (2) folgt: $F_r = \dfrac{J_S \cdot \ddot{x}}{R^2}$; eingesetzt in (1):

$$0 = m \cdot g \cdot \sin\alpha - m \cdot \ddot{x} - \frac{J_S \cdot \ddot{x}}{R^2}$$

Daraus die Schwerpunktsbeschleunigung:

$$a_S = \ddot{x} = \frac{m \cdot g \cdot \sin\alpha}{m + \dfrac{J_S}{R^2}}$$

mit $J_S = \dfrac{m \cdot R^2}{2}$ für die Kreisscheibe konstanter Dicke.

$$a_S = \ddot{x} = \frac{2}{3} g \cdot \sin\alpha$$

Die Reibkraft beträgt

$$F_r = \frac{1}{3} m \cdot g \cdot \sin\alpha$$

Es liegt der Grenzfall zwischen Rollen und Schlupfbewegung vor, wenn die Reibkraft voll „geweckt" ist und ihre maximale Größe als Produkt aus Normalkraft und Haftreibungskoeffizient erreicht hat:

Grenzfall:

$$\frac{1}{3} m \cdot g \cdot \sin\alpha = \mu_0 \cdot m \cdot g \cdot \cos\alpha; \quad \mu_0 = \frac{1}{3} \tan\alpha$$

Die Rollbedingung lautet: $$\mu_0 > \frac{1}{3} \tan\alpha$$

b) Im Gegensatz zu Teil a) dieses Problems (Rollen) ist bei Schlupf die Reibkraft $F_r$ nach dem Coulombschen Gleitreibungsgesetz dem $\mu$-fachen der Normalkraft gleich:

$$F_r = \mu \cdot m \cdot g \cdot \cos\alpha$$

D'Alembert: $$\sum F_x = 0$$

$$0 = m \cdot g \cdot \sin\alpha - m \cdot \ddot{x} - \mu \cdot m \cdot g \cdot \cos\alpha$$

Daraus sofort:

$$a_S = \ddot{x} = g \cdot (\sin\alpha - \mu \cdot \cos\alpha)$$

$$\sum M_S = 0$$

$$0 = J_S \cdot \ddot{\varphi} - \mu \cdot m \cdot g \cdot \cos\alpha \cdot R$$

$$\ddot{\varphi} = \frac{\mu \cdot m \cdot g \cdot \cos\alpha \cdot R}{J_S}$$

mit
$$J_S = \frac{m \cdot R^2}{2}$$
$$\ddot{\varphi} = \frac{2\mu \cdot g \cdot \cos\alpha}{R}$$

Die Beschleunigung des Bahnberührpunktes ergibt sich erwartungsgemäß nicht zu null:
$$a_P = a_S - \ddot{\varphi} \cdot R = g \cdot (\sin\alpha - \mu \cdot \cos\alpha) - 2g \cdot \mu \cdot \cos\alpha = g \cdot (\sin\alpha - 3\mu \cdot \cos\alpha)$$

Erst für $\mu = \frac{1}{3} \tan\alpha$ wird $a_P = 0$.

**1004** Ein Faden von vernachlässigbar kleiner Masse ist um eine Kreisscheibe konstanter Dicke aufgespult, sein Ende ist fixiert. Für die Abwärtsbewegung im Schwerefeld sind zu bestimmen

a) die Winkelbeschleunigung,

b) die Fadenkraft.

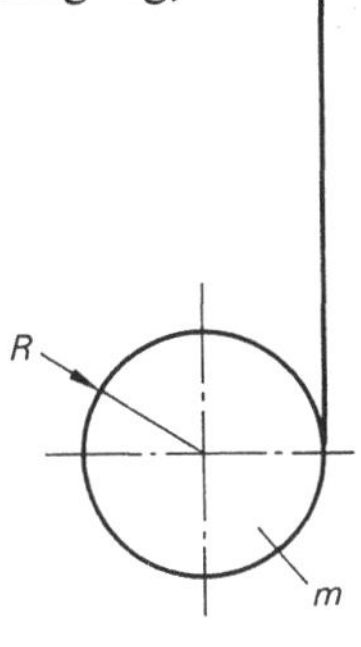


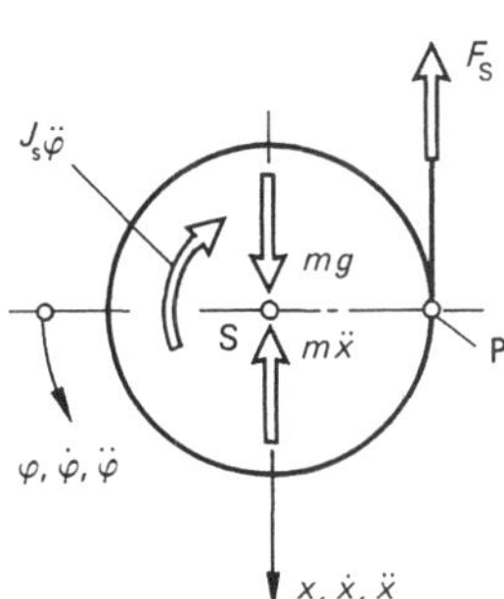


*Lösung:*

D'Alembert:
$$\sum F_x = 0$$

(1)
$$0 = m \cdot g - m \cdot \ddot{x} - F_S$$
$$\sum M_P = 0$$

(2)
$$0 = mgR - m\ddot{x} \cdot R - J_S \cdot \ddot{\varphi}$$

Aus (2) folgt mit $\ddot{\varphi} = \frac{\ddot{x}}{R}$
$$\ddot{x} = g \cdot \frac{1}{1 + \frac{J_S}{mR^2}}$$

Für $J_S = \frac{m \cdot R^2}{2}$ wird die Schwerpunktsbeschleunigung
$$a_S = \ddot{x} = \frac{2}{3} g$$

und die Winkelbeschleunigung
$$\alpha = \ddot{\varphi} = \frac{2g}{3R}$$

Aus (1):
$$F_S = m \cdot g - m \cdot \ddot{x} = \frac{1}{3} m \cdot g$$

**1005** Zwei *Vollzylinder* sind durch ein Seil verbunden. Bleibt das Seil nach Loslassen aus dem Ruhezustand straff?

Die Antwort ist rechnerisch zu belegen!

Es findet reine Rollbewegung statt. Nur der Rollwiderstand soll berücksichtigt werden, der Hebelarm des Rollwiderstands ist $f$. (Zusammenhang zwischen Hebelarm des Rollwiderstandes und Rollwiderstandsfaktor $\mu_r = f/r$.)

$f$ ist für beide Walzen gleich groß!

Hinweis: Eine Untersuchung über die Berechnung der Seilkraft ist aufwendig und nicht zu empfehlen.

$f \ll r_1$; $r_2 > r_1$; Vollzylinder mit $J = m \cdot r^2/2$. Als Zahlenwerte können gewählt werden:

$$f = r_1/40\,; \quad r_2 = 2 \cdot r_1$$

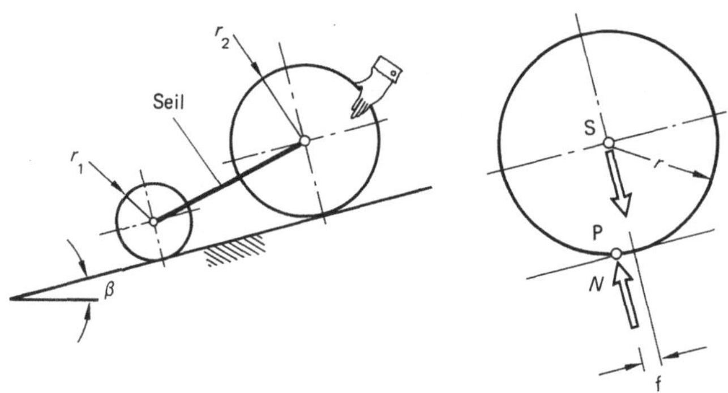


*Lösung:*

Wenn ohne Seil die Schwerpunkt-Beschleunigung $a_{S1} > a_{S2}$ ist, dann bleibt das Seil straff.

Ansatz nach D'Alembert:

$$\sum M_P = 0 = r_1 \cdot G_{1x} - r_1 \cdot m_1 \cdot a_{S1} - J_1 \cdot \alpha_1 - f \cdot G_{1y}$$

$$\alpha_1 = \frac{a_{S1}}{r_1}; \quad J_1 = m_1 \cdot \frac{r_1^2}{2}$$

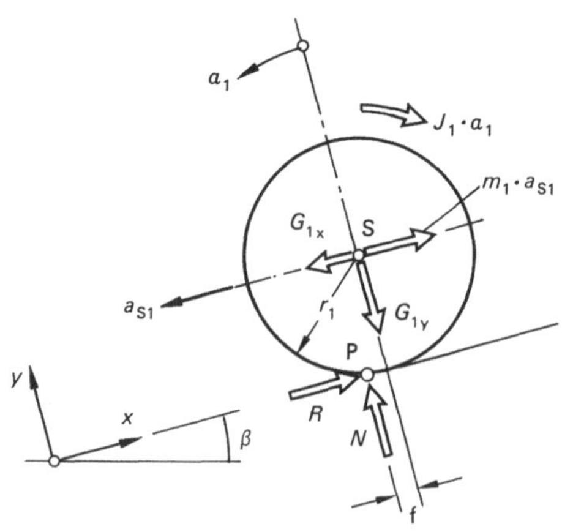

$$\sum F_x = 0 = G_1 \cdot \sin\beta - m_1 \cdot a_{S1} - \frac{1}{2} \cdot m_1 \cdot a_{S1} - \frac{f}{r_1} G_1 \cdot \cos\beta$$

$$a_{S1} = \frac{2}{3} \cdot g \cdot \left(\sin\beta - \frac{f}{r_1} \cdot \cos\beta\right)$$

analog: $$a_{S2} = \frac{2}{3} \cdot g \cdot \left(\sin\beta - \frac{f}{r_2} \cdot \cos\beta\right)$$

$$\frac{2}{3} \cdot g \cdot \left(\sin\beta - \frac{f}{r_1} \cdot \cos\beta\right) \overset{?}{>} \frac{2}{3} \cdot g \cdot \left(\sin\beta - \frac{f}{r_2} \cdot \cos\beta\right) \to -\frac{1}{r_1} \overset{?}{>} -\frac{1}{r_2} \to r_2 \overset{?}{<} r_1, \text{ nein!}$$

also $a_{S1} < a_{S2} \to$ Seil wird schlaff!

**1006** Das System bewegt sich aus der Ruhelage. Gesucht ist $v_1(s_1)$. Die Massen aller 3 bewegten Körper sind in die Rechnung einzubeziehen. Die Lagerreibung der Rolle 2 soll vernachlässigt werden. Bei Körper 1 ist Gleitreibung ($\mu$) zu berücksichtigen.

Als gegeben sind zu betrachten: $g$, $\mu$, $\beta$, $r_1$, $r_2$ und die Beziehungen

$$J_2 = m_1 \cdot r_1^2/2; \quad J_3 = 732 \cdot J_2; \quad m_3 = 10 \cdot m_1$$

Die Lösung soll als $v_1 = f(s_1, g, \mu, \beta, r_1, r_2)$ dargestellt werden.

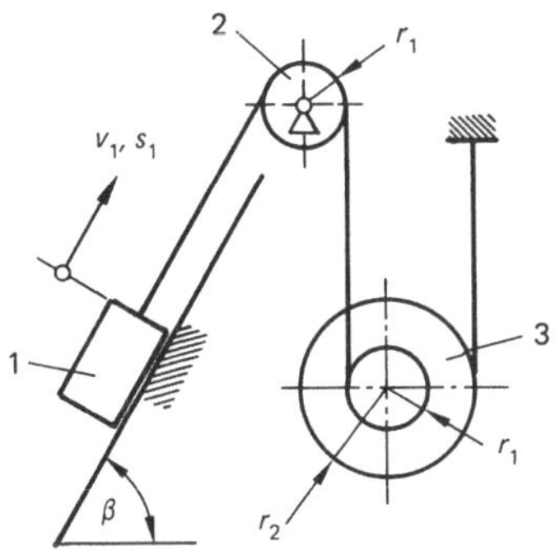


*Lösung:*

Durch Anwendung des Energiesatzes:

| | $E$ | $U_h$ | $W_N$ |
|---|---|---|---|
| 0 | 0 | $G_3 \cdot h_3$ | $-F_{R1} \cdot s_1$ |
| 1 | $\frac{m_1}{2} v_1^2 + \frac{J_2}{2} \omega_2^2 + \frac{m_3}{2} v_{S3}^2 + \frac{J_3}{2} \omega_2^3$ | $G_1 \cdot h_1$ | |

$h_1 = s_1 \cdot \sin\beta; \quad F_{R1} = \mu \cdot G_1 \cdot \cos\beta$

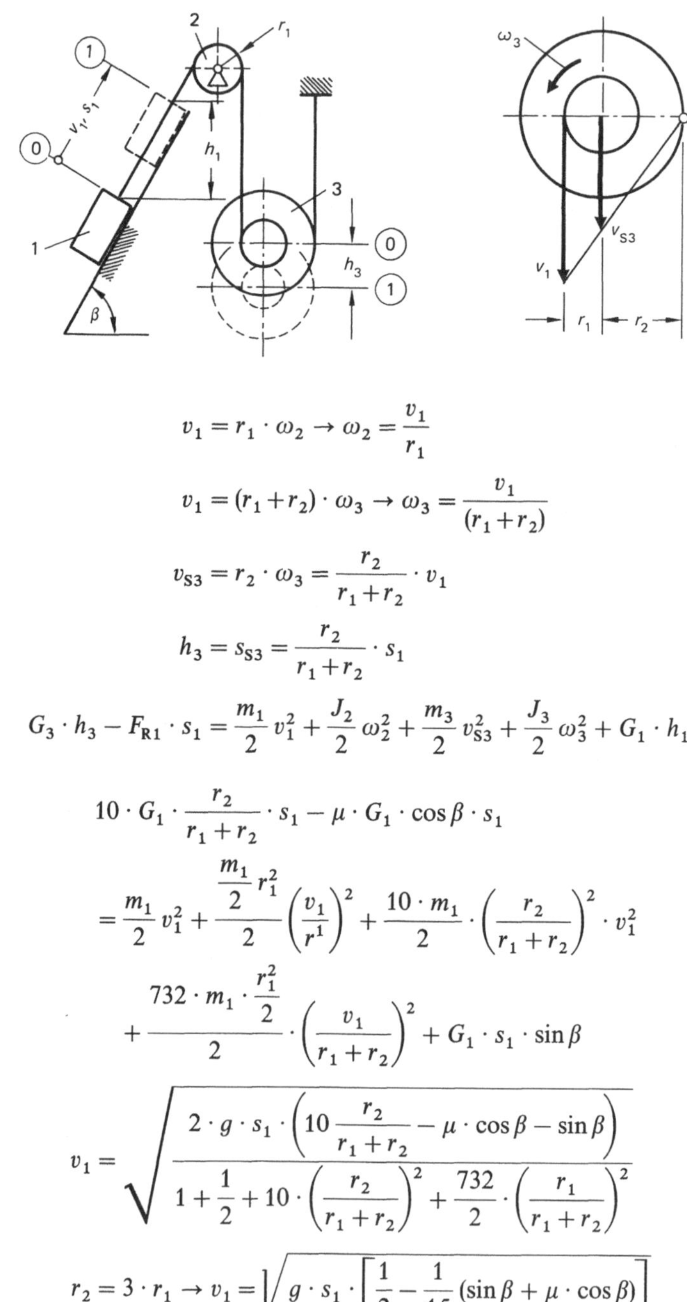


$$v_1 = r_1 \cdot \omega_2 \rightarrow \omega_2 = \frac{v_1}{r_1}$$

$$v_1 = (r_1 + r_2) \cdot \omega_3 \rightarrow \omega_3 = \frac{v_1}{(r_1 + r_2)}$$

$$v_{S3} = r_2 \cdot \omega_3 = \frac{r_2}{r_1 + r_2} \cdot v_1$$

$$h_3 = s_{S3} = \frac{r_2}{r_1 + r_2} \cdot s_1$$

$$G_3 \cdot h_3 - F_{R1} \cdot s_1 = \frac{m_1}{2} v_1^2 + \frac{J_2}{2} \omega_2^2 + \frac{m_3}{2} v_{S3}^2 + \frac{J_3}{2} \omega_3^2 + G_1 \cdot h_1$$

$$10 \cdot G_1 \cdot \frac{r_2}{r_1 + r_2} \cdot s_1 - \mu \cdot G_1 \cdot \cos\beta \cdot s_1$$

$$= \frac{m_1}{2} v_1^2 + \frac{\frac{m_1}{2} r_1^2}{2} \left(\frac{v_1}{r^1}\right)^2 + \frac{10 \cdot m_1}{2} \cdot \left(\frac{r_2}{r_1 + r_2}\right)^2 \cdot v_1^2$$

$$+ \frac{732 \cdot m_1 \cdot \frac{r_1^2}{2}}{2} \cdot \left(\frac{v_1}{r_1 + r_2}\right)^2 + G_1 \cdot s_1 \cdot \sin\beta$$

$$v_1 = \sqrt{\frac{2 \cdot g \cdot s_1 \cdot \left(10 \frac{r_2}{r_1 + r_2} - \mu \cdot \cos\beta - \sin\beta\right)}{1 + \frac{1}{2} + 10 \cdot \left(\frac{r_2}{r_1 + r_2}\right)^2 + \frac{732}{2} \cdot \left(\frac{r_1}{r_1 + r_2}\right)^2}}$$

mit $$r_2 = 3 \cdot r_1 \rightarrow v_1 = \sqrt{g \cdot s_1 \cdot \left[\frac{1}{2} - \frac{1}{15} (\sin\beta + \mu \cdot \cos\beta)\right]}$$

**1007** Der Balken 2 wird aus der Ruhe auf die rotierende *Scheibe* 1 abgelassen, die ihn beschleunigt, bis im Berührpunkt P Umfangsgeschwindigkeit $v_1(t)$ und Balkengeschwindigkeit $v_2(t)$ gleich $v_e$ sind.

Ursache der Beschleunigung ist die Gleitreibung zwischen Balken und Scheibe. Wegen des Reaktionsaxioms (actio = reactio) braucht der Reibungsfaktor nicht gegeben zu sein.

Gesucht sind $v_e$ und der Wirkungsgrad $\eta$, der definiert sei als

$$\eta = \frac{\text{kinetische Energie am Ende}}{\text{kinetische Energie am Anfang}}$$

$v_0 = 10\ \text{m/s};\ R = 600\ \text{mm};\ m_2 = 100\ \text{kg};\ J_1 = 144\ \text{kg m}^2$

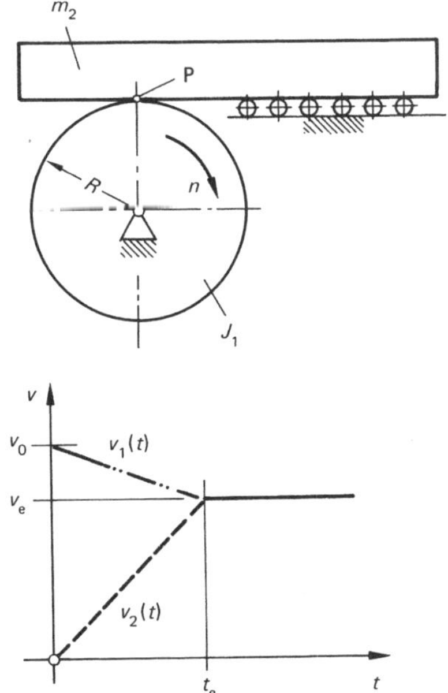


*Lösung:*

Nach dem Prinzip von D'Alembert werden die benötigten Gleichgewichtsbedingungen aufgestellt:

$$\sum F_{\text{waagerecht}} = 0 \rightarrow F_r = m_2 \cdot a_2$$
$$\sum M_{(A)} = 0 \qquad \rightarrow R \cdot F_r = J_1 \cdot \alpha_1$$

$$J_1 \cdot \frac{\alpha_1}{R} = m_2 \cdot a_2$$

kinematische Bedingungen:

$$\alpha_1 = \frac{\omega_0 - \omega_e}{t_e}; \quad a_2 = \frac{v_e}{t_e}; \quad \omega_0 = \frac{v_0}{R}; \quad \omega_e = \frac{v_e}{R}$$

Nach Einsetzen wird

$$v_e = \frac{J_1}{J_1 + m_2 \cdot R^2} \cdot v_0 = 8 \text{ m/s}$$

$$\eta = \frac{E_e}{E_0} = \frac{\frac{1}{2} \cdot J_1 \cdot \omega_e^2 + \frac{1}{2} \cdot m_2 \cdot v_e^2}{\frac{1}{2} \cdot J_1 \cdot \omega_0^2} = \frac{J_1}{J_1 + m_2 \cdot R^2} = 0{,}8$$

**1008** Ein *Spielzeugauto* mit Schwungradantrieb verläßt die Hand mit der Anfangs-Geschwindigkeit $v_0$. Wie weit ($s_a$) darf es zu Beginn höchstens von der Schräge entfernt sein, wenn es im Punkt (1) noch die Geschwindigkeit $v_1$ haben soll?

Zur Vereinfachung der Rechnung soll mit folgenden Voraussetzungen gearbeitet werden:

- Die Räder rollen überall von Anfang an ohne durchzurutschen. Ihr Massenträgheitsmoment ist im Vergleich zum Rotor gering und wird vernachlässigt.
- Verluste durch innere Reibung und Rollwiderstand werden durch die Fahrwiderstandszahl $\mu_F$ erfaßt.
- Im Verhältnis zur Bahn sind die Abmessungen des Autos so gering, daß es als Massenpunkt aufgefaßt werden kann.

Masse des Autos $m = 200$ g; Massenträgheitsmoment des Schwungrades $J = 9$ kgmm$^2$; Übersetzung $i = \omega_{\text{Schwungrad}}/\omega_{\text{Rad}} = 3$; Radradius $r = 10$ mm; $v_0 = 2$ m/s; $v_1 = 0{,}5$ m/s; $h_1 = 0{,}5$ m; $\mu_F = 0{,}15$; $\alpha = 15°$; Erdbeschleunigung $g = 9{,}81$ m/s$^2$.

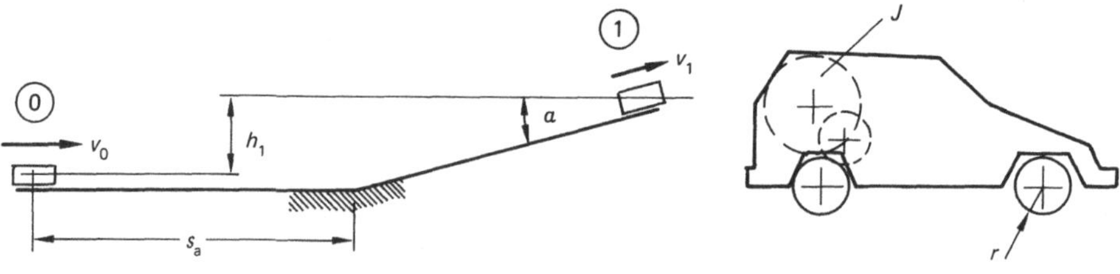


*Lösung:*

| | $E$ | $U_h$ | $W_N$ |
|---|---|---|---|
| 0 | $\frac{m}{2} \cdot v_0^2 + \frac{J}{2} \cdot \omega_0^2$ | – | $-\int_0^{s_a} \mu_F \cdot G \cdot ds - \int_{s_a}^{s_1} \mu_F \cdot G \cdot \cos\alpha \cdot ds$ |
| 1 | $\frac{m}{2} \cdot v_1^2 + \frac{J}{2} \cdot \omega_1^2$ | $G \cdot h_1$ | |

$$\frac{m}{2} \cdot v_0^2 + \frac{J}{2} \cdot \omega_0^2 - W_N = \frac{m}{2} \cdot v_1^2 + \frac{J}{2} \cdot \omega_1^2 + G \cdot h_1$$

$$W_N = -\int_0^{s_a} \mu_F \cdot G \cdot ds - \int_{s_a}^{s_1} \mu_F \cdot G \cdot \cos\alpha \cdot ds$$

$$= -\mu_F \cdot G \cdot \left[ s_a + \cos\alpha \cdot \frac{h_1}{\sin\alpha} \right] = -\mu_F \cdot G \cdot \left[ s_a + \frac{h_1}{\tan\alpha} \right]$$

$\omega_0 = i \cdot \frac{v_0}{r}$ entsprechend für $\omega_1$

$$\frac{m}{2} \cdot v_0^2 + \frac{J}{2} \cdot \omega_0^2 = \frac{m}{2} \cdot v_0^2 + \frac{J}{2} \cdot \left(\frac{i}{r}\right)^2 \cdot v_0^2$$

$$= \frac{1}{2} \cdot \left[ m + J \cdot \left(\frac{i}{r}\right)^2 \right] \cdot v_0^2 = \frac{1}{2} \cdot m_{\text{Ersatz}} \cdot v_0^2 \rightarrow m_{\text{Ersatz}} = m + J \cdot \left(\frac{i}{r}\right)^2$$

$$\frac{m}{2} \cdot v_0^2 + \frac{J}{2} \cdot \omega_0^2 - \mu_F \cdot m \cdot g \cdot \left[ s_a + \frac{h_1}{\tan\alpha} \right] = \frac{m}{2} \cdot v_1^2 + \frac{J}{2} \cdot \omega_1^2 + m \cdot g \cdot h_1$$

$$\frac{1}{2} \cdot m_{\text{Ersatz}} \cdot (v_0^2 - v_1^2) - \left[ \mu_F \cdot m \cdot g \cdot \frac{h_1}{\tan\alpha} + m \cdot g \cdot h_1 \right] = \mu_F \cdot m \cdot g \cdot s_a$$

$$s_a = \frac{1}{2} \cdot \frac{m_{\text{Ersatz}}}{m} \cdot \frac{(v_0^2 - v_1^2)}{\mu_F \cdot g} - h_1 \cdot \left[ \frac{1}{\tan\alpha} + \frac{1}{\mu_F} \right] = 1{,}235 \text{ m}$$

**1009** Eine *Kreisscheibe konstanter Dicke* liegt wie skizziert in einer Schlaufe des Fadens von vernachlässigbar kleiner Masse. Beide Fadenenden sind am Fundament fixiert. Im Faden befindet sich eine Feder der Steifigkeit $c$, so daß die Masse Schwingungen im Schwerefeld ausführen kann. Es ist die Eigenkreisfrequenz solcher kleinen Schwingungen zu bestimmen.

*Ergebnis:* $\omega_0 = \sqrt{\frac{8 \cdot c}{3 \cdot m}}$

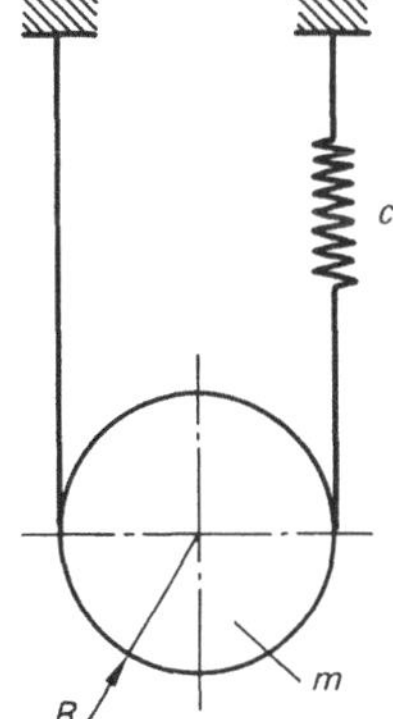


**1010** Eine Rolle der Masse $m_1$ (Scheibe konstanter Dicke vom Radius $R$) ist wie skizziert federnd aufgehängt und mit einem Seil vernachlässigbar kleiner Masse umlegt, an dessen freiem Ende die Masse $m_2$ hängt. Welche Eigenkreisfrequenz weist das schwingfähige Gebilde auf?

*Ergebnis:*

$$\omega_0 = \sqrt{\frac{c}{\frac{3}{2} m_1 + 4 \cdot m_2}}$$

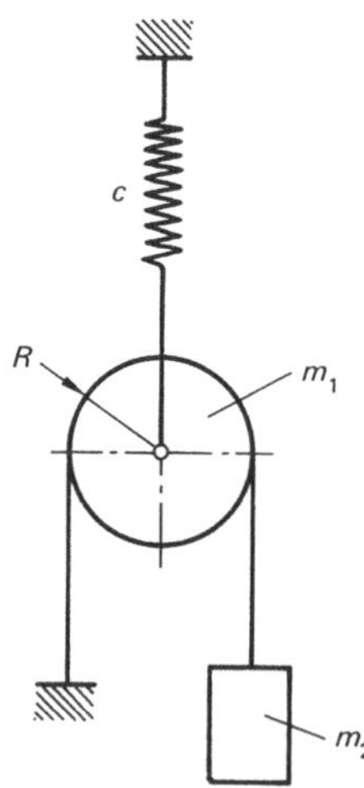


**1011** Um den Radzapfen vom Radius $r = 0{,}25$ m eines Rades mit dem äußeren Radius $R = 0{,}5$ m (Massenträgheitsmoment des Rades: $J_S = 3$ kg m$^2$, Masse $m = 40$ kg) ist ein Faden geschlungen, der gegen die Horizontale um $\alpha = 40°$ geneigt ist und an dessen Ende die Zugkraft $F$ wirkt. Reibkoeffizient: $\mu = 0{,}35$; der Einfachheit halber hier: $\mu_0 = \mu$.

a) Bei welcher Fadenkraft $F_{kr}$ tritt Schlupf zwischen Rad und Bahn auf?

b) Es sind die Bahnbeschleunigung $a_S$ des Rades und die Winkelbeschleunigung $\ddot{\varphi}$ der Scheibe für diesen Bewegungszustand zu bestimmen.

c) Welche Größen $a_S$ und $\ddot{\varphi}$ liegen vor bei einer Fadenzugkraft von $0{,}8 \cdot F_{kr}$?

d) Für $F = F_{kr}$ und $F = 0{,}8 \cdot F_{kr}$ ist nachzuweisen, daß der Berührpunkt P zwischen Rad und Bahn in Ruhe ist ($a_P = 0$).

e) Für $F = 1{,}2 \cdot F_{kr}$ sind $a_S$ und $\ddot{\varphi}$ zu berechnen.

f) Welche Beschleunigung $a_P$ erfährt dann der Berührpunkt?

g) Für $F = 1{,}5 \cdot F_{kr}$ sind die Werte für $a_S$, $\ddot{\varphi}$ und $a_P$ zu berechnen.

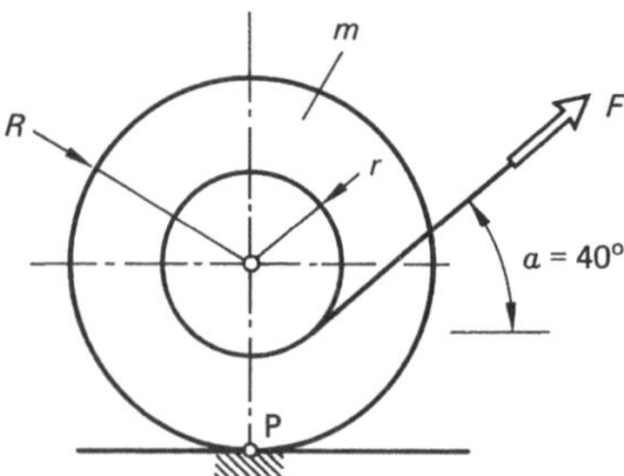


*Ergebnisse:*

allgemein:

$$F_{kr} = \frac{\mu_0 \cdot g \cdot \left(mR + \frac{J_S}{R}\right)}{\frac{J_S}{mR}(\cos\alpha + \mu_0 \cdot \sin\alpha) + r + \mu_0 R \cdot \sin\alpha}$$

$$F < F_{kr}: \quad a_S = \frac{F(R\cos\alpha - r)}{mR + \frac{J_S}{R}}; \quad \ddot{\varphi} = \frac{a_S}{R}$$

$$F > F_{kr}: \quad a_S = \frac{F}{m}(\cos\alpha + \mu \cdot \sin\alpha) - \mu \cdot g$$

$$\ddot{\varphi} = \frac{1}{J_S} \cdot (R\,\mu(mg - F \cdot \sin\alpha) - F \cdot r)$$

a) $F_{kr} = 174{,}65\ \mathrm{N}$

b) $a_S = +0{,}89355\ \mathrm{m/s^2}; \quad \ddot{\varphi} = +1{,}78708\ \mathrm{s^{-2}}$

c) $a_S = +0{,}71484\ \mathrm{m/s^2}; \quad \ddot{\varphi} = +1{,}42968\ \mathrm{s^{-2}}$

d) Aus $a_P = a_S - \ddot{\varphi} \cdot R$ folgt: $a_P = 0$

e) $a_S = +1{,}75895\ \mathrm{m/s^2}; \quad \ddot{\varphi} = -2{,}4334\ \mathrm{s^{-2}}$

f) $u_P = +0{,}54225\ \mathrm{m/s^2}$

g) $a_S = +3{,}05706\ \mathrm{m/s^2}; \quad \ddot{\varphi} = -8{,}76425\ \mathrm{s^{-2}}; \quad a_P = -1{,}32506\ \mathrm{m/s^2}$

**1012** Eine Scheibe der Masse $m = 40$ kg und dem Massenträgheitsmoment $J_S = 3$ kg m$^2$ ($r = 0{,}25$ m, $R = 0{,}5$ m) liegt auf schiefer Ebene und wird durch den auf dem Zapfen aufgespulten Faden gehalten. Die Haftreibungszahl ist 0,35. Bei welchem Grenzwinkel $\alpha$ wird die Scheibe gerade noch gehalten?

*Ergebnis:* $\alpha = 46{,}4°$

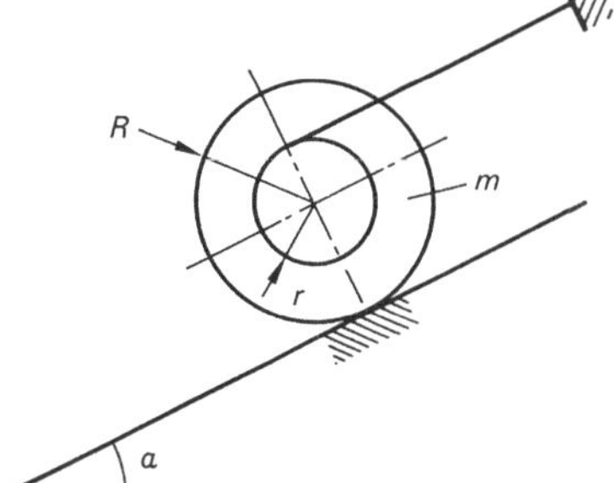


**1013** Der um den Zapfen mit $r = 0{,}4$ m gelegte und aufgespulte Faden ist am freien Ende fixiert; in den am äußeren Scheibenumfang vom Radius $R = 0{,}55$ m aufgewickelten Faden ist wie skizziert eine Feder der Steifigkeit $c = 16$ N/dm eingesetzt. Es ist die Eigenkreisfrequenz kleiner Schwingungen im Schwerefeld für die Daten $m = 6$ kg und das Massenträgheitsmoment $J_S = 1{,}1$ kg m$^2$ zu berechnen.

*Ergebnis:* $\omega_0 = 8{,}372\ \mathrm{s^{-1}}$

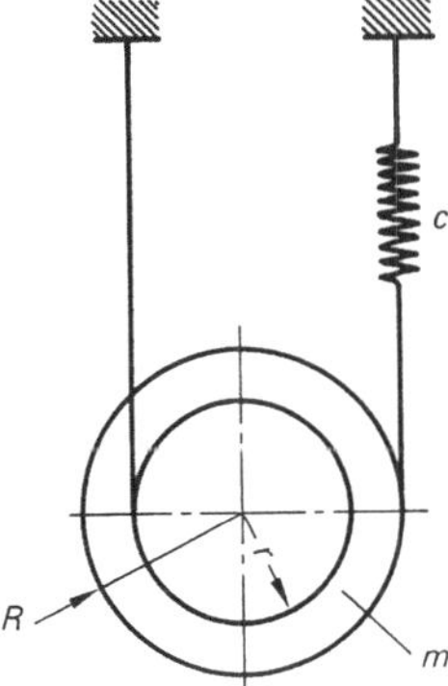

**1014** Eine *Kreisscheibe konstanter Dicke* von der Masse $m = 2{,}9$ kg mit dem Radius $r = 16$ cm führt hin- und hergehende Abrollbewegungen auf der Bahn mit dem Krümmungsradius $R = 0{,}4$ m aus. Die Schwingungszeit ist zu berechnen. Es liegt stets Rollen vor, also schlupflose Bewegung.

*Ergebnis:* $T = 1{,}204$ s

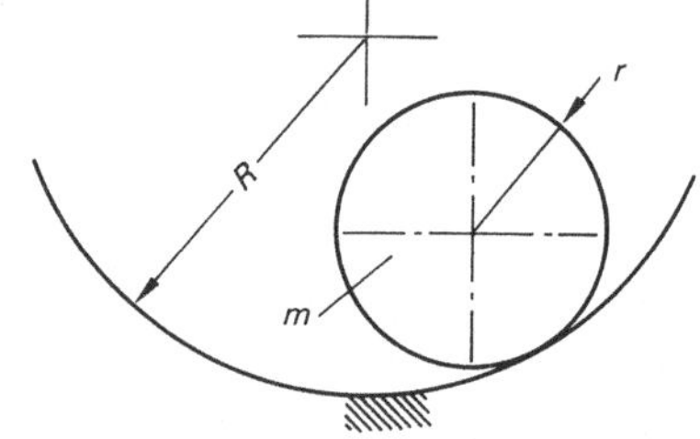


**1015** Um den Zapfen eines Rotors ($r = 35$ mm) der Masse 2 kg vom Massenträgheitsmoment $J_S = 0{,}8$ kg m$^2$ ist ein Faden geschlungen, an dessen freiem Ende die Kraft $F$ so ziehen soll, daß der Rotorschwerpunkt stets auf gleicher Höhe bleibt.

a) Welche Kraft $F$ garantiert diese Forderung?

b) Nach welchem Geschwindigkeits-Zeit-Gesetz muß das Fadenende aufwärts bewegt werden?

*Ergebnisse:*

a) $F = m \cdot g = 19{,}62$ N;

b) $v(t) = \dfrac{m \cdot g \cdot r^2}{J_S} \cdot t = 0{,}03 \dfrac{\text{m}}{\text{s}^2} \cdot t$

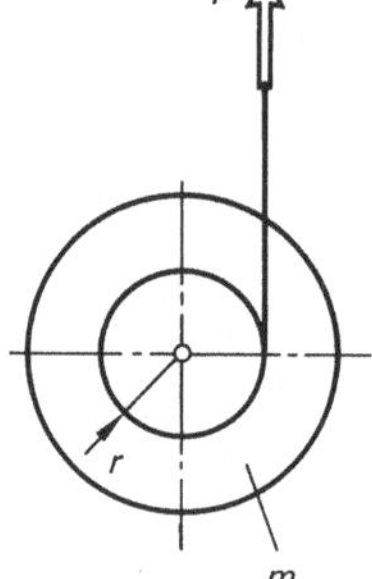


**1016** Eine *Kreisscheibe konstanter Dicke* der Masse $m = 0{,}5$ kg und vom Radius $R = 40$ mm dreht vor dem Auftreffen nach freiem Fall auf den rauhen Boden (Gleitreibungskoeffizient 0,08) mit der Drehzahl 4000 min$^{-1}$.

a) Nach welcher Zeit ist die Mischbewegung aus Translation und Rotation in reines Rollen übergegangen?

b) Welche Geschwindigkeit besitzt die rollende Scheibe dann?

c) Welchen Bahnweg hat sie dann zurückgelegt?

*Ergebnisse:*

a) $t = 7{,}116$ s;

b) $v = 5{,}585$ m/s;

c) $s = 19{,}873$ m

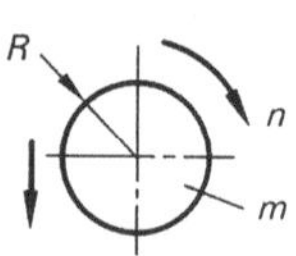

**1017** Eine Kugel vom Gewicht 50 N und 107 mm Durchmesser wird ohne Anfangsgeschwindigkeit auf ein mit $v = 2$ m/s „laufendes“ Band gesetzt. Die Gleitreibungszahl ist 0,15.

a) Nach welcher Zeit ist der Schlupf zwischen Kugel und Band überwunden?

b) Wie groß ist dann die Geschwindigkeit der Kugel?

c) Wie groß ist in diesem Augenblick die Drehzahl der Kugel?

d) Wann fällt die Kugel am 6 m von der Aufsetzstelle entfernten Bandende vom Band?

*Lösungshinweis:* Eine D'Alembertsche Überlegung liefert für die Schwerpunktsbeschleunigung und die Winkelbeschleunigung die konstanten Ausdrücke

$$\ddot{x} = \mu \cdot g \quad \text{und} \quad \ddot{\varphi} = \frac{\mu \cdot m \cdot g \cdot r}{J_S}.$$

Die Integration über $t$ führt zu den Gesetzen $\dot{x}(t)$ und $\dot{\varphi}(t)$. Schlupf ist überwunden, wenn der Berührpunkt der Kugel die Bandgeschwindigkeit besitzt.

*Ergebnisse:*

a) $t_1 = 0{,}3883$ s;

b) $v = 0{,}5714$ m/s;

c) $n = 254{,}99\ \text{min}^{-1}$;

d) $t_2 = 10{,}69$ s

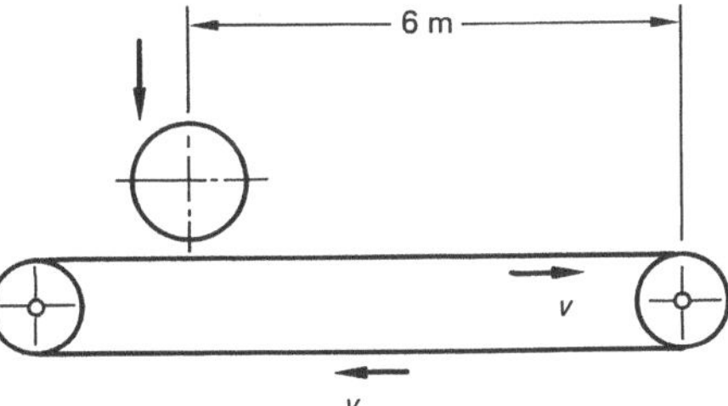


**1018** Eine zylindrische *Walze* der Masse $m = 200$ kg (als Scheibe konstanter Dicke zu behandeln) hat den Radius $R = 300$ mm. Am freien Ende der im Walzenmittelpunkt unter 30° Neigung gegen die Horizontale gelenkig angeschlossenen Stange von vernachlässigbar kleiner Masse wirkt die Druckkraft $F = 200$ N.

a) Welche Bahnbeschleunigung erfährt die Walze?

b) Wie lange dauert es, bis die Schrittgeschwindigkeit von 5 km/h erreicht ist?

c) Welcher Reibkoeffizient zwischen Walze und Bahn garantiert reines Rollen (Schlupffreiheit)?

*Ergebnisse:*

a) $a = 0{,}5249\ \text{m/s}^2$;

b) $t = 2{,}65$ s;

c) $\mu_0 > 0{,}0256$

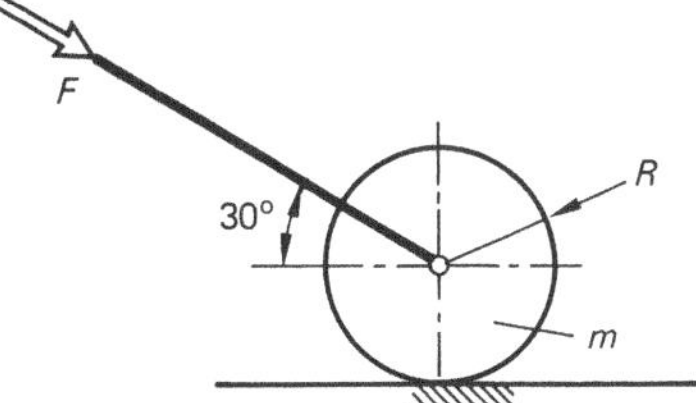


**1019** An einem *Flaschenzug,* der zur besseren Übersicht auseinandergeklappt dargestellt ist, sind die Beschleunigungen beider Gewichte gesucht. Die Rollen sollen reibungsfrei gelagert angenommen werden. Die Gewichtskraft der losen Rolle ist in $G_2$ enthalten.

Man beachte, daß die Seilkräfte nicht überall gleich sind, da die träge Masse der Rollen berücksichtigt werden soll.

Gegeben: $G_1 = 9\,\text{kN}$; $G_2 = 1{,}8\,\text{kN}$; $J = 5\,\text{kg}\,\text{m}^2$; $r = 200\,\text{mm}$; $g = 9{,}81\,\text{m/s}^2$

*Ergebnisse:*

$$a_1 = \frac{G_1 - \dfrac{G_2}{2}}{G_1 + \dfrac{G_2}{4} + \dfrac{5}{4} \cdot g \cdot \dfrac{J}{r^2}} = 7{,}235\,\text{m/s}^2;$$

$$a_2 = -\frac{a_1}{2}$$

**1020** Bei einem Frontalzusammenstoß an einer Steigung löst sich vom aufwärts fahrenden Fahrzeug ein Rad. Es wird 50 m oberhalb der Unfallstelle gefunden.

Wie groß war die Geschwindigkeit des Fahrzeugs in dem Moment, als sich das Rad löste?

Gehen Sie von der Annahme aus, daß die Bewegung des Rades als reines Rollen stattfand.

Rollwiderstand $\mu_r = 0{,}015$; Steigungswinkel $\beta = 6°$; Erdbeschleunigung $g = 9{,}81\,\text{m/s}^2$;

Werte des Rades: Durchmesser $D = 0{,}5\,\text{m}$; Masse $m = 5\,\text{kg}$; Massenträgheitsmoment $J = 0{,}6\,\text{kg}\,\text{m}^2$

*Ergebnis:* $v_0 = \sqrt{2 \cdot g \cdot s_1 \cdot \dfrac{\sin\beta + \mu_r \cdot \cos\beta}{1 + (4 \cdot J)/(m \cdot D^2)}} = 6{,}33\,\dfrac{\text{m}}{\text{s}} = 22{,}8\,\dfrac{\text{km}}{\text{h}}$

**1021** Eine *Walze* (Vollzylinder) wird aus der Ruhelage durch eine um $f$ vorgespannte Feder beschleunigt. Welche Schwerpunkt-Geschwindigkeit $v_{SE}$ hat die Walze, wenn sie die Höhe $H$ erreicht hat? Auf dem gesamten Weg ist Rollwiderstand vorhanden, zu erfassen über den Rollwiderstandsfaktor $\mu_r$. Es liegt reines Rollen vor.

$L = 0{,}5\,\text{m}$; $H = 30\,\text{mm}$; $r = 100\,\text{mm}$; $\beta = 10°$; $m = 100\,\text{kg}$; $g = 9{,}81\,\text{m/s}^2$; $\mu_r = 0{,}01$; Federkonstante $c = 2500\,\text{N/m}$; Federweg $f = 0{,}2\,\text{m}$

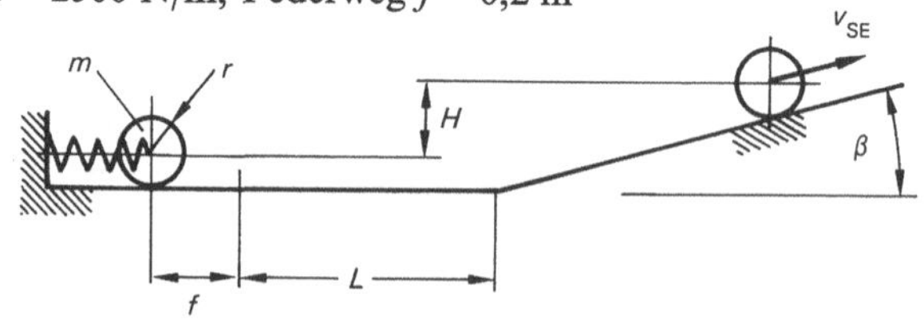


*Ergebnis:* $v_{SE} = \sqrt{\dfrac{4}{3} \cdot \left\{\dfrac{c \cdot f^2}{2 \cdot m} - g \cdot \left[H + \mu_r \cdot \left(L + f + \dfrac{H}{\tan\beta}\right)\right]\right\}} \cong 0{,}4\,\text{m/s}$

**1022** Der *Vollzylinder* hat zu Beginn eine Schwerpunkt-Geschwindigkeit $v_{S0}$ hangaufwärts. Reines Rollen ohne Rutschen sei vorausgesetzt.

a) Wie groß ist die Geschwindigkeit $v_{S1}$ an der Stelle 1?

b) Wie ändern sich die Verhältnisse, wenn $v_{S0}$ halbiert wird?

*Hinweis:* Der Rollenwiderstand kann mit dem Rollwiderstandsfaktor $\mu_r$ angesetzt werden wie Gleitreibung, d.h. Widerstandskraft $F_{roll} = \mu_r \cdot N$.

Gegeben: $L_0 = 2$ m; $L_1 = 1$ m; $\mu_r = 0{,}05$; $v_{S0} = 2$ m/s; $g = 9{,}81$ m/s$^2$; Vollzylinder $J_S = m \cdot R^2/2$.

Größen ohne Zahlenwert sind Hilfsgrößen für die Rechnung.

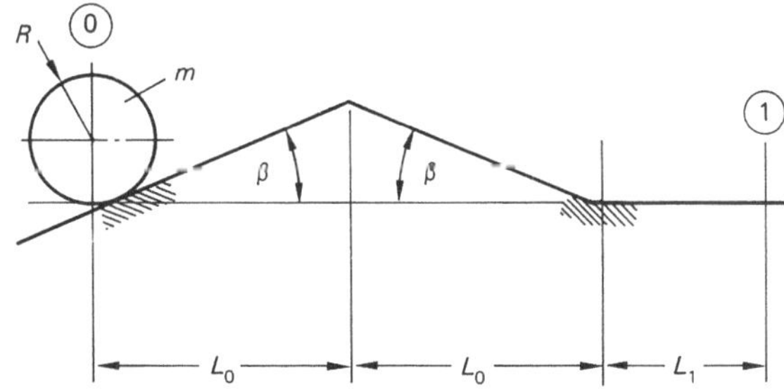


*Ergebnis:* $v_{S1} = \sqrt{v_{S0}^2 - \frac{4}{3}\mu_r \cdot g \cdot (2L_0 + L_1)} = 0{,}854$ m/s

Wenn $v_{S0}$ halbiert wird ($v_{S0} = 1$ m/s), dann wird der Wert unter der Wurzel negativ, d.h., die kinetische Energie zu Beginn ist kleiner als die Verlustarbeit $W_N$. Eine Nachprüfung ergibt $E_0 < W_N$ (nur hangaufwärts); die Rolle kommt erst gar nicht den Berg hinauf.

**1023** Das skizzierte System wird aus dem Ruhezustand sich selbst überlassen. Welche Geschwindigkeit $v_1$ (Betrag und Richtung) hat Körper 1 nach Durchlaufen des Weges $\Delta s_1$?

$\Delta s_1 = 5$ m; $\alpha_1 = 27°$; $\alpha_2 = 59°$; $g = 10$ m/s$^2$; $m_1 = m_2$

Körper 2 ist ein Vollzylinder. Die Umlenkrolle ist masselos, Gleitreibung und Rollwiderstand werden vernachlässigt. Die Haftreibung ermöglicht reines Rollen.

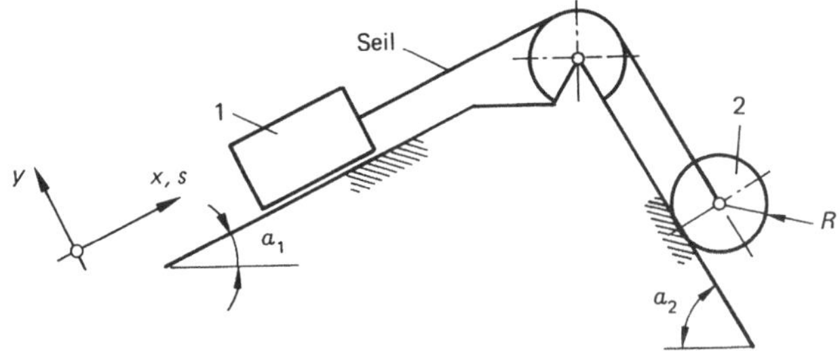


*Ergebnis:*

$$v_1 = \sqrt{\frac{4}{5} \cdot g \cdot \Delta s_1 \cdot (\sin\alpha_2 - \sin\alpha_1)} \cong 4 \text{ m/s}$$

**1024** Ein System, bestehend aus Körper 1 (Gleitreibzahl $\mu = 0{,}1$), stationärer Seilrolle 2 (Massenträgheitsmoment $J_{S2}$) und rollender Seiltrommel (Massenträgheitsmoment $J_{S3}$), bewegt sich aus der Ruhelage. Außer an Körper 1 sollen keine Bewegungswiderstände berücksichtigt werden. Wie groß ist die Geschwindigkeit $v_1$ des Körpers 1 nach Zurücklegen eines Weges $s_1$?

$s_1 = 100$ mm; $R = 2 \cdot r$; $m_1 = 4 \cdot m_2$; $m_3 = 4 \cdot m_1$; $\beta = 15°$; $J_{S2} = 0{,}5 \cdot m_2 \cdot R_2^2$; $J_{S3} = 0{,}5 \cdot m_3 \cdot (1/20 \cdot R^2 + r^2)$; $g = 9{,}81$ m/s²

*Ergebnis:*

$v_1 = 0{,}6$ m/s

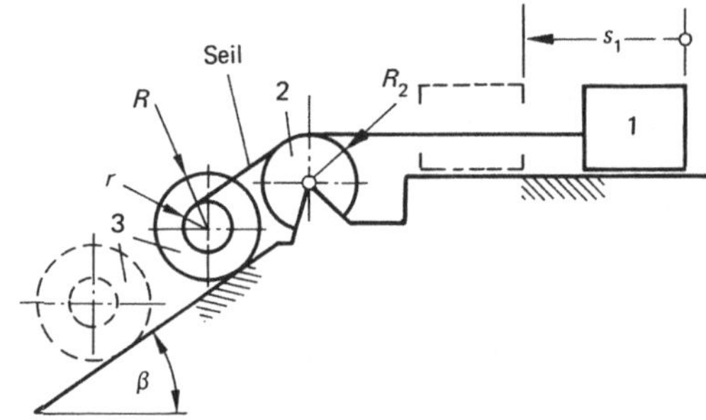


**1025** Welcher Rollwiderstandsfaktor $\mu_r$ liegt vor, wenn die Walze aus dem Ruhezustand nach Durchrollen von 1 m die Schwerpunktgeschwindigkeit von 1 m/s erreicht? Lagerreibung wird vernachlässigt, Trommel und Walze sind gleiche Vollzylinder.

$g = 9{,}81$ m/s²; $\beta = 10°$

*Ergebnis:*

$\mu_r = 0{,}073$

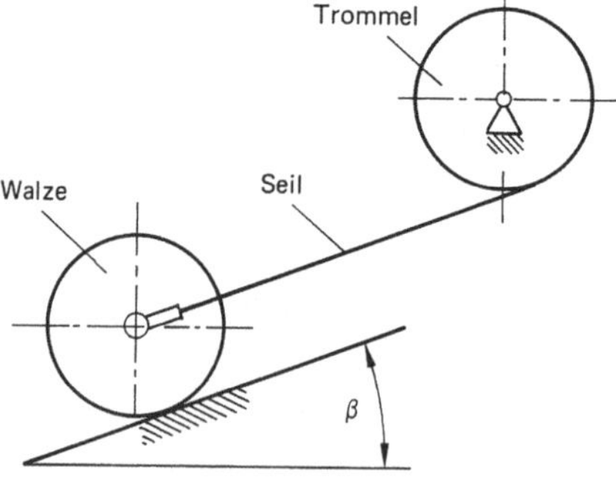


## 11 Freie, ungedämpfte Schwingungen einer Masse

**1101** Wie lautet die *Differentialgleichung des Einmassenschwingers*?

*Antwort:*

Für Translationsbewegungen lautet die Differentialgleichung:

$$0 = m \cdot \ddot{x} + c \cdot x$$

Darin ist $m$ die schwingende Masse und $c$ die Federkonstante des mit der Masse gekoppelten elastischen Gliedes, das selbst als masselos anzusehen ist. Für Drehbewegungen der Masse lautet die Differentialgleichung analog:

$$0 = J \cdot \ddot{\varphi} + M(\varphi)$$

Darin ist $J$ das Massenträgheitsmoment des Rotors in bezug auf die feste Drehachse, $J \cdot \ddot{\varphi}$ ist das resultierende Moment aller tangentialen Trägheitskräfte. $M(\varphi)$ ist das resultierende Moment der auf den Schwinger einwirkenden Kräfte bei Drehung um den Winkel $\varphi$ aus der statischen Gleichgewichtslage. Dies können Momente aus Federkräften wie auch Momente aus Gewichtskräften sein. Beim physikalischen Pendel ist $M(\varphi)$ ausschließlich von der Gewichtskraft der Pendelmasse abhängig, bei einem im Schwerpunkt gelagerten Rotor ist $M(\varphi)$ ausschließlich von Federkräften abhängig.

**1102** Aus welcher Form der Differentialgleichung des Einmassenschwingers kann die *Eigenkreisfrequenz* unmittelbar abgelesen werden?

*Antwort:*

Formt man die Differentialgleichung des Einmassenschwingers so um, daß der Faktor vor der Beschleunigungsgröße ($\ddot{\varphi}$ oder $\ddot{x}$) 1 ist, so ist der Faktor vor der nicht abgeleiteten Größe ($\varphi$ oder $x$) stets das Quadrat der Eigenkreisfrequenz der Schwingungen:

$$0 = \ddot{\varphi} + \omega_0^2 \cdot \varphi\,; \quad 0 = \ddot{x} + \omega_0^2 \cdot x$$

**1103** Wie stellt man die *Differentialgleichung* für den Einmassenschwinger auf?

*Antwort:*

In der Gleichgewichtslage der Masse wird das Koordinatensystem eröffnet, also die positive Zählrichtung für $x$, $\dot{x}$ und $\ddot{x}$ bzw. $\varphi$, $\dot{\varphi}$, $\ddot{\varphi}$ definiert, unabhängig davon, ob diese Gleichgewichtslage der Masse für die Federn die entspannte Federlage ist oder ob sie schon um den statischen Federweg verspannt sind.

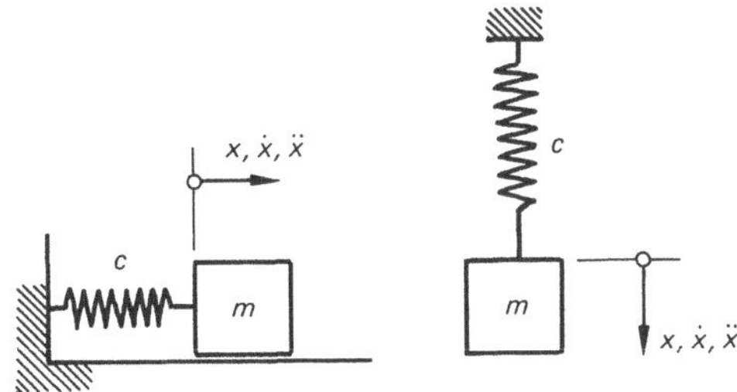


Man betrachtet dann die Masse in einer Stellung, die der positiven Auslenkung $x$ oder $\varphi$ entspricht, man „fotografiert" quasi das System in einer Nicht-Gleichgewichtslage positiver Koordinate. Nach dem D'Alembertschen Prinzip wird der positiven Beschleunigungsrichtung eine Trägheitsgröße entgegengesetzt ($m \cdot \ddot{x}$ bzw. $J \cdot \ddot{\varphi}$), und aus der Gleichgewichtsforderung

$$\sum F = 0 \quad \text{bzw.} \quad \sum M = 0$$

resultiert dann die Differentialgleichung, deren Lösung das Bewegungsgesetz $x(t)$ bzw. $\varphi(t)$ und mit den zeitlichen Ableitungen auch die Gesetze für Geschwindigkeit (Winkelgeschwindigkeit) und Beschleunigung (Winkelbeschleunigung) liefert.

**1104** Warum ist es ratsam, bei der Behandlung einer Schwingungsaufgabe der dynamischen Betrachtung stets eine statische Gleichgewichtsbetrachtung voranzustellen?

*Antwort:*

Die schon in der Gleichgewichtsgleichung für den Ruhezustand vorliegenden Summanden treten auch in der Dynamik-Gleichung (D'Alembertsche Gleichung) auf und heben sich hier zu null aus der Gleichung heraus. Es ist jedoch nicht so, daß alle statischen Größen a priori aus der Dynamik-Gleichung herausfallen. Dort, wo statische Größen, z. B. Teilgewichtskräfte, in der Statik-Gleichung keine Summanden liefern, weil kein Hebelarm vorhanden ist, können sie in der Dynamik-Gleichung verbleiben.

*Beispiel:*

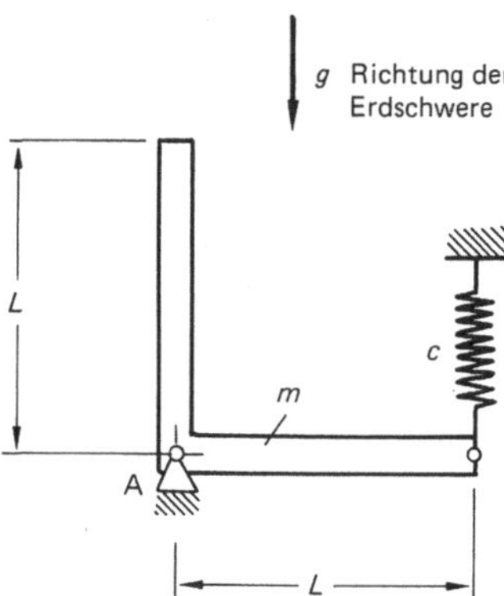


a) Statik: $\sum M_A = 0; \quad 0 = -\frac{1}{2} m \cdot g \cdot \frac{L}{2} + F_{st} \cdot L$

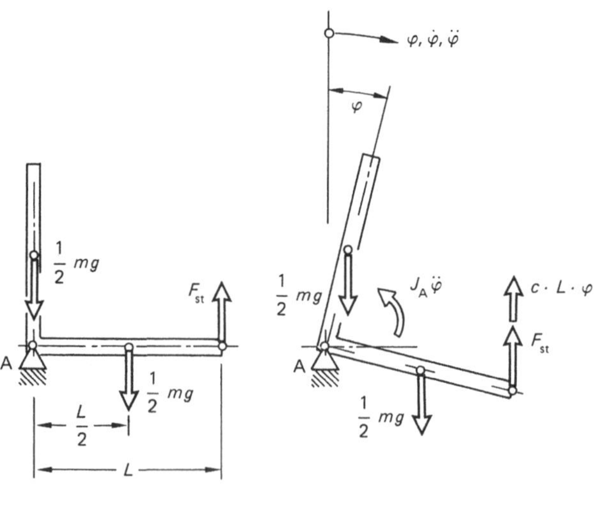


b) Dynamik: $\sum M_A = 0 = J_A \cdot \ddot{\varphi} + \underbrace{F_{st} \cdot L - \frac{1}{2} m \cdot g \frac{L}{2}}_{=0 \text{ (siehe Statik-Gleichung)}} + c \cdot L^2 \cdot \varphi - \frac{1}{2} m \cdot g \cdot \frac{L}{2} \varphi$

$$0 = J_A \cdot \ddot{\varphi} + \varphi \cdot \left(c \cdot L^2 - \frac{1}{4} m \cdot g \cdot L\right) = \ddot{\varphi} + \frac{1}{J_A} \cdot \left(c \cdot L^2 - \frac{1}{4} m \cdot g \cdot L\right) \cdot \varphi$$

$$\omega_0^2 = \frac{1}{J_A}\left(c \cdot L^2 - \frac{1}{4} m \cdot g \cdot L\right)$$

Obwohl der Summand $\frac{1}{4} m \cdot g \cdot L \cdot \varphi$ eine statische Größe betrifft, fällt er nicht aus der Dynamik-Gleichung heraus. Man kann sagen: alle Summanden der Statik-Gleichung fallen aus der Dynamik-Gleichung heraus.

**1105** Es ist die Eigenkreisfrequenz kleiner *Pendelschwingungen* einer am Ende reibungsfrei drehbar gelagerten Stange der Länge $L$ und der Masse $m$ zu bestimmen.

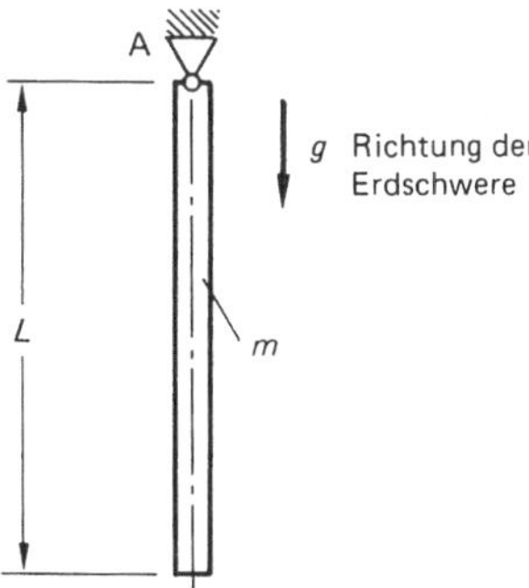


*Lösung:*

Wahl der positiven Richtung für die kinematischen Größen, hier $\varphi$, $\dot{\varphi}$, $\ddot{\varphi}$, weil Drehbewegung vorliegt; die Wahl ist willkürlich. Die Statik-Gleichung ist trivial: $0 = 0$.

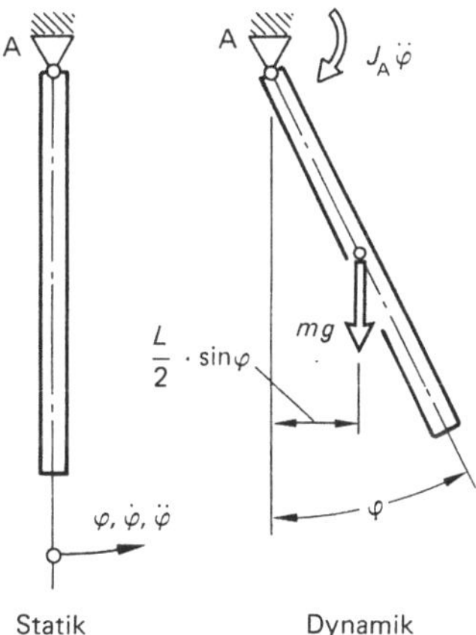


D'Alembert:

$$\sum M_A = 0; \quad 0 = -J_A \cdot \ddot{\varphi} - m \cdot g \cdot \frac{L}{2} \cdot \sin\varphi$$

Für kleine Winkel $\varphi$ gilt $\sin\varphi \approx \varphi$ und $\cos\varphi \approx 1$.

Damit lautet die umgeformte Differentialgleichung:

$$0 = \ddot{\varphi} + \frac{m \cdot g \cdot L}{2 \cdot J_A} \cdot \varphi$$

Der Faktor vor $\varphi$ ist gleich dem Quadrat der Eigenkreisfrequenz kleiner Schwingungen, – kleiner Schwingungen darum, weil wir $\sin\varphi \approx \varphi$ gesetzt haben.

$$\omega_0 = \sqrt{\frac{m \cdot g \cdot L}{2 \cdot J_A}}$$

Für die schlanke Stange gilt $J_A = \dfrac{m \cdot L^2}{3}$.

Damit endgültig die Eigenkreisfrequenz der Pendelschwingungen:

$$\omega_0 = \sqrt{\frac{3g}{2L}}$$

**1106** Es ist zu untersuchen, ob die *Feder-Masse-Kopplung* in der horizontalen Stellung der Stange (B) oder in der lotrecht hängenden Stellung (A) schneller oder langsamer schwingt.

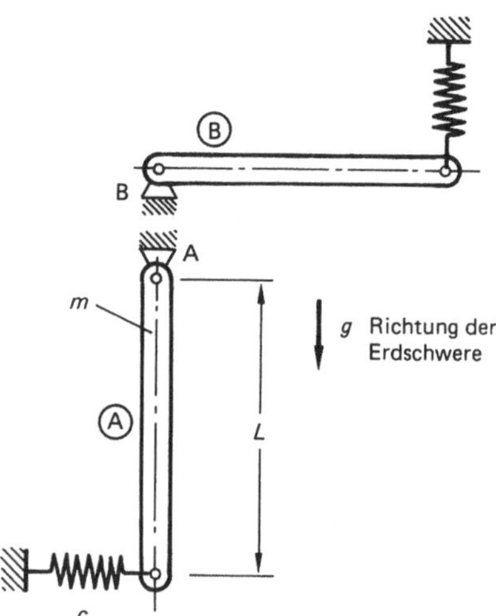


*Lösung:*

A: Statik: $\sum M_A = 0 \rightarrow$ trivial: $0 = 0$

Dynamik: D'Alembert $\sum M_A = 0$

$$0 = -J_A \cdot \ddot{\varphi} - mg \cdot \frac{L}{2} \cdot \sin\varphi - c \cdot L \cdot \sin\varphi \cdot L \cdot \cos\varphi$$

mit $\sin\varphi \approx \varphi$ und $\cos\varphi \approx 1$

$$0 = \ddot{\varphi} + \varphi \cdot \frac{\frac{1}{2} m g L + c L^2}{J_A}$$

Darin ist $J_A = \dfrac{1}{3} m L^2$.

Somit die Lösung:

$$\omega_{0_{(A)}} = \sqrt{3 \cdot \left( \frac{g}{2L} + \frac{c}{m} \right)}$$

B: Statik: $\sum M_B = 0$

$$0 = F_{st} \cdot L - mg \cdot \frac{L}{2}$$

Dynamik: D'Alembert $\sum M_B = 0$

$$0 = J_B \ddot{\varphi} + c L^2 \cdot \varphi + \underbrace{F_{st} \cdot L - mg \cdot \frac{L}{2}}_{= 0 \text{ (siehe Statik)}}$$

$$0 = \ddot{\varphi} + \varphi \cdot \frac{c L^2}{J_B}$$

*Lösung:*

$$\omega_{0_{(B)}} = \sqrt{\frac{3c}{m}} < \omega_{0_{(A)}}$$

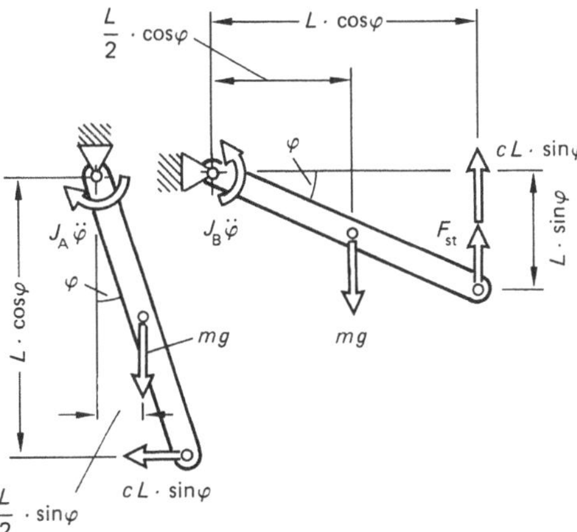


**1107** Ein Schwinger besteht aus der Masse $m = 400$ kg, einer Feder der Steifigkeit $c_1 =$ 417,9 N/cm und einem Biegebalken von 2 m Länge; das axiale Flächenmoment 2. Ordnung (Flächenträgheitsmoment) des Biegebalkens beträgt in bezug auf die beim Schwingen beanspruchte Biegeachse 2140 cm$^4$ (E-Modul des Balkenwerkstoffs 210 000 N/mm$^2$). Die Balkenmasse ist bei den Betrachtungen zu vernachlässigen.

a) Es sind die Eigenkreisfrequenz und die Schwingungsdauer der Schwingungen im Schwerefeld zu berechnen.

b) Beim Durchgang durch die statische Ruhelage hat die Masse die Geschwindigkeit $v_m = 1$ m/s. Wie groß ist die Schwingungsamplitude, und wie lautet die Bewegungsgleichung der freien, ungedämpften Schwingung, wenn zum Zeitpunkt $t = 0$ der Anstoß aus der Ruhelage erfolgt?

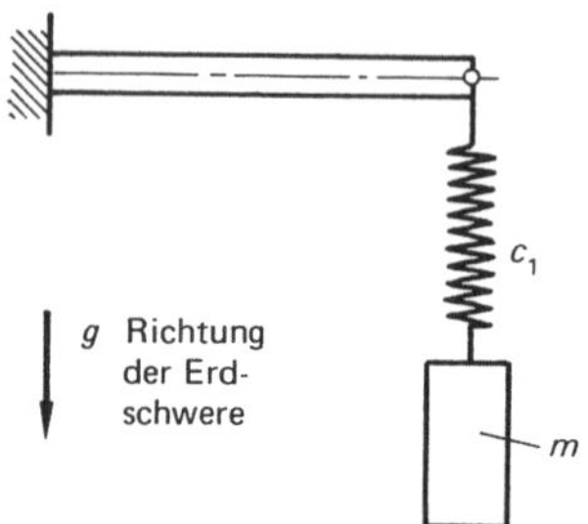


*Lösung:*

a) Es liegt Reihenschaltung der zwei Federn vor:

$$c = \frac{c_1 \cdot c_2}{c_1 + c_2}$$

Federsteifigkeit des Biegebalkens:

$$c_2 = \frac{3\,E\,I_a}{L^3}$$

$$c_2 = \frac{3 \cdot 210\,000\ \mathrm{N/mm^2} \cdot 2140 \cdot 10^4\ \mathrm{mm^4}}{(2000\ \mathrm{mm})^3} = 1685{,}25\ \mathrm{N/mm}$$

$$c = 40\,778{,}7877\ \mathrm{N/m}$$

Da Federweg gleich Masseweg, gilt:

$$\omega_0 = \sqrt{\frac{c}{m}} = \sqrt{\frac{40\,778{,}7877\ \mathrm{N/m}}{400\,\frac{\mathrm{N\,s^2}}{\mathrm{m}}}} = 10{,}097\ \mathrm{s^{-1}}$$

$$T = \frac{2\pi}{\omega_0} = 0{,}6223\ \mathrm{s}$$

b)
$$x(t) = C_1 \cdot \cos(\omega_0 \cdot t) + C_2 \cdot \sin(\omega_0 \cdot t)$$
$$\dot{x}(t) = -\,C_1 \cdot \omega_0 \cdot \sin(\omega_0 \cdot t) + C_2 \cdot \omega_0 \cdot \cos(\omega_0 \cdot t)$$

1. Randbedingung: $\dot{x}(t=0) = v_\mathrm{m}$

$$v_\mathrm{m} = -\,C_1 \cdot \omega_0 \cdot \sin(0) + C_2 \cdot \omega_0 \cdot \cos(0)$$

$$C_2 = \frac{v_\mathrm{m}}{\omega_0} = \frac{1\ \mathrm{m/s}}{10{,}097\ \mathrm{s^{-1}}} = 0{,}099\ \mathrm{m}$$

2. Randbedingung: $x(t=0) = 0$

$$0 = C_1 \cdot \cos(0) + C_2 \cdot \sin(0)$$
$$C_1 = 0$$

Damit:

$$x(t) = 0{,}099\ \mathrm{m} \cdot \sin\left(10{,}097\,\frac{1}{\mathrm{s}} \cdot t\right)$$

$$\dot{x}(t) = 1\ \text{m/s} \cdot \cos\left(10{,}097 \frac{1}{\text{s}} \cdot t\right)$$

Amplitude: $x_m = 0{,}099\ \text{m}$

**1108** Eine schwere *Kreisscheibe konstanter Dicke* hat die Masse $m = 2$ kg. Sie ist wie skizziert von einem Seil von vernachlässigbar kleiner Masse umschlungen, in das die Feder der Steifigkeit $c = 8$ N/cm eingesetzt ist. Es ist die Eigenkreisfrequenz kleiner Schwingungen zu bestimmen wie auch die Frequenz.

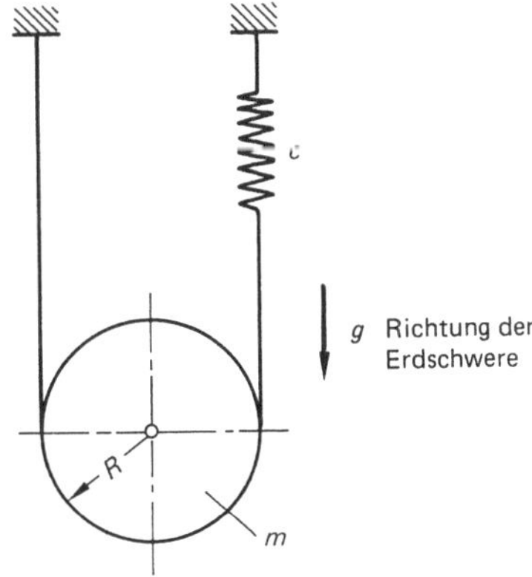


*Lösung:*

Die Scheibe vollführt eine ebene Bewegung mit translatorischem und rotatorischem Bewegungsanteil, so daß die D'Alembertschen Trägheitsgrößen in bezug auf Translation und Rotation um den Schwerpunkt anzusetzen sind. Koordinatenwahl: $x$, $\dot{x}$ und $\ddot{x}$ sind Schwerpunktskoordinaten, die damit verträglichen Drehkoordinaten sind $\varphi$, $\dot{\varphi}$ und $\ddot{\varphi}$:

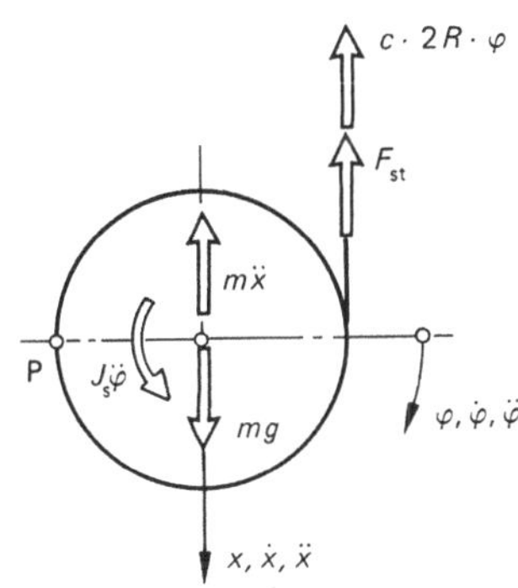


D'Alembert: $\sum M_P = 0$

$$0 = J_S \cdot \ddot{\varphi} + m \cdot \ddot{x} \cdot R + c \cdot (2R)^2 \cdot \varphi + \underbrace{F_{st} \cdot 2R - m \cdot g \cdot R}_{= 0\ \text{(Statik)}}$$

P ist Abrollpunkt (Momentanpol); damit gilt:

$$x = R \cdot \varphi; \quad \dot{x} = R \cdot \dot{\varphi}; \quad \ddot{x} = R \cdot \ddot{\varphi}$$

$$0 = \ddot{\varphi} \cdot \underbrace{(J_S + m \cdot R^2)}_{= J_P} + 4c \cdot R^2 \cdot \varphi$$

$$0 = \ddot{\varphi} + \frac{4c \cdot R^2}{J_P} \quad \text{mit } J_P = \frac{3}{2} m R^2$$

$$\omega_0 = \sqrt{\frac{8c}{3m}} = \sqrt{\frac{8 \cdot 800 \text{ N/m}}{3 \cdot 2 \text{ kg}}} = 32{,}66 \text{ s}^{-1}$$

$$T = \frac{2\pi}{\omega_0} = 0{,}1924 \text{ s}; \quad f = \frac{1}{T} = 5{,}2 \text{ Hz}$$

**1109** Die Eigenkreisfrequenz kleiner *Pendelschwingungen* von a) Rechteckscheibe, b) Kreisscheibe und c) Kreisring bei jeweils konstanter Scheibendicke ist zu berechnen.

*Ergebnisse:* a) $\omega_0^2 = g \cdot \dfrac{6 \cdot h}{4h^2 + b^2}$; b) $\omega_0^2 = \dfrac{2 \cdot g}{3 \cdot R}$; c) $\omega_0^2 \cong \dfrac{g}{2 \cdot R_m}$

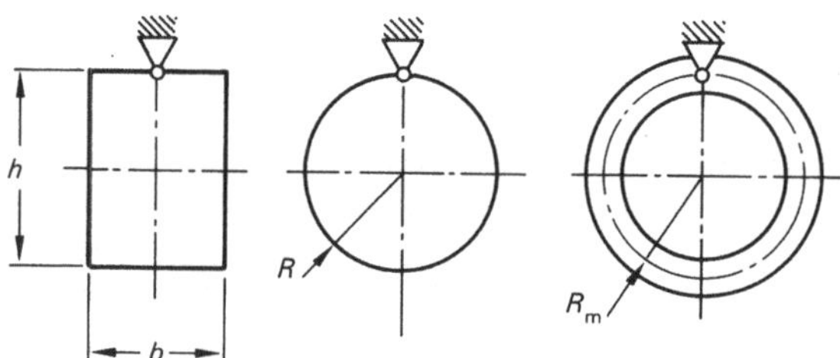


**1110** Es ist die Eigenkreisfrequenz kleiner *Pendelschwingungen* der skizzierten Scheibe konstanter Dicke zu bestimmen.

*Ergebnis:*

$$\omega_0^2 = \frac{8g \cdot \sin\left(\dfrac{\alpha}{2}\right)}{3R \cdot \hat{\alpha}}$$

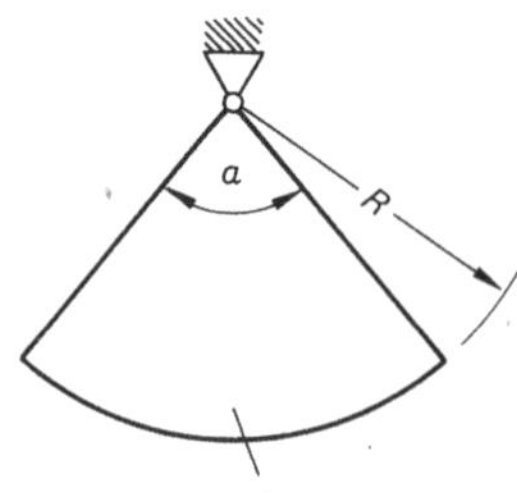

**1111** Es ist die Eigenkreisfrequenz kleiner *Pendelschwingungen* der Dreieckscheibe konstanter Dicke in bezug auf die Drehachse A zu bestimmen.

*Ergebnis:*

$$\omega_0^2 = \frac{8 \cdot g \cdot h}{b^2 + 4h^2}$$

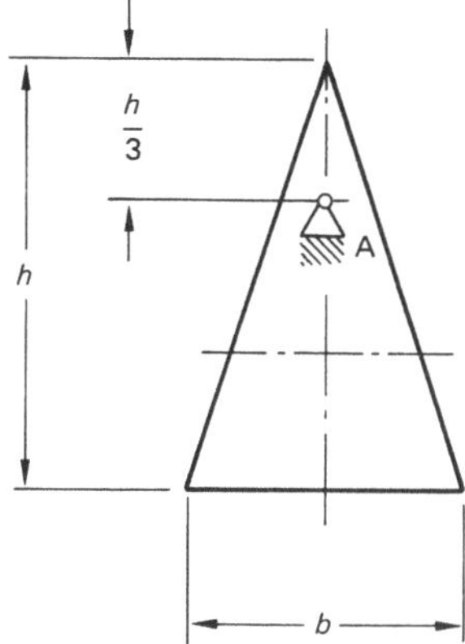


**1112** Eine *Dreieckscheibe* konstanter Dicke schwingt um die horizontale $z$-Achse. Es ist die Eigenkreisfrequenz kleiner Schwingungen zu berechnen.

*Ergebnis:*

$$\omega_0^2 = \frac{6 \cdot c}{m}$$

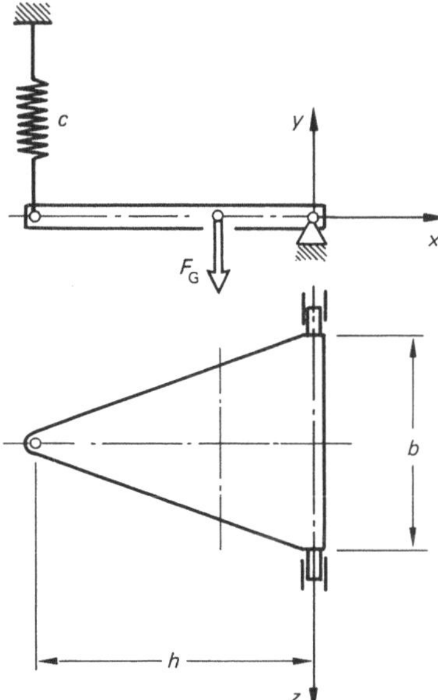


**1113** Eine halbkreisförmige Scheibe pendelt um die horizontale Durchmesserachse. Die Eigenkreisfrequenz kleiner *Pendelschwingungen* ist zu bestimmen.

*Ergebnis:*

$$\omega_0^2 = \frac{16 \cdot g}{3 \cdot \pi \cdot R}$$

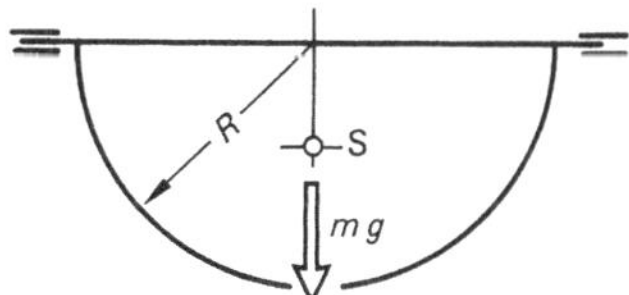

**1114** Eine Masse $m = 80$ kg hängt an einem Seil von vernachlässigbar kleiner Masse. Das Seil ist über eine runde Scheibe konstanter Dicke mit dem Schwungmoment 20 Nm$^2$ gelegt. Eine am anderen Seilende angebrachte Feder der Härte $c = 1$ kN/cm macht das System schwingfähig. Unter der Voraussetzung, daß die Feder nicht auf Druck beansprucht wird und daß kein Schlupf zwischen Seil und Scheibe auftritt, ist die *Eigenkreisfrequenz* kleiner Schwingungen zu berechnen. Scheibenradius $R = 300$ mm

*Ergebnis:*

$\omega_0 = 34{,}17\ \mathrm{s}^{-1}$

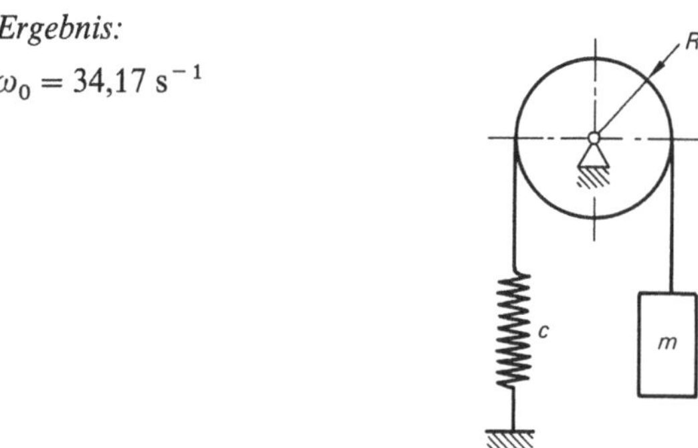


**1115** Ein in A reibungsfrei drehbar gelagerter schlanker Stab der Masse $m$ stützt sich bei kleinen *Drehschwingungen* in der Mitte einer beidseitig gelenkig gelagerten Blattfeder der Biegesteifigkeit $(E \cdot I_a)$ ab. Die Masse der Blattfeder ist vernachlässigbar klein. Unter der Voraussetzung, daß stets Berührung zwischen Stangenende und Blattfeder gewährleistet ist, ist die Eigenkreisfrequenz kleiner Schwingungen zu bestimmen.

*Ergebnis:*

$$\omega_0 = 36 \cdot \sqrt{\frac{E \cdot I_a}{7 \cdot m \cdot L^3}}$$

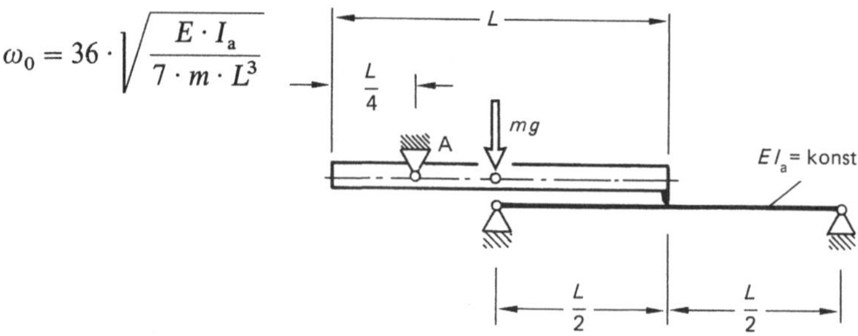


**1116** Eine *Dreieckscheibe* konstanter Dicke und der Masse 1,4 kg ist in A reibungsfrei drehbar gelagert. Eine Blattfeder aus Stahl greift wie skizziert in eine Aussparung, so daß ein schwingfähiges Gebilde entsteht. Blattfederquerschnitt 3 × 1 mm. Die Eigenkreisfrequenz kleiner Schwingungen ist zu bestimmen

a) für eine horizontale Drehachse (Schwerpunkt unter dem Drehpunkt),

b) für eine vertikale Drehachse (Scheibe in horizontaler Ebene).

*Ergebnisse:*

a) $\omega_0 = 128{,}92\ \mathrm{s}^{-1}$;

b) $\omega_0 = 128{,}29\ \mathrm{s}^{-1}$

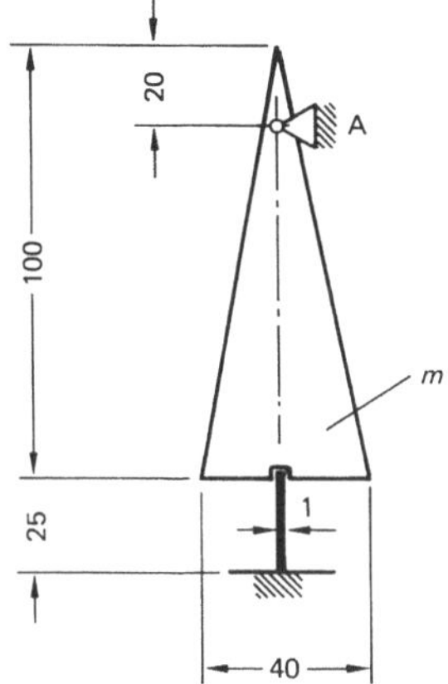


**1117** Vor eine *Blattfeder* aus Stahl ($E = 210\,000\ \mathrm{N/mm^2}$) der Breite 9 mm trifft die Masse $m = 0{,}9$ kg mit der Geschwindigkeit $v = 12$ cm/s auf.

a) Wie dick muß die Blattfeder sein (Rechteckquerschnitt), damit die Berührzeit 0,3 s beträgt?

b) Um welchen Weg wird das Blattfederende ausgelenkt?

*Ergebnisse:*

a) $s = 3{,}56$ mm;

b) $f = 11{,}46$ mm

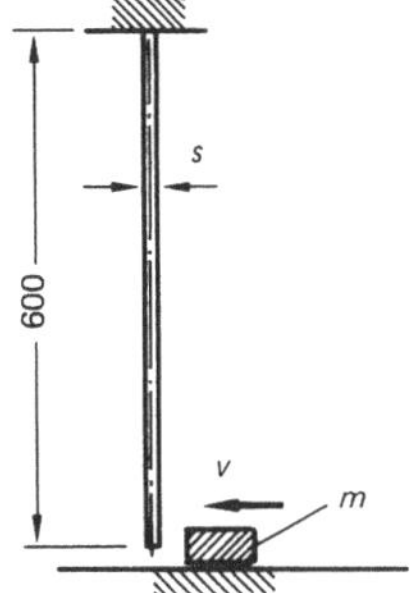


**1118** Die in A reibungsfrei drehbar gelagerte Masse $m = 1$ kg ist aus schlanken *Stäben* zusammengesetzt und mit zwei Federn gleicher Härte $c = 0{,}5$ N/cm zu einem schwingfähigen Gebilde zusammengesetzt. Zu bestimmen ist die Eigenkreisfrequenz kleiner Drehschwingungen um die horizontale Achse in A.

*Ergebnis:*

$\omega_0 = 20{,}99\ \mathrm{s}^{-1}$

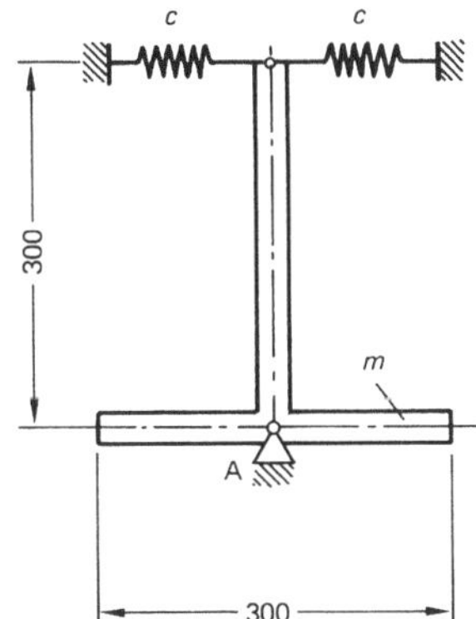

**1119** Ein aus schlanken Stäben zusammengesetzter Körper der Masse $m = 3$ kg ist mit einer Feder der Federkonstanten $c = 0{,}8$ N/cm zu einem schwingfähigen Gebilde zusammengesetzt. Die Eigenkreisfrequenz kleiner Schwingungen ist zu berechnen

a) für eine horizontale Drehachse in A,

b) für eine vertikale Drehachse in A. Dabei ist konstruktiv dafür Sorge getragen, daß die Feder bei Druckbeanspruchung nicht ausknicken kann.

*Ergebnisse:*

a) $\omega_0 = 5\ \mathrm{s}^{-1}$;

b) $\omega_0 = 5{,}16\ \mathrm{s}^{-1}$

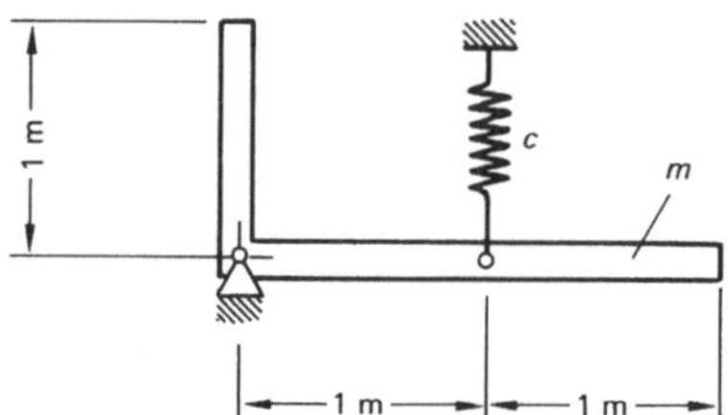


**1120** Eine 1 m lange *Stange* der Masse $m = 7$ kg ist in A reibungsfrei drehbar gelagert. Die Federn besitzen die Steifigkeiten $c_1 = 0{,}8$ N/mm, $c_2 = 1{,}6$ N/mm. Es ist konstruktiv dafür Sorge getragen, daß bei Druckbeanspruchung der Federschaltung kein Ausknicken erfolgen kann, insofern stehen die Federn hier nur als Symbole für elastische Bauteile. Es ist die Eigenkreisfrequenz kleiner Schwingungen um die horizontale Achse in A zu berechnen.

*Ergebnis:*

$\omega_0 = 9{,}72\ \mathrm{s}^{-1}$

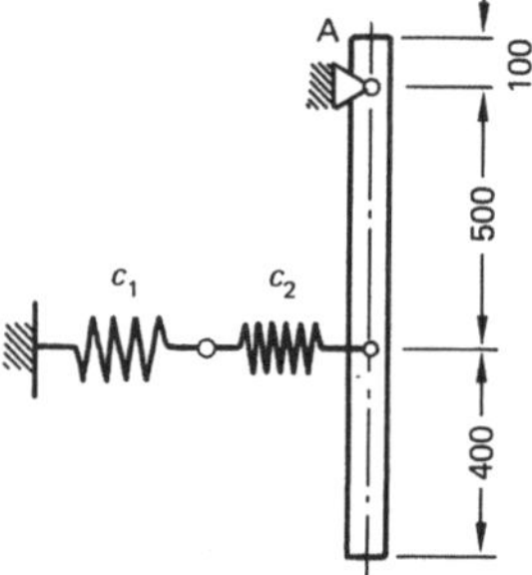


**1121** Das schwingfähige Gebilde aus der Masse $m = 6$ kg und den Federn $c_1 = 60$ N/cm und $c_2 = 40$ N/cm dreht in A reibungsfrei um eine horizontale Achse. Die Eigenkreisfrequenz kleiner Schwingungen ist zu berechnen.

*Ergebnis:*

$\omega_0 = 10\ \mathrm{s}^{-1}$

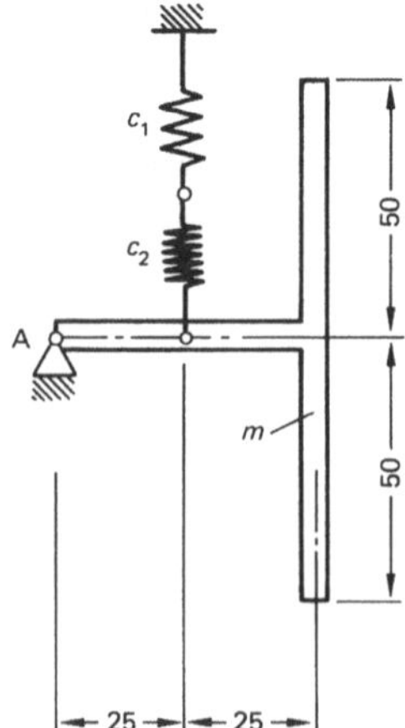

**1122** Das aus schlanken Stäben zusammengesetzte Gebilde der Masse $m = 0{,}9$ kg ist mit zwei Federn ($c_1 = 20$ N/m, $c_2 = 40$ N/m) um die horizontale Achse in A schwingfähig. Die Eigenkreisfrequenz kleiner Schwingungen ist zu berechnen. Beide Federn sind so gesichert, daß sie auch im Druckbereich nicht ausknicken.

*Ergebnis:*

$\omega_0 = 5{,}83\ \mathrm{s}^{-1}$

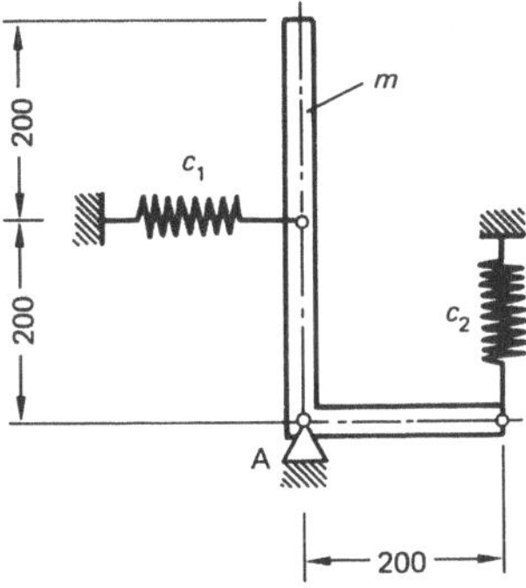


**1123** Die Masse $m$ des um die horizontale Achse A reibungsfrei drehenden Schwingers ist als dünner Halbkreisring mit dem mittleren Radius $R = 30$ cm geformt und mit den Federn $c_1 = 80$ N/mm, $c_2 = 0{,}5 \cdot c_1$ wie skizziert im Gleichgewicht gehalten. Die Masse ist so zu bestimmen, daß die Schwingungszeit des Gebildes 0,05 s beträgt. Die konstruktiven Details sind derart, daß die Federn durchaus auch im Druckbereich belastet werden können, ohne daß sie ausknicken.

*Ergebnis:*

$m = 1{,}9$ kg

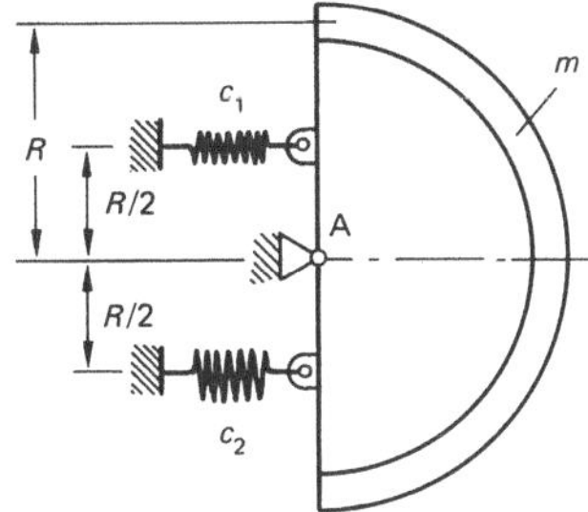


**1124** Welche Masse besitzt der aus schlanken Stäben zusammengesetzte Schwinger, wenn seine Schwingungszeit 0,08 s beträgt und die Härte der beiden Federn je 1 N/mm beträgt? Die Federn sind sowohl im Zug- als auch im Druckbereich beanspruchbar, ohne auszuknicken.

*Ergebnis:*

$m = 555{,}8$ g

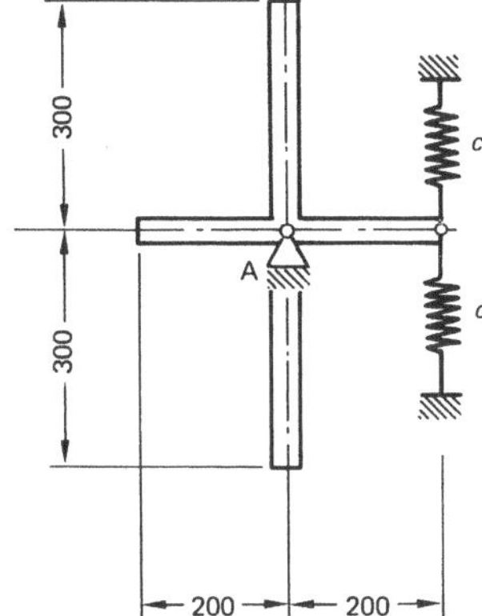

**1125** Die Masse $m = 12$ kg ist wie skizziert sternförmig aus schlanken Stäben zusammengesetzt und mit zwei Federn zu einem in horizontaler Ebene schwingenden Gebilde kombiniert. Die Härte der Feder 1 ist $c_1 = 40$ N/cm. Die Federhärte $c_2$ ist so zu bemessen, daß die Schwingungszeit des Gebildes 0,1 s beträgt. Dabei sollen beide Federn auch auf Druck belastet werden können, wofür konstruktive Maßnahmen Sorge tragen.

*Ergebnis:*

$c_2 = 117{,}9$ N/cm

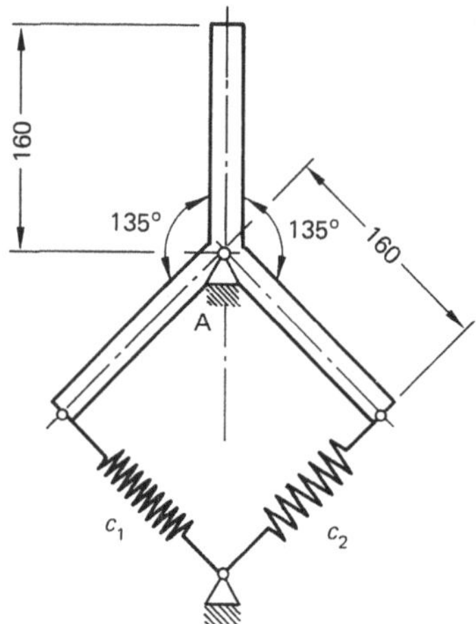


**1126** An einer um horizontale Achse A drehbar gelagerten Kreisscheibe der Masse 1 kg sind wie skizziert zwei 1 m lange Stangen befestigt. Die Kopplung der Masse mit der Feder der Steifigkeit $c$ macht das Gebilde schwingfähig. Welche Federsteifigkeit liegt vor, wenn die Eigenkreisfrequenz kleiner Schwingungen 35 $s^{-1}$ beträgt? Masse je Stange 1 kg.

*Ergebnis:* $c = 2930{,}68$ N/m

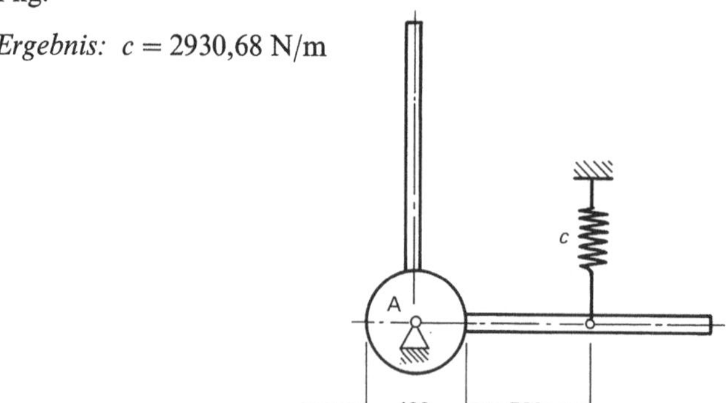


**1127** Eine *Rechteckscheibe* konstanter Dicke hat die Masse 8 kg und ist in A um die horizontale Achse reibungsfrei drehbar gelagert. Eine Blattfeder mit Rechteckquerschnitt und der Blattdicke 4 mm taucht in die Aussparung der Platte ein. Welche Breite muß die Blattfeder aus Stahl ($E = 210\,000$ N/mm$^2$) haben, wenn das Gebilde mit einer Schwingungszeit von 0,2 s schwingen soll?

*Ergebnis:* $b = 8{,}8$ mm

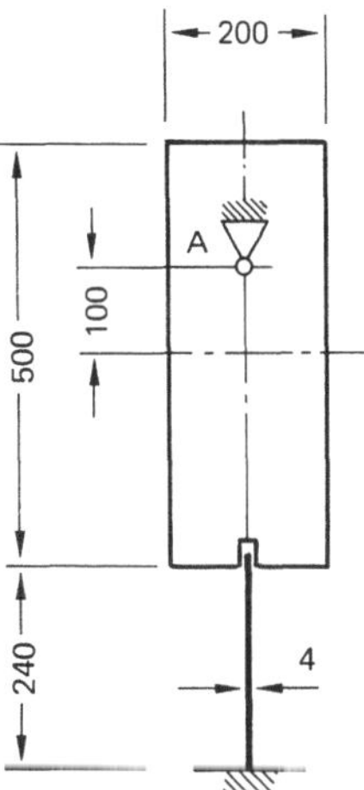


**1128** Eine rautenförmige Scheibe konstanter Dicke ist in A um die horizontale Achse reibungsfrei drehbar gelagert, ihre Masse beträgt 4 kg. Bei Drehschwingungen ist jeweils eine der Blattfedern (Breite 5 mm, Stahl: $E = 210\,000$ N/mm$^2$) in Berührung mit der Scheibe. Welche Blattfederdicke $s$ ist vorzusehen, damit die Schwingungszeit des Gebildes 0,056 s beträgt?

*Ergebnis:* $s = 1$ mm

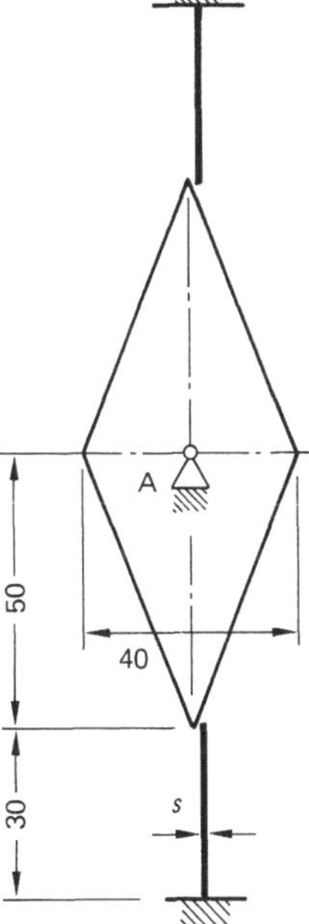


**1129** Drei *Blattfedern* mit Rechteckquerschnitt $7 \times 2$ mm halten wie skizziert eine Scheibe vom Gewicht 24,48 N. Unter Vernachlässigung der Federngewichte ist der $E$-Modul des Federwerkstoffs zu berechnen für eine Schwingungszeit von 0,61 s. Es wird vorausgesetzt, daß auch die 1 m lange Blattfeder stets Berührung mit der Masse hat.

*Ergebnis:* $E = 2{,}1 \cdot 10^5\ \mathrm{N/mm^2}$

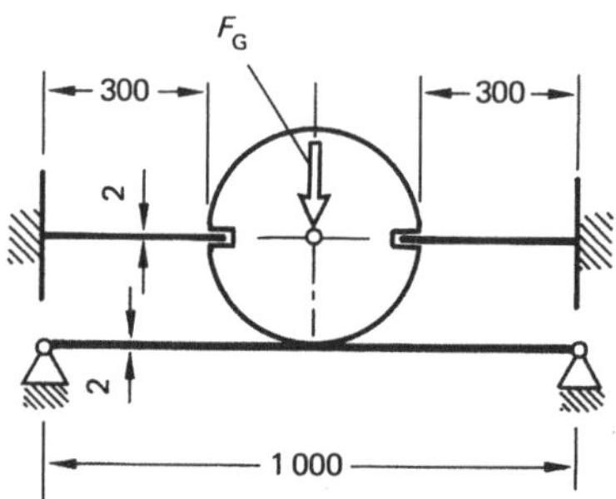


**1130** Eine *Blattfeder* aus Stahl ($E = 210\,000\ \mathrm{N/mm^2}$) mit Rechteckquerschnitt $9 \times 1$ mm taucht wie skizziert in die Aussparung der um horizontale Achse in A drehbar reibungsfrei gelagerten Kreisscheibe konstanter Dicke und der Masse 4 kg ein. Es ist die Eigenkreisfrequenz kleiner Drehschwingungen zu berechnen.

*Ergebnis:* $\omega_0 = 5{,}23\ \mathrm{s^{-1}}$

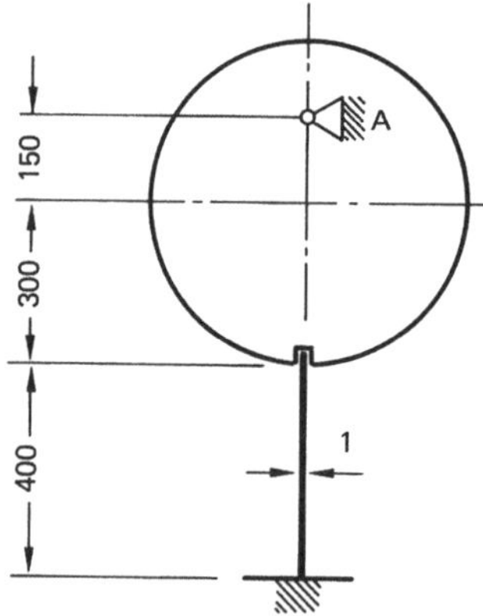


## 12 Freie und erregte Schwingungen einer Masse mit geschwindigkeitsproportionaler Dämpfung

**1201** Wie lautet die Differentialgleichung (D'Alembertsche Gleichung) für die freie Schwingung eines *Einmassenschwingers* mit geschwindigkeitsproportionaler Dämpfung, wenn Federweg und Masseweg gleich sind?

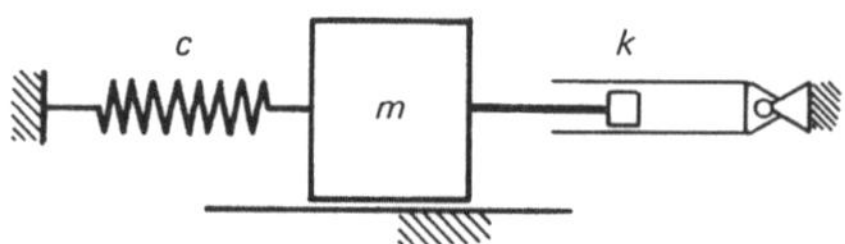


*Antwort:*

$$0 = m \cdot \ddot{x} + k \cdot \dot{x} + c \cdot x$$

oder

$$0 = \ddot{x} + \frac{k}{m} \cdot \dot{x} + \frac{c}{m} \cdot x$$

Darin ist $k$ die Dämpfungskonstante; sie hat die Einheit $\mathrm{N \cdot s/m}$ oder kg/s.

Mit $k/m = 2\delta$ ($\delta$ = Abklingkonstante, Einheit $\mathrm{s}^{-1}$) und $c/m = \omega_0^2$ lautet die Differentialgleichung auch

$$0 = \ddot{x} + 2 \cdot \delta \cdot \dot{x} + \omega_0^2 \cdot x$$

**1202** Wie lautet die *Lösung* der Differentialgleichung $0 = \ddot{x} + 2 \cdot \delta \cdot \dot{x} + \omega_0^2 \cdot x$?

*Antwort:*

Je nach dem Verhältnis von $\delta/\omega_0 = \vartheta$ ($\vartheta$ = Dämpfungsgrad, dimensionslos) ist die Lösung der Differentialgleichung verschieden:

1. $\vartheta > 1$ (starke Dämpfung):
$$x(t) = C_1 \cdot \mathrm{e}^{r_1 t} + C_2 \cdot \mathrm{e}^{r_2 t} \quad \text{mit} \quad r_{1/2} = -\delta \pm \sqrt{\delta^2 - \omega_0^2}$$
2. $\vartheta = 1$ (aperiodischer Grenzfall):
$$x(t) = \mathrm{e}^{r \cdot t} \cdot (C_1 \cdot t + C_2) \quad \text{mit} \quad r = -\delta$$
3. $\vartheta < 1$ (schwache Dämpfung):
$$x(t) = \mathrm{e}^{-\delta \cdot t} \cdot (C_1 \cdot \cos(\omega_\mathrm{d} \cdot t) + C_2 \cdot \sin(\omega_\mathrm{d} \cdot t)) \quad \text{mit} \quad \omega_\mathrm{d} = \sqrt{\omega_0^2 - \delta^2}$$

**1203** Die Differentialgleichung (D'Alembertsche Gleichgewichts-Gleichung) eines geschwindigkeitsproportional gedämpften *Einmassenschwingers* lautet $0 = \ddot{x} + n_1 \cdot \dot{x} + n_2 \cdot x$.

Wie wird festgestellt, ob eine periodische Bewegung auftreten kann oder ob nur Kriechbewegungen möglich sind?

*Antwort:*

Mit dem Ansatz $x(t) = x_0 \cdot \mathrm{e}^{r \cdot t}$ lautet die Gleichung:

$$0 = x_0 \cdot \mathrm{e}^{rt} \cdot (r^2 + n_1 \cdot r + n_2)$$

Den Klammerausdruck nennt man die „charakteristische Gleichung"; ihre Lösung ist

$$r_{1/2} = -\frac{n_1}{2} \pm \sqrt{\left(\frac{n_1}{2}\right)^2 - n_2}$$

Ist die Wurzel reell, so existieren 2 reelle Werte $r_1, r_2$ und es liegt starke Dämpfung vor:

$$x(t) = C_1 \cdot \mathrm{e}^{r_1 t} + C_2 \cdot \mathrm{e}^{r_2 t}$$

Ist die Wurzel null, so liegt nur ein Wert für $r$ vor, es ist dies der aperiodische Grenzfall: es kommt noch nicht zu Schwingbewegungen:

$$x(t) = \mathrm{e}^{rt} \cdot (C_1 \cdot t + C_2)$$

Ist die Wurzel imaginär, so sind $r_1$ und $r_2$ konjugiert komplex:

$$r_{1/2} = a \pm b \cdot i \quad \text{mit} \quad i = \sqrt{-1} \text{ (imaginäre Einheit)}$$

$a$ = Realanteil von $r_{1/2}$; $b$ = Imaginäranteil von $r_{1/2}$

$$x(t) = \mathrm{e}^{at} \cdot (C_1 \cdot \cos(b \cdot t) + C_2 \cdot \sin(b \cdot t)) \quad \text{mit} \quad b = \sqrt{n_2 - \left(\frac{n_1}{2}\right)^2} = \omega_\mathrm{d}$$

$\omega_\mathrm{d}$ = Eigenkreisfrequenz der gedämpften Schwingungen

1204 Wie groß ist die *Schwingungsdauer* $T_d$ einer freien, geschwindigkeitsproportional gedämpften Schwingung?

*Antwort:*

$\omega_d$ ist die Eigenkreisfrequenz der gedämpften freien Schwingung. Sie ist kleiner als die Eigenkreisfrequenz der ungedämpften Schwingung $\omega_0$.

$\omega_d$ ist der absolute Wert des Wurzelausdrucks in der Lösung der „charakteristischen Gleichung", die aus der Differentialgleichung durch Ansatz der Lösungsfunktion $x(t) = x_0 \cdot e^{rt}$ hervorgeht.

In der allgemeinen Form lautet die Differentialgleichung:

$$0 = \ddot{x} + n_1 \cdot \dot{x} + n_2 \cdot x$$

Die Lösung der „charakteristischen Gleichung" ist

$$r_{1/2} = -\frac{n_1}{2} \pm \sqrt{\left(\frac{n_1}{2}\right)^2 - n_2}$$

Die Eigenkreisfrequenz der gedämpften Schwingungen ist dann

$$\omega_d = \sqrt{n_2 - \left(\frac{n_1}{2}\right)^2}$$

und die Schwingungszeit der gedämpften Schwingungen

$$T_d = \frac{2 \cdot \pi}{\omega_d}$$

1205 Wodurch unterscheidet sich die *freie Schwingung* von der *erzwungenen Schwingung?*

*Antwort:*

Während die *freie* Schwingung dadurch gekennzeichnet ist, daß nach Anstoß der Schwingung keine weitere Energiezufuhr erfolgt, das System also sich selbst überlassen bleibt, wird bei der *erzwungenen* oder *erregten* Schwingung während des Schwingungsvorgangs Energie zugeführt. Die Differentialgleichung der freien Schwingung ist eine homogene Differentialgleichung, die der erzwungenen Schwingung eine inhomogene Differentialgleichung, deren Lösung sich aus homogenem und partikulärem Anteil zusammensetzt.

Bei der ungedämpften, freien Schwingung bleibt die bei Anstoß aufgebrachte Arbeit auf Dauer als Energiesumme im System, die Amplituden der Schwingung sind mithin konstant; bei der freien gedämpften Schwingung wird Energie abgeführt, die Schwingung klingt ab.

Bei der erregten gedämpften Schwingung wird während der Schwingungen sowohl Energie zu- als auch abgeführt, es kann bei Überschuß der zugeführten Energie zum Aufschaukeln der Amplituden kommen; bei Ausgeglichenheit der zu- und abgeführten Energien ist die Schwingungsamplitude wiederum konstant.

1206 Was versteht die Schwingungsmechanik unter dem *Einschwingzustand* und dem *eingeschwungenen Zustand?*

*Antwort:*

Die Lösung der inhomogenen Differentialgleichung einer erzwungenen gedämpften Schwingung setzt sich zusammen aus homogenem und partikulärem Lösungsanteil:

$$x(t) = x_h(t) + x_p(t)$$

Der homogene Anteil klingt mit der Zeit ab, er repräsentiert das Eigenverhalten des Schwingers. Sind die $x_h$-Anteile soweit abgeklungen, daß sie als vernachlässigbar klein gegenüber dem partikulären Anteil $x_p$ erscheinen, so ist das Ende der Einschwingphase erreicht, es beginnt der sog. „eingeschwungene Zustand", in dem der Schwinger mit der Frequenz der Erregung schwingt und die Amplitude (Daueramplitude) konstant bleibt:

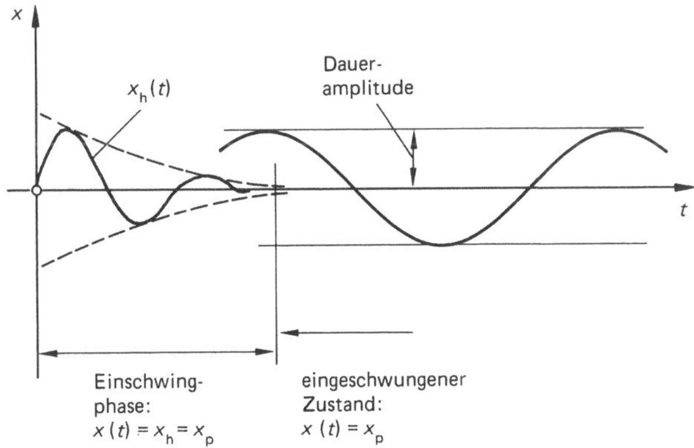


**1207** Was versteht man unter *Resonanz*?

*Antwort:*

Bei der erregten Schwingung eines ungedämpften Schwingers kommt es bei Übereinstimmung von Erregerkreisfrequenz und Eigenkreisfrequenz zum Aufschaukeln der Amplituden bis – theoretisch – unendlicher Größe. Beim schwach gedämpften erregten Schwinger können die Amplituden zwar nicht unendlich groß werden, wohl aber so groß, daß die Bauteile die zugehörigen Deformationen nicht schadlos ertragen. Resonanz ist also jener Effekt, bei dem sich die Schwingungsamplituden zu unerträglich großen Werten aufschaukeln.

**1208** Ein geschwindigkeitsproportional gedämpftes Feder-Masse-System ($m = 4$ kg, $c = 7{,}04$ N/cm) besitzt die Abklingkonstante $\delta = k/2m = 15\ \text{s}^{-1}$.

Die Masse wird aus der Lage $y(t=0) = y_0 = 3$ cm mit der Anfangsgeschwindigkeit $\dot{y}(t=0) = v_0 = -0{,}8$ m/s auf die Ruhelage hin angestoßen.

a) Es ist zu untersuchen, ob das System schwingfähig ist.

b) Das $y(t)$-Gesetz ist zu beschreiben und zu skizzieren.

c) Nach welcher Zeit $t_1$ passiert die Masse erstmals die statische Gleichgewichtslage?

d) Welche größte Entfernung von der statischen Ruhelage erfährt die Masse auf der Gegenseite ($y < 0$)?

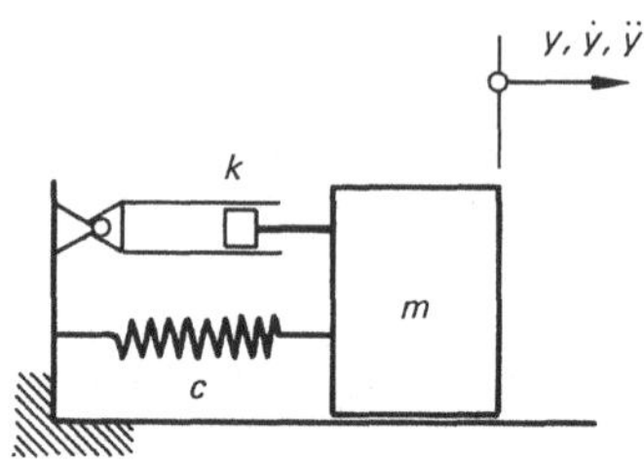


*Lösung:*

a) Die Differentialgleichung lautet:

$$0 = m \cdot \ddot{y} + 2\delta \cdot \dot{y} + \omega_0^2 \cdot y$$

mit

$$\omega_0^2 = \frac{c}{m} = \frac{704\ \mathrm{N/m}}{4\ \mathrm{kg}} = 176\ \mathrm{s}^{-2}$$

Die Lösung der „charakteristischen Gleichung“ ist

$$r_{1/2} = -\delta \pm \sqrt{\delta^2 - \omega_0^2}$$

$$r_{1/2} = -15\ \mathrm{s}^{-1} \pm \sqrt{225\ \mathrm{s}^{-2} - 176\ \mathrm{s}^{-2}}$$

Die Wurzel ist reell, es liegt *starke Dämpfung* vor; das System ist nicht schwingfähig.

$$y(t) = C_1 \cdot \mathrm{e}^{r_1 \cdot t} + C_2 \cdot \mathrm{e}^{r_2 \cdot t}$$

$$r_1 = -15\,\mathrm{s}^{-1} + 7\,\mathrm{s}^{-1} = -8\,\mathrm{s}^{-1}$$

$$r_2 = -15\,\mathrm{s}^{-1} - 7\,\mathrm{s}^{-1} = -22\,\mathrm{s}^{-1}$$

1. Anstoßbedingung:

$$y(t=0) = 3\ \mathrm{cm} = C_1 \cdot \mathrm{e}^0 + C_2 \cdot \mathrm{e}^0$$

(1) $$3\ \mathrm{cm} = C_1 + C_2$$

Das $\dot{y}(t)$-Gesetz lautet:

$$\dot{y}(t) = C_1 \cdot r_1 \cdot \mathrm{e}^{r_1 \cdot t} + C_2 \cdot r_2 \cdot \mathrm{e}^{r_2 \cdot t}$$

2. Anstoßbedingung:

$$\dot{y}(t=0) = -80\,\tfrac{\mathrm{cm}}{\mathrm{s}} = C_1 \cdot r_1 + C_2 \cdot r_2$$

(2) $$-80\,\tfrac{\mathrm{cm}}{\mathrm{s}} = -8\,\tfrac{1}{\mathrm{s}} \cdot C_1 - 22\,\tfrac{1}{\mathrm{s}} \cdot C_2$$

Aus (1) folgt: $$C_2 = 3\ \mathrm{cm} - C_1$$

eingesetzt in (2):

$$-80\,\tfrac{\mathrm{cm}}{\mathrm{s}} = -8\,\tfrac{1}{\mathrm{s}} \cdot C_1 - 22\,\tfrac{1}{\mathrm{s}}\,(3\,\mathrm{cm} - C_1)$$

$$80\,\mathrm{cm} = C_1 \cdot (8 - 22) + 66\,\mathrm{cm}$$

Es folgt:

$$C_1 = -1\,\mathrm{cm} \quad \text{und} \quad C_2 = +4\,\mathrm{cm}$$

b) Das $y(t)$-Gesetz lautet:

$$y(t) = -1\,\mathrm{cm} \cdot \mathrm{e}^{-8\frac{1}{\mathrm{s}} \cdot t} + 4\,\mathrm{cm} \cdot \mathrm{e}^{-22\frac{1}{\mathrm{s}} \cdot t}$$

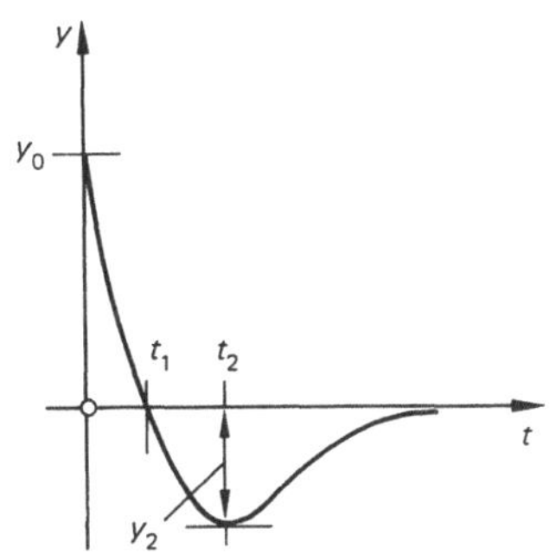


c) $y(t=t_1)=0$

$$0 = -1\,\text{cm}\cdot e^{-8\frac{1}{s}\cdot t_1} + 4\,\text{cm}\cdot e^{-22\frac{1}{s}\cdot t_1}$$

$$e^{-8\frac{1}{s}\cdot t_1} = 4\cdot e^{-22\frac{1}{s}\cdot t_1}$$

$$-8\tfrac{1}{s}\cdot t_1\cdot \underbrace{\ln e}_{=1} = \ln 4 - 22\tfrac{1}{s}\cdot t_1\cdot \ln e$$

$$t_1 = \frac{\ln 4}{14\frac{1}{s}} = 0{,}099\ \text{s}$$

d) $\dot{y}(t=t_2)=0$

$$0 = C_1 r_1\cdot e^{r_1\cdot t_2} + C_2 r_2\cdot e^{r_2\cdot t_2}$$

Daraus folgt mit den bekannten Größen

$$t_2 = \frac{\ln 11}{14\frac{1}{s}} = 0{,}1713\ \text{s}$$

$$y_2 = y(t=t_2)$$

$$y_2 = -1\,\text{cm}\cdot e^{-8\frac{1}{s}\cdot 0{,}1713\,\text{s}} + 4\,\text{cm}\cdot e^{-22\frac{1}{s}\cdot 0{,}1713\,\text{s}} = -0{,}1617\ \text{cm}$$

**1209** Ein schwerer *Kreisring* der Masse $m = 7$ kg, mittlerer Radius $R = 8$ cm (Masse der Speiche vernachlässigbar klein) ist mit Feder (Federkonstante $c = 500$ N/cm) und Dämpfer ($k = 2000$ Ns/m) wie skizziert verbunden. Das Gebilde ist in A drehbar gelagert und wird wie folgt angestoßen:

$$\varphi(t=0) = \varphi_0 = 5°;\quad \dot{\varphi}(t=0) = \dot{\varphi}_0 = -15\ \text{s}^{-1}$$

a) Ist das Gebilde schwingfähig?

b) Wenn ja: Mit welcher Eigenkreisfrequenz schwingt das System?

c) Welchen größten Winkelausschlag $\varphi_1$ erfährt das System?

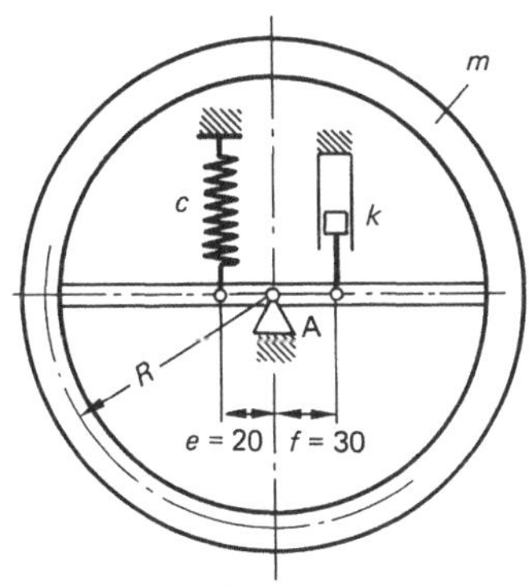

*Lösung:*

a) D'Alembert:

$$\sum M_{\mathrm{A}} = 0$$

$$0 = J_{\mathrm{A}} \cdot \ddot{\varphi} + k \cdot f^2 \cdot \dot{\varphi} + c \cdot \mathrm{e}^2 \cdot \varphi \quad \text{mit } J_{\mathrm{A}} = m \cdot R^2$$

$$0 = \ddot{\varphi} + \underbrace{\frac{k \cdot f^2}{J_{\mathrm{A}}}}_{n_1} \cdot \dot{\varphi} + \underbrace{\frac{c \cdot \mathrm{e}^2}{J_{\mathrm{A}}}}_{n_2} \cdot \varphi$$

Die „charakteristische Gleichung" lautet:

$$0 = r^2 + n_1 \cdot r + n_2$$

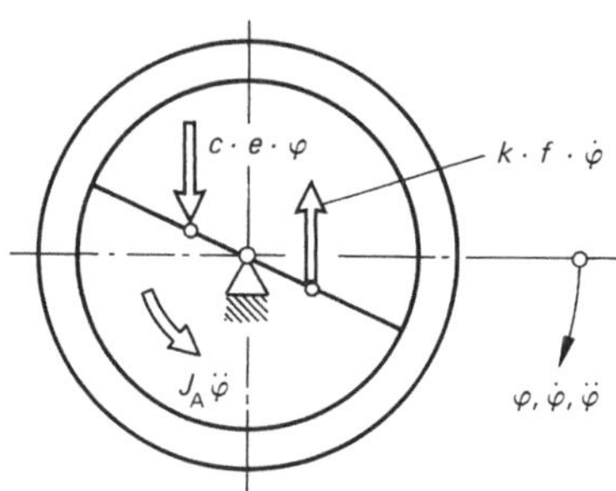


Deren Lösungen sind:

$$r_{1/2} = -\frac{n_1}{2} \pm \sqrt{\left(\frac{n_1}{2}\right)^2 - n_2}$$

Mit $n_1 = \dfrac{k \cdot f^2}{m R^2}$ und $n_2 = \dfrac{c \cdot \mathrm{e}^2}{m R^2}$ folgt:

$$r_{1/2} = -20{,}09 \tfrac{1}{\mathrm{s}} \pm \sqrt{-42{,}84917 \mathrm{~s}^{-2}}$$

Die Wurzel ist imaginär; das System ist also schwingfähig.

b) Realanteil von $r_{1/2}$: $\quad a = -20{,}09 \mathrm{~s}^{-1}$

Imaginäranteil von $r_{1/2}$: $\quad b = \sqrt{42{,}84917 \mathrm{~s}^{-2}}$

$$b = \omega_{\mathrm{d}} = 6{,}546 \mathrm{~s}^{-1}$$

Das $\varphi(t)$-Gesetz lautet dann:

$$\varphi(t) = \mathrm{e}^{at} \cdot (C_1 \cdot \cos(b \cdot t) + C_2 \cdot \sin(b \cdot t))$$

Daraus das $\dot{\varphi}(t)$-Gesetz:

$$\dot{\varphi}(t) = \mathrm{e}^{a \cdot t} \cdot [\cos(b \cdot t) \cdot (C_1 \cdot a + C_2 \cdot b) + \sin(b \cdot t) \cdot (C_2 \cdot a - C_1 \cdot b)]$$

1. Randbedingung: $\quad \varphi(t=0) = 5^\circ = \dfrac{5}{180} \cdot \pi$

Damit folgt: $\quad C_1 = 0{,}08727 \mathrm{~rad}$

2. Randbedingung: $\quad \dot{\varphi}(t=0) = -15 \mathrm{~s}^{-1}$

Damit folgt: $\quad C_2 = -2{,}02364 \mathrm{~rad}$

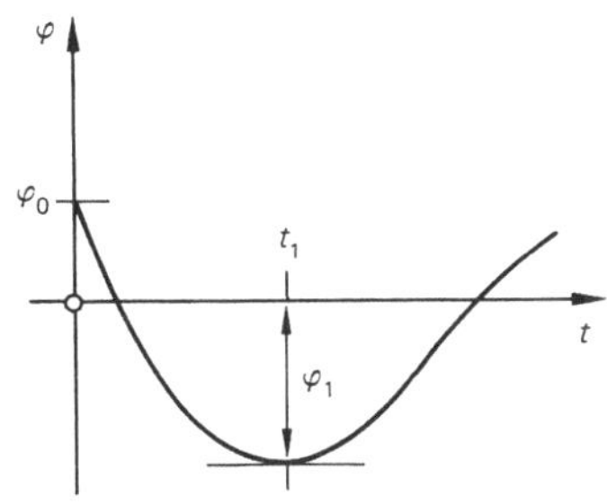


c) $$\varphi_1 = \varphi_{\max} = \varphi(t=t_1)$$

$t_1$ aus der Bedingung $\dot{\varphi}(t=t_1) = 0$

$$0 = e^{a \cdot t_1} \cdot [\cos(b \cdot t_1) \cdot (C_1 \cdot a + C_2 \cdot b) + \sin(b \cdot t_1) \cdot (C_2 \cdot a - C_1 \cdot b)]$$

Mit den bekannten Größen ergibt sich:

$$\tan(b \cdot t_1) = 0{,}3742; \quad b \cdot t_1 = 20{,}5167° \cdot \frac{\pi}{180°} = 0{,}35808 \text{ rad}$$

$$t_1 = \frac{0{,}35808}{6{,}546 \text{ s}^{-1}} = 0{,}0547 \text{ s}$$

Damit $\varphi_1 = \varphi(t=t_1)$

Es ergibt sich aus der Rechnung $\varphi_1 = -0{,}20909 \text{ rad} \mathrel{\hat{=}} -11{,}98°$.

**1210** Der 2 m lange schlanke Balken der Masse 17 kg ist wie skizziert in A drehbar gelagert und mit der Feder der Härte $c = 80$ N/cm verbunden. Der ebenfalls angeschlossene Dämpfer sorgt für geschwindigkeitsproportionale Dämpfung des Systems, die Dämpfungskonstante ist $k = 450$ Ns/m. Das System wird unmittelbar an der Masse erregt durch die Kraft $F(t) = 530 \text{ N} \cdot \cos(70 \text{ s}^{-1} \cdot t)$.

Zur Zeit $t = 0$ gelten die Anstoßgrößen $\varphi(t=0) = 0$ und $\dot{\varphi}(t=0) = 0$.

a) Ist das System zu Eigenschwingungen fähig und wenn ja mit welcher Eigenkreisfrequenz?

b) Wie lautet der homogene Teil der $\varphi(t)$-Funktion?

c) Es ist die $\varphi(t)$-Funktion zu beschreiben, und die Integrationskonstanten $C_1$ und $C_2$ sind zu bestimmen sowie die Daueramplitude $\varphi_m$.

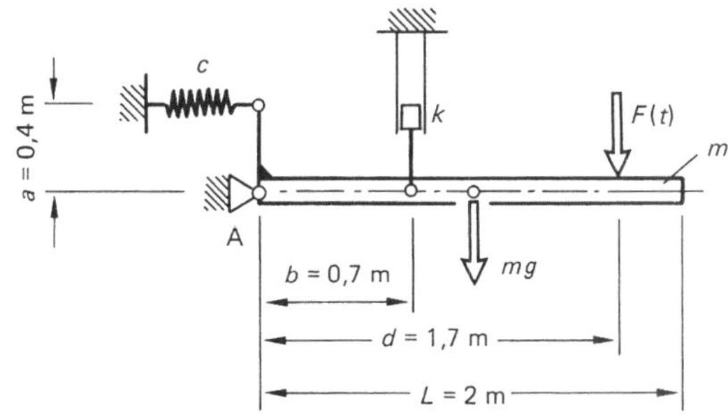

*Lösung:*

a) Eigenverhalten (nicht erregt):

Dynamik: D'Alembert $\sum M_A = 0$

$$0 = J_A \cdot \ddot{\varphi} + k \cdot b^2 \cdot \dot{\varphi} + c \cdot a^2 \cdot \varphi + \underbrace{F_{st} \cdot a - m \cdot g \cdot \frac{L}{2}}_{= 0 \text{ (Statik)}}$$

$$0 = \ddot{\varphi} + \underbrace{\frac{k \cdot b^2}{J_A}}_{n_1} \cdot \dot{\varphi} + \underbrace{\frac{c \cdot a^2}{J_A}}_{n_2} \cdot \varphi$$

darin ist $J_A = \frac{1}{3} m \cdot L^2$.

Die Lösungen der „charakteristischen Gleichung" sind:

$$r_{1/2} = -\frac{n_1}{2} \pm \sqrt{\left(\frac{n_1}{2}\right)^2 - n_2} = -4{,}864\ \mathrm{s}^{-1} \pm \sqrt{-32{,}8124\ \mathrm{s}^{-2}}$$

Realanteil: $a = -4{,}864\ \mathrm{s}^{-1}$

Imaginäranteil: $b = \omega_d = \sqrt{32{,}8124\ \mathrm{s}^{-2}} = 5{,}7282\ \mathrm{s}^{-1}$

Das System ist also zu Eigenschwingungen fähig.

b) Damit lautet der homogene Teil der $\varphi(t)$-Funktion:

$$\varphi_h(t) = \mathrm{e}^{a \cdot t} \cdot (C_1 \cdot \cos(b \cdot t) + C_2 \cdot \sin(b \cdot t))$$

Die konstanten $C_1$, $C_2$ werden später aus der Gesamtlösung $\varphi(t) = \varphi_h(t) + \varphi_p(t)$ ermittelt.

c) Ansatz für $\varphi_p(t)$:

$$\varphi_p(t) = \varphi_m \cdot \sin(\Omega t - \alpha)$$

$\varphi_m$ = Daueramplitude,
$\Omega$ = Kreisfrequenz der Erregung,
$\alpha$ = Phasenverschiebungswinkel zwischen den Maxima von $F(t)$ und $\varphi(t)$.

Die Ableitungen

$$\dot{\varphi}_p(t) = \varphi_m \cdot \Omega \cdot \cos(\Omega \cdot t - \alpha) \quad \text{und} \quad \ddot{\varphi}_p(t) = -\varphi_m \cdot \Omega^2 \cdot \sin(\Omega \cdot t - \alpha)$$

werden in die inhomogene Differentialgleichung eingesetzt; diese lautet:

$$F(t) \cdot d = J_A \cdot \ddot{\varphi} + k \cdot b^2 \cdot \dot{\varphi} + c \cdot a^2 \cdot \varphi$$

oder

$$0 = \ddot{\varphi} + n_1 \cdot \dot{\varphi} + n_2 \cdot \varphi - \frac{F_m \cdot d}{J_A} \cdot \cos(\Omega \cdot t)$$

Es folgt nach Anwenden der bekannten Additionstheoreme

$$\sin(\Omega t - \alpha) = \sin(\Omega t) \cdot \cos\alpha - \cos(\Omega t) \cdot \sin\alpha$$

und

$$\cos(\Omega t - \alpha) = \cos(\Omega t) \cdot \cos\alpha + \sin(\Omega t) \cdot \sin\alpha$$

und Sortieren der Ausdrücke:

$$0 = \cos(\Omega \cdot t) \cdot \left[\varphi_m \cdot \Omega^2 \cdot \sin\alpha + n_1\,\varphi_m\,\Omega\cos\alpha - n_2\,\varphi_m \sin\alpha - \frac{F_m \cdot d}{J_A}\right] \diagup \mathrm{I}$$

$$+ \sin(\Omega \cdot t) \cdot [-\varphi_m \cdot \Omega^2 \cdot \cos\alpha + n_1\,\varphi_m\,\Omega\sin\alpha + n_2\,\varphi_m\cos\alpha] \diagdown \mathrm{II}$$

Aus [II] = 0 folgt:

$$\tan\alpha = \frac{\Omega^2 - n_2}{n_1 \cdot \Omega} = 7{,}11284$$

$$\alpha = 81{,}997° \mathrel{\hat{=}} 1{,}43112\ \mathrm{rad}$$

Aus [I] = 0 folgt:

$$\varphi_m = \frac{F_m \cdot d}{J_A \cdot \cos\alpha \cdot (n_1 \cdot \Omega + \tan\alpha \cdot (\Omega^2 - n_2))}$$

$$\varphi_m = 0{,}00813\ \mathrm{rad} \mathrel{\hat{=}} 0{,}466°$$

Somit lautet das $\varphi(t)$-Gesetz:

$$\varphi(t) = \varphi_h(t) + \varphi_p(t)$$

$$\varphi(t) = \mathrm{e}^{a \cdot t} \cdot (C_1 \cdot \cos(b \cdot t) + C_2 \cdot \sin(b \cdot t)) + \varphi_m \cdot \sin(\Omega \cdot t - \alpha)$$

1. Randbedingung: $\varphi(t=0) = 0$ folgt:

$$C_1 = 0{,}008051\ \mathrm{rad}$$

Die 2. Randbedingung $\dot\varphi(t=0) = 0$ auf das $\dot\varphi(t)$-Gesetz angewendet liefert

$$C_2 = -0{,}007\ \mathrm{rad}$$

Das endgültige $\varphi(t)$-Gesetz:

$$\varphi(t) = \mathrm{e}^{-4{,}864\frac{1}{s} \cdot t} \cdot [0{,}008051 \cdot \cos(5{,}7282\tfrac{1}{s} \cdot t) - 0{,}007 \cdot \sin(5{,}7282\tfrac{1}{s} \cdot t)]$$
$$+ 0{,}00813 \cdot \sin(70\tfrac{1}{s} \cdot t - 1{,}43112)$$

**1211** Die Bewegungsgleichung eines *Feder-Masse-Systems* lautet $x(t) = 3\,\mathrm{cm} \cdot \sin(40\,\mathrm{s}^{-1} \cdot t)$.

a) Wie lauten die Anstoßbedingungen $x(t=0)$ und $\dot x(t=0)$?

b) Wie groß ist die Maximalbeschleunigung der Masse?

*Ergebnisse:* a) $x(t=0) = 0$; $\dot x(t=0) = 1{,}2\ \mathrm{m/s}$; b) $a_m = 48\ \mathrm{m/s^2}$

**1212** Die Differentialgleichung der Schwingungen eines geschwindigkeitsproportional gedämpften *Feder-Masse-Systems* lautet:

$$0 = 1\,\mathrm{kg} \cdot \ddot x + 30\,\mathrm{kg/s} \cdot \dot x + 800\,\mathrm{N/m} \cdot x$$

a) Ist das System zu Eigenschwingungen fähig?

b) Wie groß ist die Eigenkreisfrequenz des Systems?

*Ergebnisse:* a) Ja: $\vartheta < 1$; b) $\omega_d = 23{,}98\ \mathrm{s}^{-1}$

**1213** Ein *Feder-Masse-System* (Federweg gleich Masseweg) ist geschwindigkeitsproportional gedämpft; die Dämpfungskonstante ist $k = 40$ Ns/m, Masse $m = 1$ kg, Federkonstante $c = 4$ N/cm. Das System wird mit $v_0 = 0{,}5$ m/s aus der Ruhelage angestoßen.

a) Ist das Gebilde zu Eigenschwingungen fähig?

b) Nach welcher Zeit erreicht die Masse ihre größte Rückkehrgeschwindigkeit und wie groß ist diese?

*Ergebnisse:* a) Nein, da aperiodischer Grenzfall; b) $t = 0{,}1$ s, $v = -0{,}06768$ m/s

**1214** Ein geschwindigkeitsproportional gedämpftes *Feder-Masse-System* (Federweg gleich Masseweg) mit den Werten $m = 2$ kg, $c = 8$ N/cm, $k = 80$ Ns/m wird wie folgt angestoßen:

$$y(t=0) = y_0\,; \quad \dot{y}(t=0) = v_0$$

Nach $t_1 = 0{,}03$ s erreicht die Masse ihre größte Entfernung $y_1 = 1{,}35$ m aus der Ruhelage. Es sind die Anfangsgrößen $y_0$ und $v_0$ zu berechnen.

*Ergebnisse:* $y_0 = 0{,}984$ m; $v_0 = 29{,}52$ m/s

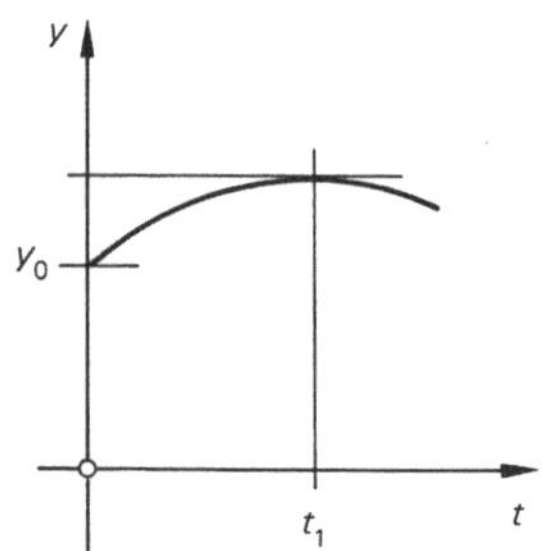


**1215** Ein geschwindigkeitsproportional gedämpftes *Feder-Masse-System* ($m = 0{,}5$ kg, $c = 1{,}25$ kN/m) besitzt die Eigenkreisfrequenz $\omega_d = 45\ \mathrm{s}^{-1}$. Die Masse wird ohne Anfangsgeschwindigkeit aus der Stellung $y(t=0) = y_1 = 7$ cm losgelassen.

a) An welcher Stelle $y_2$ befindet sich die Masse zur Zeit $t_2 = 0{,}01$ s?

b) Wie groß ist das nächste phasengleiche Maximum $y_3$?

*Ergebnisse:*

a) $y_2 = 6{,}25$ cm;

b) $y_3 = 0{,}334$ cm

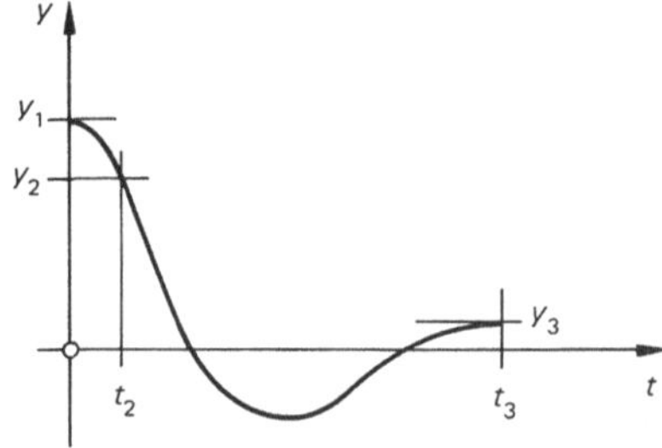


**1216** Der Dämpfer eines geschwindigkeitsproportional gedämpften *Feder-Masse-Systems* (Federweg gleich Masseweg) versagt nach einer vollendeten Schwingung. Die Anstoßbedingungen lauten:

$$y(t=0) = y_0 = 3\,\text{cm} \quad \text{und} \quad \dot{y}(t=0) = 0$$

Die Masse beträgt 1 kg. Welche Dämpfungskonstante $k$ hat der zu ersetzende Dämpfer, wenn das System ohne Dämpfer mit einer Eigenkreisfrequenz von $10\,s^{-1}$ weiterschwingt und die dann konstante Amplitude 2 cm beträgt?

*Ergebnis:*

$k = 1{,}288$ Ns/m

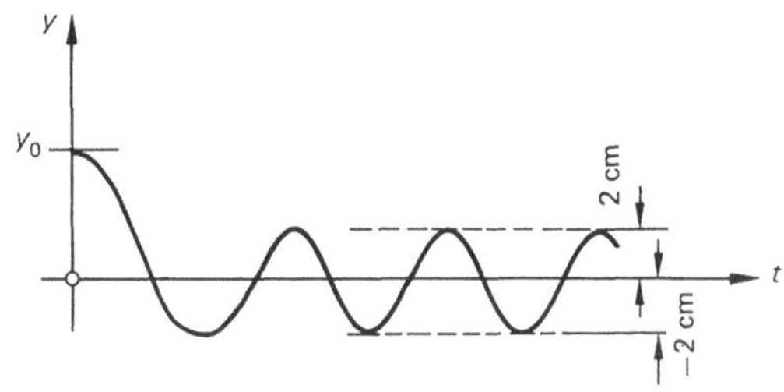


**1217** Federweg und Masseweg eines geschwindigkeitsproportional gedämpften Einmassenschwingers sind gleich, $m = 1$ kg, $c = 4$ N/cm. Die Masse wird aus der statischen Ruhelage mit $v_0 = 0{,}5$ m/s angestoßen. Welche größte Rückkehrgeschwindigkeit erreicht die Masse? Dämpfungskonstante $k = 40$ Ns/m

*Ergebnis:*

$v_m = -0{,}0677$ m/s

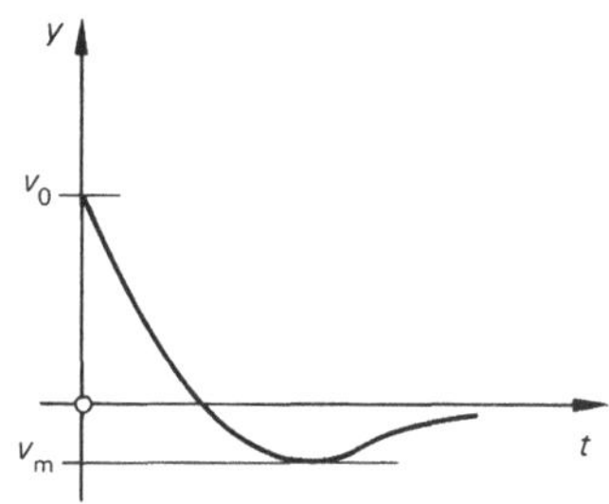


**1218** Die Anstoßbedingungen eines geschwindigkeitsproportional gedämpften *Feder-Masse-Systems* (Federweg gleich Masseweg) mit den Größen $m = 0{,}3$ kg, $c = 600$ N/m, $k = 40$ Ns/m lauten

$$y(t=0) = 0\,, \quad \dot{y}(t=0) = 30 \text{ m/s}\,.$$

a) Es ist das $y(t)$-Gesetz zu beschreiben.

b) Welche größte Entfernung aus der statischen Ruhelage $y_m$ erreicht die Masse?

c) Welche größte Rückkehrgeschwindigkeit $\dot{y}(t=t_2)$ erreicht die Masse?

d) Auf welche Dämpfungskonstante $k_1$ müßte der Dämpfer verändert werden, damit das System zu Eigenschwingungen fähig ist?

e) Wie ist die Federkonstante zu verändern, damit Eigenschwingungen möglich werden?

*Ergebnisse:*

a) $y(t) = 0{,}3034 \text{ m} \cdot \left(e^{-17{,}23\frac{1}{s}\cdot t} - e^{-116{,}11\frac{1}{s}\cdot t}\right)$; b) $y_m = 0{,}1853$ m;

c) $v_2 = -2{,}29$ m/s; d) $k_1 \leq 26{,}83$ Ns/m; e) $c_1 \geq 1333{,}\bar{3}$ N/m

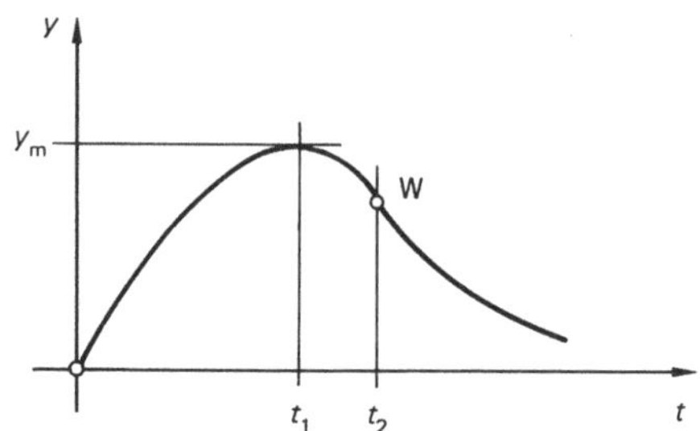


**1219** Die Masse eines geschwindigkeitsproportional gedämpften *Feder-Masse-Systems* (Federweg gleich Masseweg) führt aperiodische Bewegungen aus. Das System mit den Größen $m = 0{,}5$ kg, $c = 800$ N/m und $k = 50$ Ns/m wird wie folgt angestoßen:

$$y(t=0) = y_0 = 1\,\text{m} \quad \text{und} \quad \dot{y}(t=0) = 0\,.$$

a) Nach welcher Zeit $t_1$ hat die Masse ihre größte Geschwindigkeit und wie groß ist diese?

b) Welchen Weg hat die Masse in diesem Augenblick zurückgelegt?

*Ergebnisse:*

a) $t_1 = 0{,}0231\,\text{s}$; $v_1 = -12{,}6\,\text{m/s}$; b) $s = y_0 - y(t=t_1) = 0{,}2126\,\text{m}$

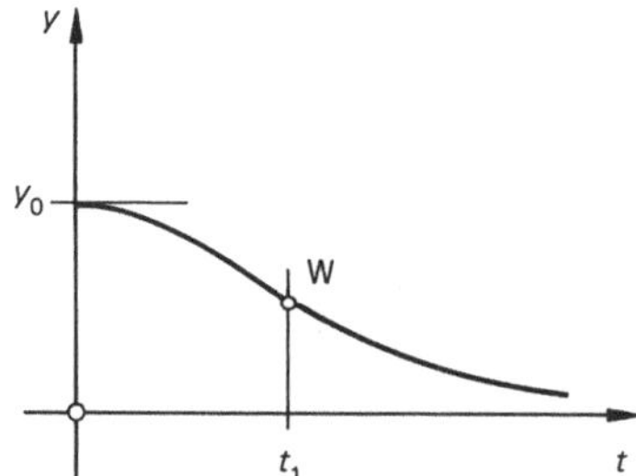


**1220** Ein Feder-Masse-System ($m = 0{,}5$ kg, $c = 800$ N/m) wird geschwindigkeitsproportional gedämpft: Dämpfungskonstante $k = 50$ Ns/m. Federweg und Masseweg sind gleich. Die Masse wird mit $v_0 = 10$ m/s aus der anfänglichen Lage $y(t=0) = y_0 = 1$ m angestoßen. Welche größte Entfernung $y_1$ aus der Ruhelage erfährt die Masse?

*Ergebnis:* $y_1 = 1{,}02213$ m

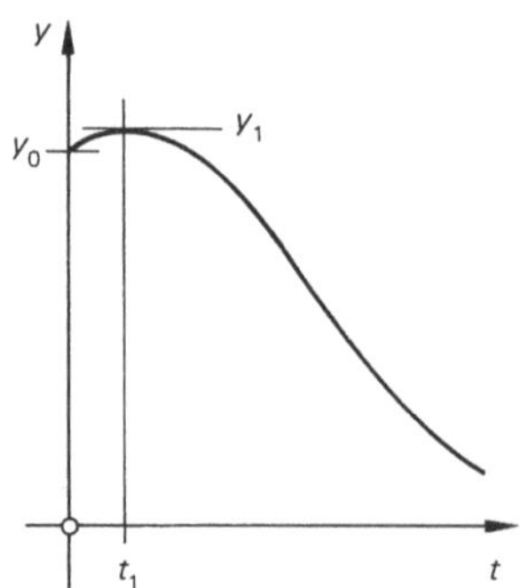

**1221** Das Feder-Masse-System der Aufgabe 1220 wird wie folgt angestoßen:

$$y(t=0) = y_0 = 1\,\text{m} \quad \text{und} \quad \dot{y}(t=0) = -100\,\text{m/s}\,.$$

a) Nach welcher Zeit passiert die Masse die statische Ruhelage?

b) Wie groß ist dann die Geschwindigkeit der Masse?

c) Wie weit bewegt sich die Masse über die Ruhelage hinaus?

*Ergebnisse:* a) $t_1 = 0{,}0231$ s; b) $v_1 = -12{,}6$ m/s; c) $y_2 = -0{,}0992$ m

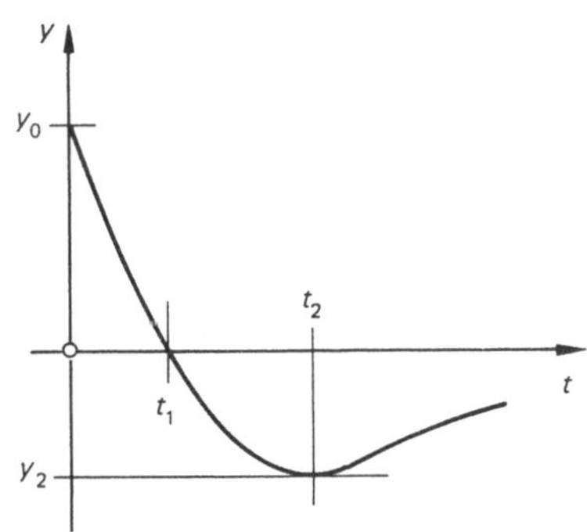


**1222** Die Eigenschwingungen eines geschwindigkeitsproportional gedämpften *Feder-Masse-Systems* (Federweg gleich Masseweg) haben die Kreisfrequenz $\omega_d = 38\,\text{s}^{-1}$. Für die Daten $m = 0{,}5$ kg und $c = 800$ N/m sowie für die Anstoßbedingungen

$$y(t=0) = y_0 = 1\,\text{m} \quad \text{und} \quad \dot{y}(t=0) = v_0 = -2\,\text{m/s}$$

sind zu berechnen

a) die Zeit $t_1$, zu der die Masse erstmals die statische Ruhelage passiert,

b) die dann vorhandene Geschwindigkeit der Masse,

c) die Beschleunigung der Masse im Umkehrzeitpunkt $t_2$.

*Ergebnisse:* a) $t_1 = 0{,}04842$ s; b) $v_1 = -21{,}531$ m/s; c) $a_2 = 570{,}46\,\text{m/s}^2$

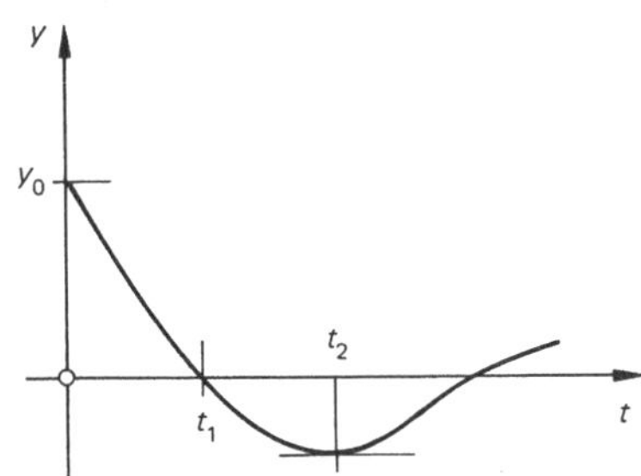


**1223** Für das skizzierte geschwindigkeitsproportional gedämpfte *Feder-Masse-System* ($m = 4$ kg, $c = 35$ N/cm, $k = 250$ Ns/m) sind unter der Voraussetzung, daß die Rolle eine Scheibe konstanter Dicke ist, zu berechnen

a) die Eigenkreisfrequenz ungedämpfter Schwingungen,

b) die Eigenkreisfrequenz gedämpfter Schwingungen,

c) jene Masse, bei der bei gleichem Scheibenradius das System nicht mehr zu Eigenschwingungen fähig ist?

*Ergebnisse:* a) $\omega_0 = 48{,}3\ \text{s}^{-1}$; b) $\omega_d = 43{,}581\ \text{s}^{-1}$; c) $m = 0{,}744$ kg

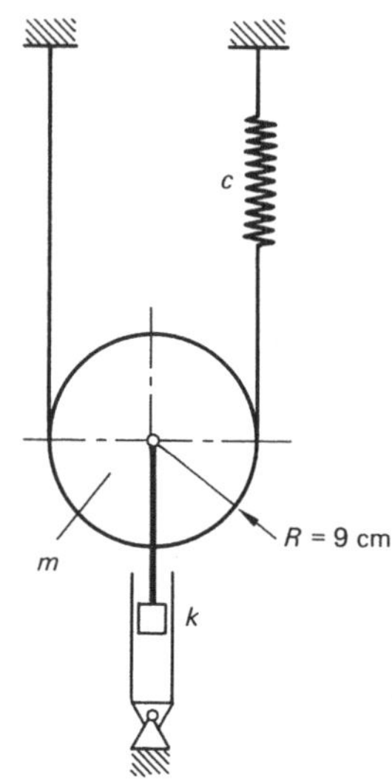


**1224** Die *Kreisringscheibe konstanter Dicke* und der Masse $m = 19$ kg führt Drehschwingungen um die horizontale Achse in A aus. Die Eigenkreisfrequenz ungedämpfter Schwingungen beträgt $40\ \text{s}^{-1}$, die gedämpfter Schwingungen $30\ \text{s}^{-1}$. Zu bestimmen sind

a) die Federkonstante $c$; b) die Dämpfungskonstante $k$.

*Ergebnisse:*

a) $c = 117{,}04$ N/cm;

b) $k = 477{,}9$ Ns/m

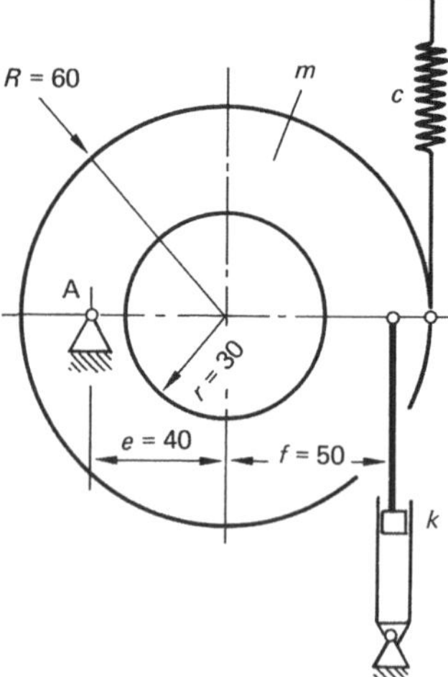


**1225** Für das um die horizontale Achse in A schwingende System sind Schwingungszeit und Eigenkreisfrequenz kleiner Schwingungen zu berechnen. Die Masse ist als dünner Kreisring aufzufassen.

$$m = 0{,}3 \text{ kg},\ c = 2 \text{ N/cm},\ k = 6 \text{ Ns/m},\ R = 30 \text{ cm},\ e = 10 \text{ cm}$$

*Ergebnisse:*

$T_d = 0{,}2617\ \text{s}$;

$\omega_d = 24{,}01\ \text{s}^{-1}$

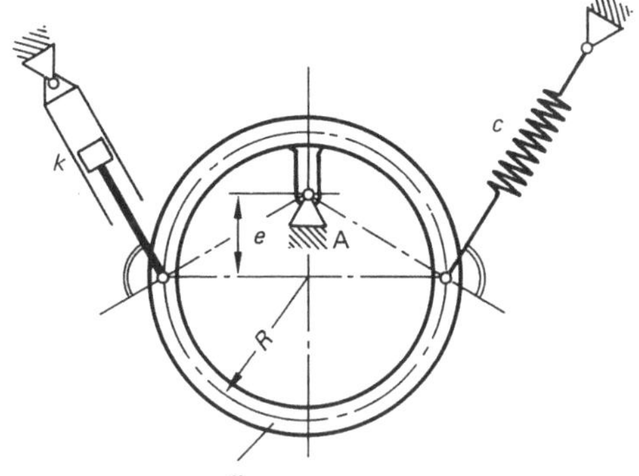


**1226** Für den um die horizontale Achse in A drehbar gelagerten schlanken *Stab* der Masse $m = 0{,}9$ kg sind Eigenkreisfrequenz und Schwingungszeit zu berechnen ($c = 70$ N/m, $k = 4$ Ns/m). Es ist konstruktiv dafür gesorgt, daß die Federn auch auf Druck beansprucht werden können.

*Ergebnisse:*

$\omega_d = 15{,}13\ \text{s}^{-1}$;

$T_d = 0{,}415\ \text{s}$

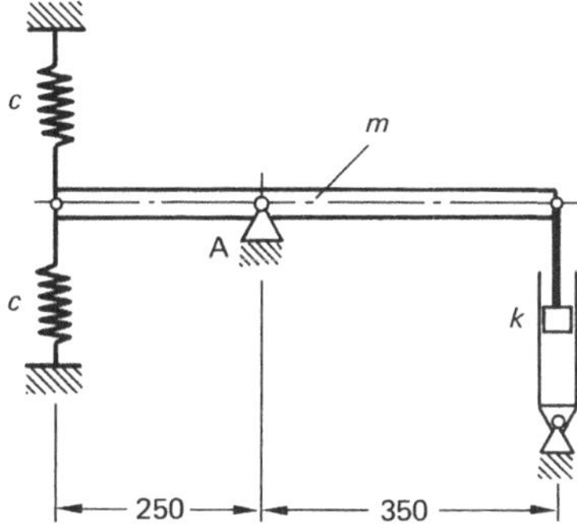


**1227** Das um die horizontale Achse in A drehbare *Feder-Masse-System* wird wie folgt angestoßen: $\varphi(t=0) = 0$ und $\dot{\varphi}(t=0) = 2\,\text{s}^{-1}$. Für die Daten $m = 2$ kg, $c = 20$ N/cm, $k = 100$ Ns/m ist der maximale Ausschlagwinkel $\varphi_m$ zu bestimmen.

*Ergebnis:*

$\varphi_m = 0{,}87°$

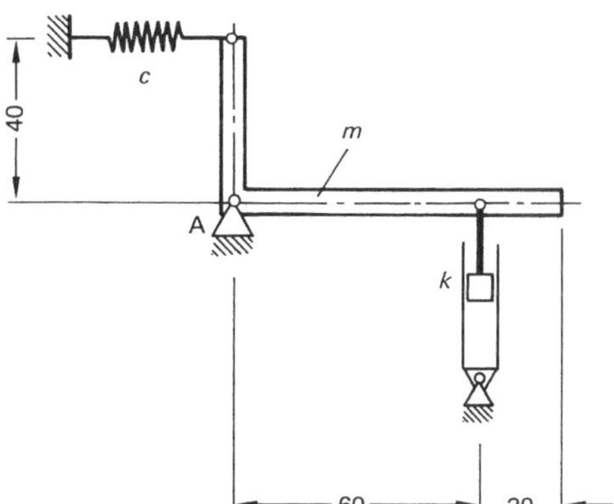

**1228** Ein geschwindigkeitsproportional gedämpftes *Feder-Masse-System* soll durch Zuschalten einer Feder $c_2$ schwingfähig gemacht werden, so daß die Eigenkreisfrequenz der Schwingungen $7\,s^{-1}$ beträgt. Welche Federsteifigkeit $c_2$ ist dazu erforderlich?

$$m = 16\text{ kg},\ c_1 = 1400\text{ N/m},\ k = 320\text{ Ns/m}$$

*Ergebnis:*

$c_2 = 984\text{ N/m}$

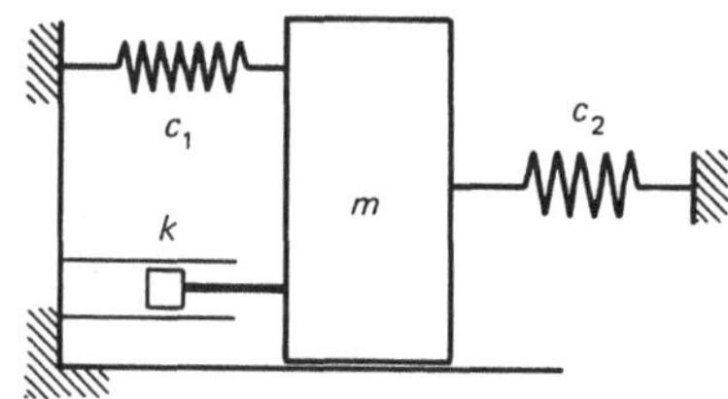


**1229** Die Eigenkreisfrequenz des skizzierten *Feder-Masse-Systems* soll durch Zuschalten einer Feder der Steifigkeit $c_2$ von $13\,s^{-1}$ auf $25\,s^{-1}$ gesteigert werden ($m = 7$ kg, $k = 140$ Ns/m).

a) Welche Federkonstante hat Feder 1?

b) Welche Federkonstante $c_2$ ist erforderlich?

*Ergebnisse:*

a) $c_1 = 1883\text{ N/m}$;

b) $c_2 = 3192\text{ N/m}$

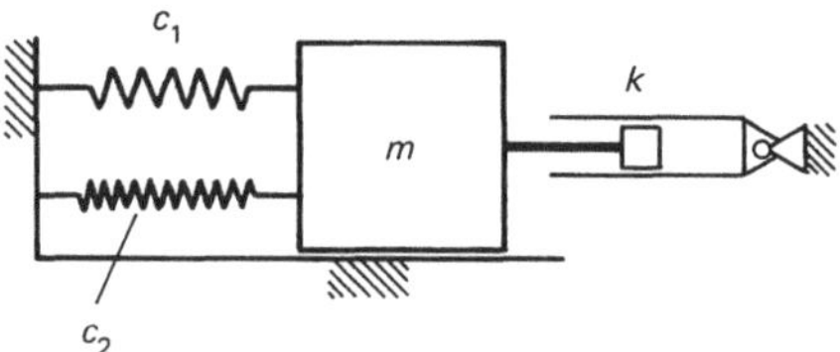


**1230** Die Eigenkreisfrequenz ungedämpfter Schwingungen der Masse $m = 8$ kg beträgt $110\,s^{-1}$, die der gedämpften Schwingungen $85\,s^{-1}$. Um wieviel Prozent muß die Masse verringert werden, damit das System gerade nicht mehr zu Eigenschwingungen fähig ist?

*Ergebnis:* 59,7%

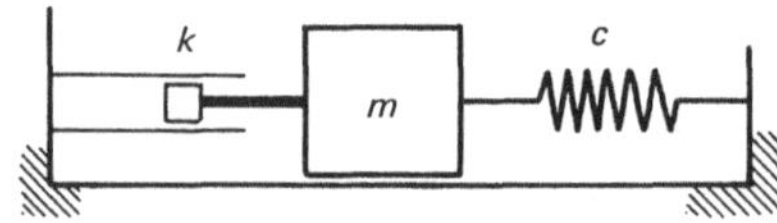


**1231** Der Dämpfer des geschwindigkeitsproportional gedämpften *Feder-Masse-Systems* ($m = 2$ kg, $R = 30$ cm, $c = 40$ N/cm, $k = 80$ Ns/m) wird zwangsbewegt nach dem Gesetz $y(t) = 7\text{ cm} \cdot \sin(20\,s^{-1} \cdot t)$. Die Masse ist als Kreisscheibe konstanter Dicke zu behandeln.

a) Mit welcher Eigenfrequenz schwingt das System?

b) Welcher Ausschlagwinkel $\varphi_m$ stellt sich im eingeschwungenen Zustand ein?

*Ergebnisse:*

a) $\omega_d = 12{,}47\ \text{s}^{-1}$;

b) $\varphi_m = 4{,}24°$

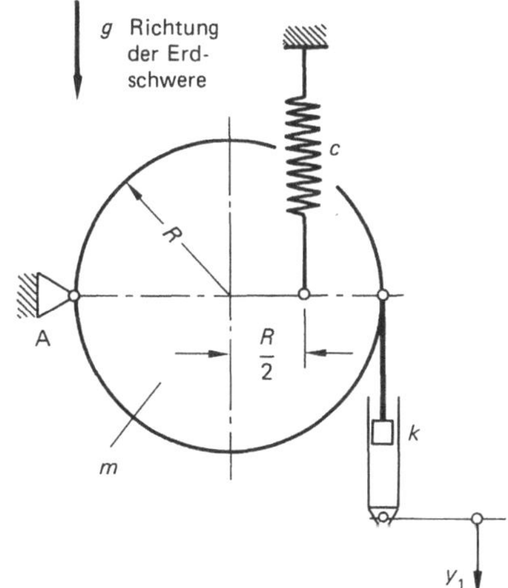


**1232** Das skizzierte *Feder-Masse-System* ($m = 7$ kg, $c_2 = 2c_1 = 260$ N/cm) schwingt bei feststehendem Antrieb mit der Eigenkreisfrequenz $50\ \text{s}^{-1}$. Die Erregung des Systems erfolgt durch Zwangsführung von Feder 2 nach dem Gesetz $y_1(t) = 0{,}04\ \text{m} \cdot \cos(70\ \text{s}^{-1} \cdot t)$. Es sind zu bestimmen

a) die Eigenkreisfrequenz ungedämpfter Schwingungen,

b) die Dämpfungskonstante $k$,

c) die Daueramplitude im eingeschwungenen Zustand,

d) das Bewegungsgesetz $y(t)$ für den eingeschwungenen Zustand in Form einer phasenverschobenen Sinusfunktion.

*Ergebnisse:* a) $\omega_0 = 74{,}642\ \text{s}^{-1}$; b) $k = 775{,}887$ Ns/m; c) $a = 19{,}08$ mm;
d) $y(t) = 19{,}08\ \text{mm} \cdot \sin(70\ \text{s}^{-1} \cdot t + 0{,}0863)$

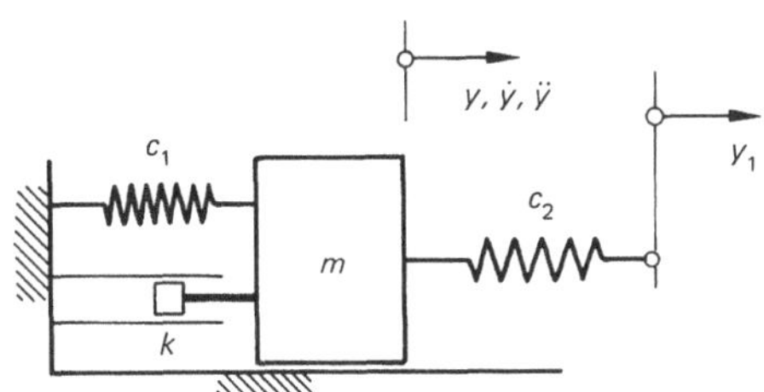


**1233** Das geschwindigkeitsproportional gedämpfte *Feder-Masse-System* ($m = 7$ kg, $c = 175$ N/cm) wird am Dämpfer zwangsbewegt nach dem Gesetz $y_1(t) = 12\ \text{cm} \cdot \sin(20\ \text{s}^{-1} \cdot t)$. Das System ist zu Eigenschwingungen der Kreisfrequenz $42\ \text{s}^{-1}$ fähig. Mit welcher Daueramplitude schwingt das System im eingeschwungenen Zustand?

*Ergebnis:* $a = 5{,}509$ cm

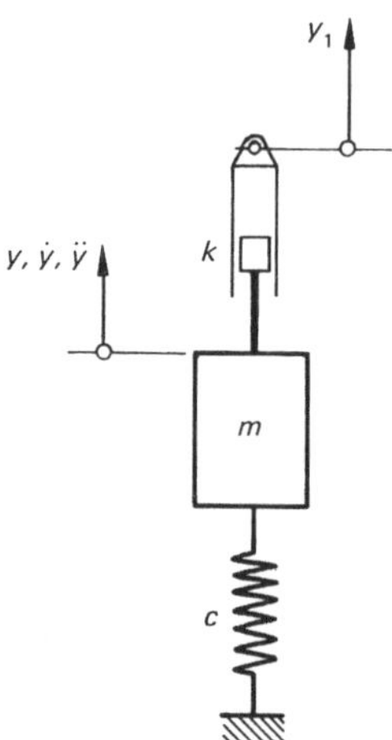


**1234** Das geschwindigkeitsproportional gedämpfte *Feder-Masse-System* schwingt um die horizontale Achse in A und wird an der Feder $c_1$ nach folgendem Gesetz zwangsbewegt: $y_1(t) = 7\ \text{cm} \cdot \sin(40\ \text{s}^{-1} \cdot t)$.

Für die Daten

$$m = 2\ \text{kg},\quad R = 30\ \text{cm},\quad k = 130\ \text{Ns/m},\quad c_1 = 40\ \text{N/cm},\quad c_2 = 25\ \text{N/cm}$$

sind zu bestimmen

a) die Eigenkreisfrequenz des ungedämpften Systems,

b) die Eigenkreisfrequenz des gedämpften Systems,

c) die Daueramplitude $\varphi_m$.

*Ergebnisse:*

a) $\omega_0 = 84{,}9\ \text{s}^{-1}$;

b) $\omega_d = 69{,}51\ \text{s}^{-1}$;

c) $\varphi_m = 5{,}2°$

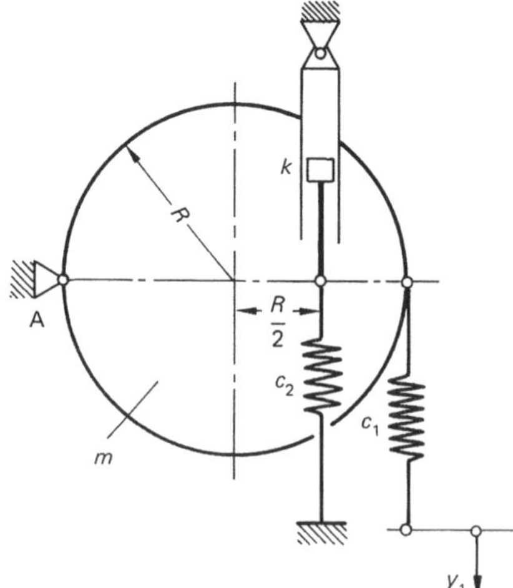

## 13 Kinetik der Relativbewegung

**1301** Welche *Beschleunigung* erfährt eine im Führungssystem relativ bewegte Masse?

*Antwort:*

Als Punkt des Führungssystems erfährt die Masse die Führungsbeschleunigung $a_F$, die aus tangentialer und normaler Komponente bestehen kann je nachdem, ob die Führungsbewegung dieses Punktes translatorisch oder rotatorisch ist; bei Bewegung auf nicht gerader Bahn liegt immer eine Normalbeschleunigung vor, bei Vorliegen einer Winkelbeschleunigung bzw. bei beschleunigter Translationsbewegung erfährt der betrachtete Punkt eine tangentiale Beschleunigung, die Bahnbeschleunigung:

$$\bar{a}_F = \bar{a}_F^n + \bar{a}_F^t$$

Ist die Relativbewegung beschleunigt, so existieren i.a. eine normale und eine Bahnbeschleunigung längs der Relativbahn:

$$\bar{a}_{rel} = \bar{a}_{rel}^n + \bar{a}_{rel}^t$$

Ist die Relativbahn gerade oder befindet sich der Punkt im Wendepunkt oder Umkehrpunkt der Relativbahn, so liegt keine Normalkomponente der Relativbeschleunigung vor; ist seine Geschwindigkeit $v_{rel}$ auch dem Betrage nach konstant, so ist auch $a_{rel}^t$ null.

Findet die Relativbewegung auf einem rotierenden Führungssystem statt, so tritt zu $a_F$ und $a_{rel}$ immer dann eine Coriolisbeschleunigung $a_{cor}$ hinzu, wenn die Relativgeschwindigkeit $v_{rel}$ nicht in Richtung der Drehachse des Führungssystems zeigt:

$$\bar{a}_{cor} = 2 \cdot \bar{\omega}_F \cdot \bar{v}_{rel} \cdot \sin(\omega_F, v_{rel})$$

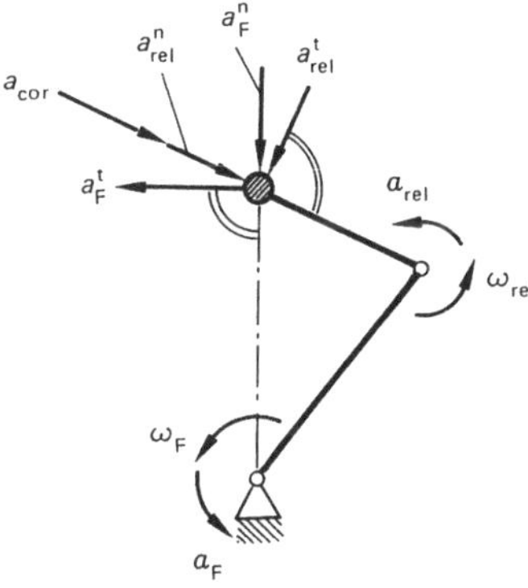


Allgemein:

$$\bar{a} = \bar{a}_F + a_{rel} + \bar{a}_{cor}$$

$$\bar{a}_F \to a_F^n,\ a_F^t \qquad a_{rel} \to a_{rel}^n,\ a_{rel}^t$$

**1302** Welchen Richtungssinn hat der *Coriolisbeschleunigungsvektor*?

*Antwort:*

$\omega_F$, $v_{rel}$ und $a_{cor}$ bilden, in der angegebenen Reihenfolge, ein Rechtssystem. Dreht man den $\omega_F$-Vektor in Richtung $v_{rel}$-Vektor, und zwar auf kürzestem Weg, so bewegt sich eine Rechtsgewindeschraube bei ebendieser Drehrichtung in Richtung des $a_{cor}$-Vektors.

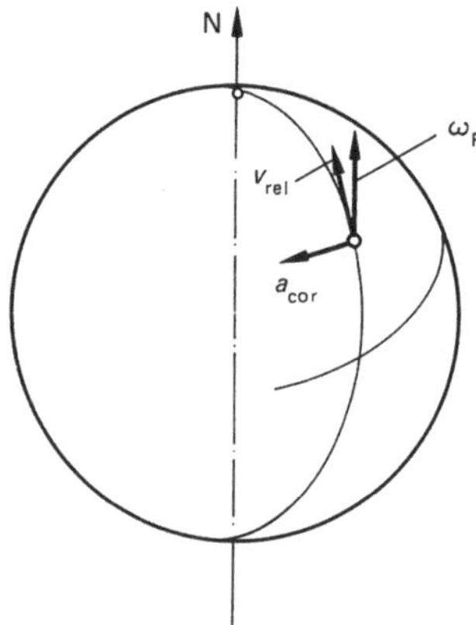


*Beispiel:* Ein Schienenfahrzeug fährt auf der nördlichen Halbkugel nach Norden; der $a_{cor}$-Vektor zeigt nach Westen. Bei Fahrt in Richtung Süden wäre der $a_{cor}$-Vektor nach Osten gerichtet.

**1303** Bei welchen Relativbewegungen tritt die *Coriolisbeschleunigung* auf?

*Antwort:*

Immer dann, wenn das Führungssystem rotiert und der $v_{rel}$-Vektor nicht dieselbe Richtung hat wie der $\omega_F$-Vektor, tritt die Coriolisbeschleunigung auf, denn dann sind $\omega_F$ und $\sin(\omega_F, v_{rel})$ nicht null.

*Beispiel:* Fährt ein Fahrzeug längs des Äquators nach Osten, so ist $a_{cor}$ auf den Erdmittelpunkt gerichtet. Fährt das Fahrzeug (am Äquator) in nördlicher Richtung, so tritt keine Coriolisbeschleunigung auf, weil $v_{rel}$ und $\omega_F$ dieselbe Richtung haben.

**1304** Wie lautet das *Dynamische Grundgesetz* in der D'Alembertschen Form in bezug auf die Kinetik der Relativbewegung?

*Antwort:*

Das Prinzip von D'Alembert, nach dem dynamische Probleme formal auf statische Gleichgewichtsprobleme zurückgeführt werden, indem Trägheitskräfte, der Beschleunigungsrichtung entgegenwirkend, zu den wirklich wirkenden Kräften ergänzt werden, gilt auch für die Kinetik der Relativbewegung:

$$0 = \bar{F}_{Res} - m \cdot (\bar{a}_F + \bar{a}_{rel} + \bar{a}_{cor})$$

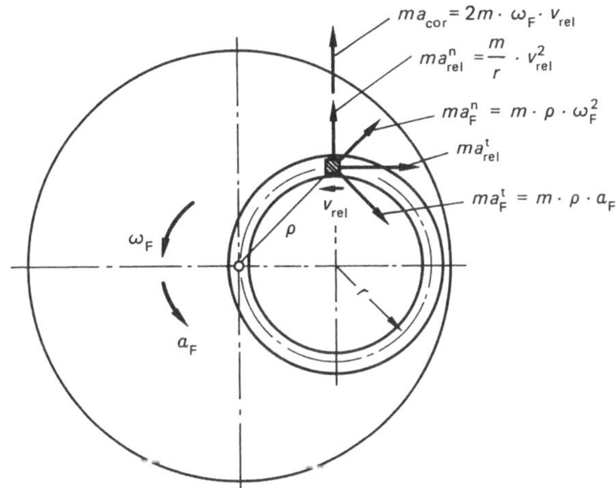


*Beispiel:* Masse in einer Kreisbahn auf drehender Scheibe. $v_{rel} \neq 0$, $a^t_{rel} \neq 0$, $\omega_F \neq 0$, $\alpha_F \neq 0$, d.h. die Masse ist in der Relativbahn beschleunigt, das Führungssystem dreht beschleunigt.

**1305** Eine *Masse* $m_1$ ist auf der Schrägen der Masse $m_2$ reibungsfrei beweglich; Masse 2 selbst bewegt sich reibungsfrei auf horizontaler Bahn. Das System wird nach anfänglicher Ruhe sich selbst überlassen, es kommt zur Bewegung beider Massen. Die Beschleunigungen der Massen sind zu bestimmen.

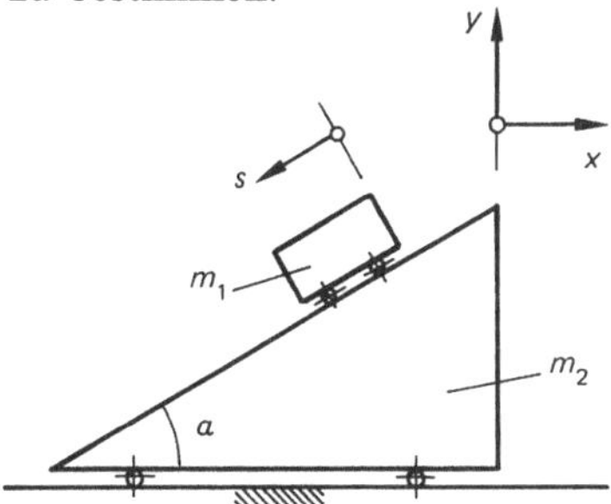


*Lösung:*

Masse 2 ist Führungssystem. Da das Führungssystem nicht dreht, ist $a_{cor} = 0$.

Masse 1: $\sum F_s = 0$ (D'Alembert)

(1) $0 = m_1 g \cdot \sin\alpha + m_1 \cdot \ddot{x} \cdot \cos\alpha - m_1 \cdot \ddot{s}$

$\sum$ Normalkräfte $= 0$

(2) $0 = F_N - m_1 g \cdot \cos\alpha + m_1 \cdot \ddot{x} \cdot \sin\alpha$

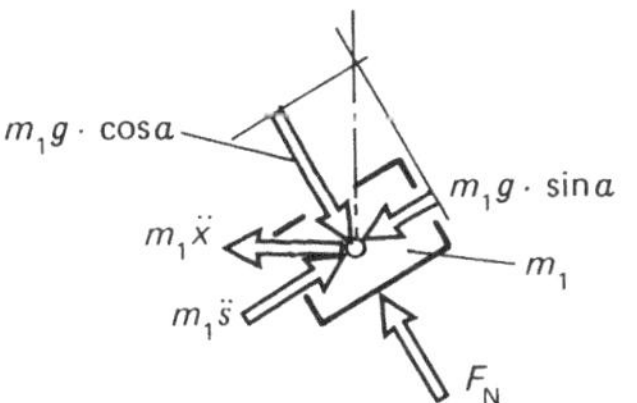


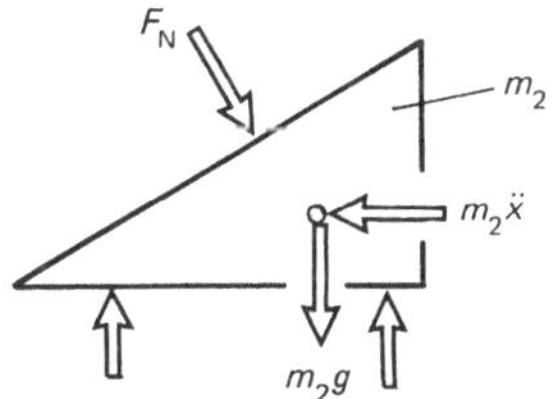

Masse 2: $\sum F_x = 0$

(3) $\quad 0 = F_N \cdot \sin\alpha - m_2 \cdot \ddot{x}$

Aus (2) folgt: $\quad F_N = m_1 \cdot g \cdot \cos\alpha - m_1 \cdot \ddot{x} \cdot \sin\alpha$

Aus (3) folgt: $\quad F_N = \dfrac{m_2 \cdot \ddot{x}}{\sin\alpha}$

Gleichsetzen führt zu:

$$\ddot{x} = a_F = g \cdot \frac{\sin(2\alpha)}{2 \cdot \left(\sin^2\alpha + \dfrac{m_2}{m_1}\right)} = \text{konst}$$

Aus (1):

$$\ddot{s} = a_{rel} = g \cdot \frac{\sin\alpha \cdot (m_1 + m_2)}{m_1 \cdot \sin^2\alpha + m_2} = \text{konst}$$

Sonderfälle:

1) $\quad m_2 = \infty$: $\quad a_F = 0;\ a_{rel} = g \cdot \sin\alpha;\ F_N = m_1 g \cdot \cos\alpha$

2) $\quad \alpha = 0$: $\quad a_F = 0;\ a_{rel} = 0;\ F_N = m_1 g$

3) $\quad \alpha = 90°$: $\quad a_F = 0;\ a_{rel} = g;\ F_N = 0$

**1306** Auf horizontaler Bahn ist ein Körper der Masse $m_1$ reibungsfrei verschiebbar. Eine *Kreisscheibe* konstanter Dicke und der Masse $m_2$ (Radius $R$) ist über eine Feder der Härte $c$ mit Masse 1 verbunden und kann auf dieser wie skizziert Abrollbewegungen ausführen. Durch den elastischen Verbund ist das System zu Schwingungen fähig. Es ist die Eigenkreisfrequenz der Schwingungen des Systems zu bestimmen, und es ist zu untersuchen, unter welchen Bedingungen Schlupf zwischen Rad und „Bahn" unterbleibt.

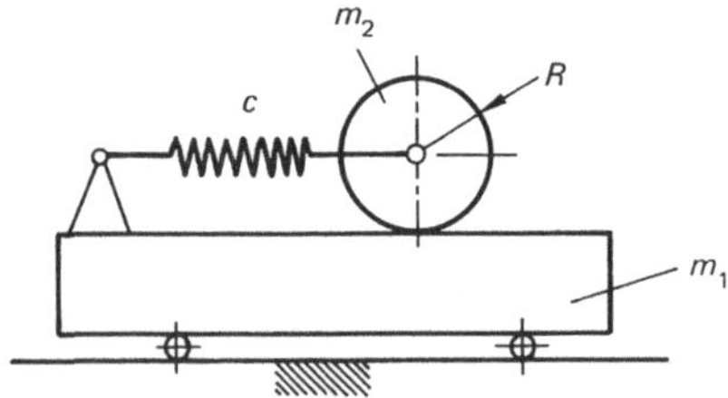


*Lösung:*

Das Führungssystem (Masse $m_1$) ist translatorisch bewegt: $a_{cor} = 0$. Die Relativbewegung ist eine allgemeine ebene Bewegung aus Translation und Rotation um den Rollenschwerpunkt; beiden Bewegungsanteilen entspricht eine D'Alembertsche Trägheitsgröße.

Masse 1: $\sum F_x = 0$

(1) $\quad 0 = F_r + c \cdot s - m_1 \ddot{x}$

Masse 2: $\sum F_s = 0$

(2) $\quad 0 = F_r + c \cdot s + m_2 \cdot \ddot{s} + m_2 \ddot{x}$

$$\sum M_S = 0$$

(3) $$0 = J_S \cdot \ddot{\varphi} - F_r \cdot R$$

Aus (3): $F_r = \dfrac{J_S \cdot \ddot{\varphi}}{R}$ in (1) und (2) eingesetzt liefert:

$$0 = \frac{J_S \cdot \ddot{s}}{R^2} + c \cdot s - m_1 \ddot{x}$$

$$0 = \frac{J_S \cdot \ddot{s}}{R^2} + c \cdot s + m_2 \ddot{s} + m_2 \ddot{x}$$

Daraus:

$$0 = \ddot{s} + s \cdot \underbrace{\frac{c \cdot \left(1 + \dfrac{m_2}{m_1}\right)}{m_2 + \dfrac{J_S}{R^2}\left(1 + \dfrac{m_2}{m_1}\right)}}_{\omega_0^2}$$

$$\omega_0^2 = \frac{2c \cdot \left(1 + \dfrac{m_1}{m_2}\right)}{3m_1 + m_2}$$

Sonderfall: $m_1 = \infty$: $$\omega_0^2 = \frac{2c}{3m_2}$$

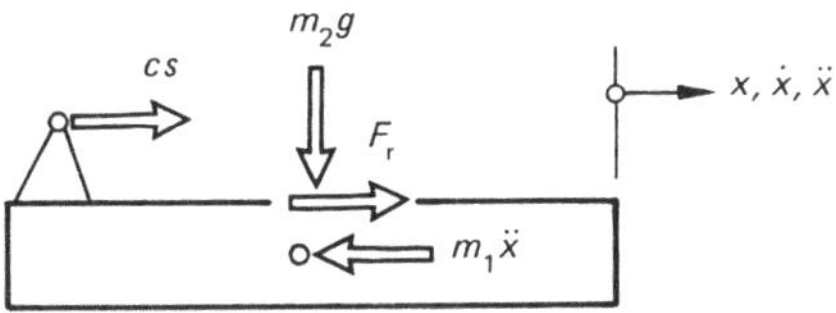


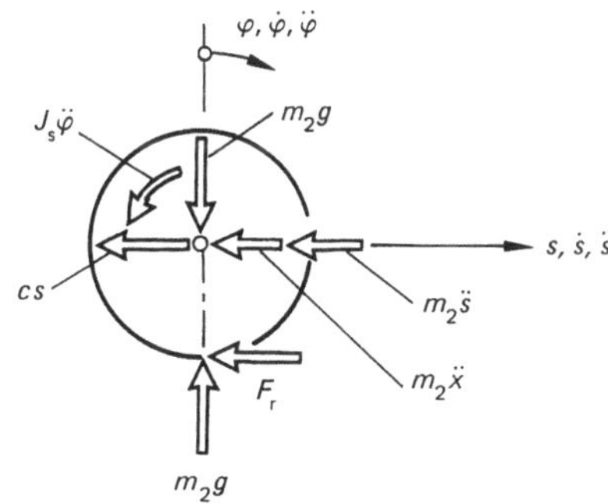


Rollbedingung:

$$F_r < m_2 \cdot g \cdot \mu_0; \quad \frac{J_S \cdot \ddot{s}}{R^2} < m_2 g \cdot \mu_0$$

Mit $J_S = \dfrac{m_2 R^2}{2}$ lautet die Bedingung:

$$\ddot{s}_{max} < 2g \cdot \mu_0$$

Allgemein:

$$s(t) = C_1 \cdot \cos(\omega_0 t) + C_2 \cdot \sin(\omega_0 t)$$
$$\ddot{s}(t) = -C_1 \omega_0^2 \cdot \cos(\omega_0 t) - C_2 \omega_0^2 \cdot \sin(\omega_0 t)$$

Gewählte Anstoßbedingungen:

$$s(t=0) = s_0; \quad \dot{s}(t=0) = 0$$

Es folgt:
$$C_2 = 0; \quad C_1 = s_0$$

Damit:

$$|\ddot{s}_{max}| = s_0 \cdot \omega_0^2$$

$$s_0 \cdot \frac{2c\left(1 + \frac{m_1}{m_2}\right)}{3m_1 + m_2} < 2g \cdot \mu_0$$

$$s_0 < g \cdot \mu_0 \cdot \frac{3m_1 + m_2}{c\left(1 + \frac{m_1}{m_2}\right)}$$

**1307** Eine *runde Scheibe* der Masse $m = 12$ kg (Scheibe konstanter Dicke vom Radius $R = 20$ cm) dreht um die Schwerpunktachse $z$; diese wiederum ist als Achse im Führungssystem um die vertikale Achse y drehbar. Bei gleichförmiger Drehung des Führungssystems mit $\omega_F = 20\ s^{-1}$ wird die Rotorachse z also ständig verlagert: geführter Kreisel. Welches Kreiselmoment $M_x$ tritt auf bei einer konstanten Scheibendrehzahl $n_z = 800\ min^{-1}$?

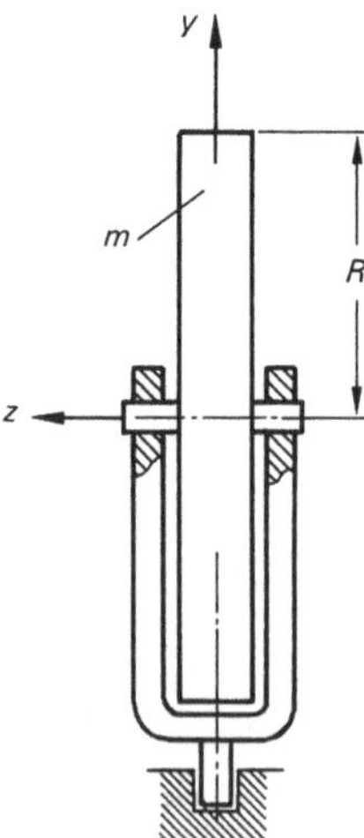


*Lösung:*

Betrachtung eines Masseteilchens d$m$ in beliebigem Abstand $r$ von der z-Achse. Das Kreiselmoment wird nur durch die Trägheitskraft der Coriolisbeschleunigung der Masseteilchen d$m$ hervorgerufen:

$$M_x = \int -\mathrm{d}m \cdot a_{cor} \cdot y; \quad a_{cor} = 2 \cdot \omega_F \cdot v_{rel} \cdot \sin\varphi$$

$$M_x = -\int_m \mathrm{d}m \cdot 2\omega_F\, v_{rel} \cdot \sin\varphi \cdot y$$

mit $v_{rel} = \omega_{rel} \cdot r$ und $r \cdot \sin\varphi = y$

$$M_x = -2\,\omega_F\,\omega_{rel} \cdot \underbrace{\int_m y^2 \cdot dm}_{J_x = \text{Massenträgheitsmoment}}$$

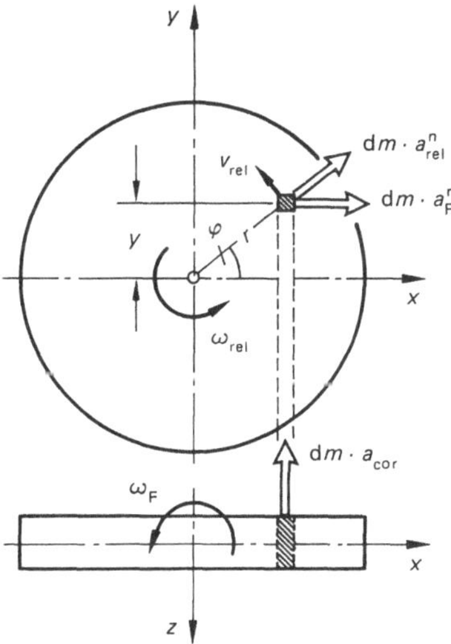


Für Kreisscheibe konstanter Dicke gilt

$$J_x = J_y = \frac{1}{2}\,J_z$$

Damit folgt:

$$M_x = -2\,\omega_F\,\omega_{rel} \cdot \frac{1}{2}\,J_z = -J_z \cdot \omega_F \cdot \omega_{rel}$$

$$J_z = \frac{m\,R^2}{2} = \frac{12\,\text{kg} \cdot (0{,}2\,\text{m})^2}{2} = 0{,}24\,\text{kg m}^2$$

$$\omega_{rel} = \frac{\pi \cdot n_z}{30} = \frac{\pi}{30} \cdot 800\,\text{s}^{-1} = 83{,}776\,\text{s}^{-1}$$

$$M_x = -402{,}12\,\text{Nm}$$

**1308** Mit welcher Eigenkreisfrequenz $\omega_0$ kann die *Stange* der Länge $L$ und der Masse $m$ um den Drehpunkt B (reibungsfreies Gelenk) schwingen, wenn B Punkt des mit $\omega_F$ = konst rotierenden Führungssystems ist? Die Drehachsen sind vertikale Achsen: horizontales Problem.

*Ergebnis:*

$$\omega_0 = \sqrt{\frac{3R}{2L}} \cdot \omega_F$$

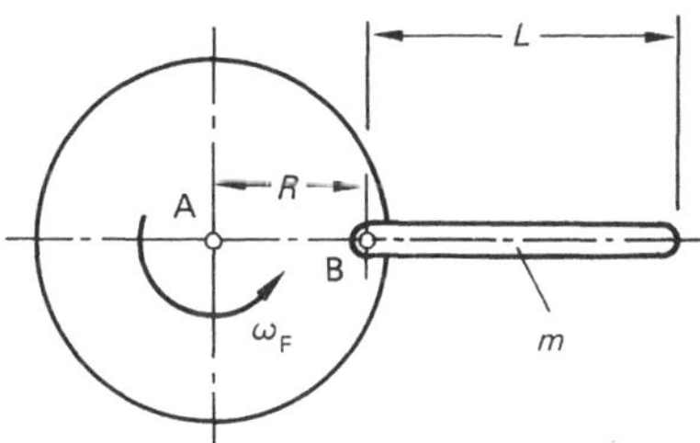

**1309** Eine *Welle* dreht sich um die vertikale y-Achse mit konstanter Winkelgeschwindigkeit $\omega_F$. In Punkt A ist eine masselose *Stange* der Länge $L$ reibungsfrei gelenkig gelagert. Am Ende der Stange befindet sich die Punktmasse $m$. Die Stange dreht mit konstanter Winkelgeschwindigkeit $\omega_{rel}$ um A (zwangsbewegt). Es sind die Momente $M_x(\varphi)$, $M_y(\varphi)$ und $M_z(\varphi)$ in Abhängigkeit vom jeweiligen Drehwinkel $\varphi$ zu beschreiben.

*Ergebnisse:*

$$M_x(\varphi) = 2 \cdot m \cdot L^2 \cdot \omega_F \cdot \omega_{rel} \cdot \cos^2 \varphi\,;$$

$$M_y(\varphi) = m \cdot L^2 \cdot \omega_F \cdot \omega_{rel} \cdot \sin(2\varphi)\,;$$

$$M_z(\varphi) = m \cdot L \cdot \sin\varphi \cdot (g - \omega_F^2 \cdot L \cdot \cos\varphi)$$

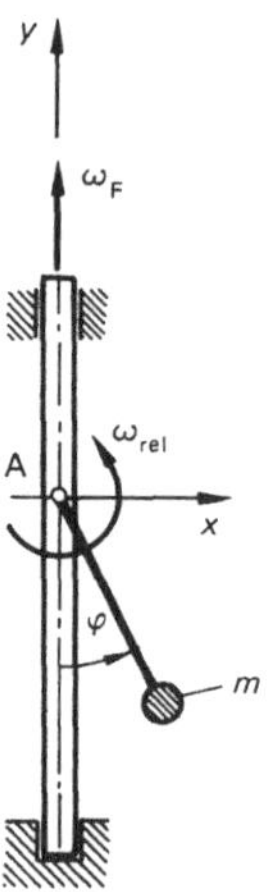


**1310** Eine *Welle* dreht um die vertikale y-Achse mit der konstanten Winkelgeschwindigkeit $\omega_F$. Eine schlanke Stange der Länge $L$ und der Masse $m$ ist in A reibungsfrei drehbar gelagert und wird mit $\omega_{rel} = \text{konst}$ zwangsbewegt. Es sind die Momente $M_x(\varphi)$, $M_y(\varphi)$ und $M_z(\varphi)$ in Abhängigkeit vom Drehwinkel $\varphi$ zu beschreiben.

*Ergebnisse:*

$$M_x(\varphi) = \frac{2}{3} m \cdot \omega_F \cdot \omega_{rel} \cdot L^2 \cdot \cos^2 \varphi\,;$$

$$M_y(\varphi) = \frac{1}{3} m \cdot \omega_F \cdot \omega_{rel} \cdot L^2 \cdot \sin(2\varphi)\,;$$

$$M_z(\varphi) = \frac{m \cdot L}{2} \left( g \cdot \sin\varphi - \frac{L}{3} \cdot \omega_F^2 \cdot \sin(2\varphi) \right)$$

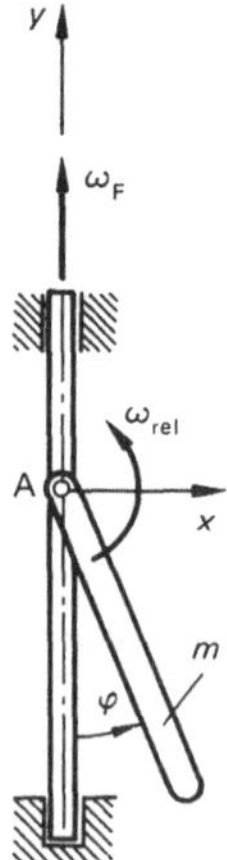


**1311** Zwei Massen sind durch eine Feder der Steifigkeit $c$ miteinander verbunden. Die Massen können reibungsfrei Bewegungen auf horizontaler Bahn ausführen. Zu bestimmen ist die Eigenkreisfrequenz kleiner Schwingungen, die sich nach anfänglichem Anstoß einstellen. Hinweis: Eine der beiden Massen wird zum Führungssystem erklärt, in bezug auf das sich die andere Masse relativ bewegt.

*Ergebnis:* $\omega_0^2 = c \cdot \left(\frac{1}{m_1} + \frac{1}{m_2}\right)$

**1312** Eine *Punktmasse* wird mit konstanter Relativgeschwindigkeit $v_0$ aus der skizzierten Anfangsposition in dem mit gleichförmiger Winkelgeschwindigkeit $\omega_F$ um die vertikale Achse drehenden Rohr durch einen Zugfaden auf die Drehachse zubewegt. Reibungswiderstände sind vernachlässigbar klein.

a) Wie ändert sich die Fadenkraft mit der Zeit?

b) Welche Fadenkraft liegt zur Zeit $t = 0$ vor?

c) Wie groß ist die Fadenkraft, wenn $x = R$ ist?

d) Welche seitliche Normalkraft tritt zwischen Masse und Rohrwand auf?

e) Wie lautet das von $t$ abhängige Gesetz für das Antriebsmoment $M_A$?

*Ergebnisse:*

a) $F(t) = m \cdot \omega_F^2 \cdot (R - v_0 \cdot t)$; b) $F(t=0) = m \cdot \omega_F^2 \cdot R$; c) $F(x = R) = 0$;

d) $F_N = m \cdot a_{cor} = 2 \cdot m \cdot \omega_F \cdot v_0$; e) $M_A(t) = F_N \cdot (R - x) = 2 \cdot m \cdot \omega_F \cdot v_0 \cdot (R - v_0 \cdot t)$

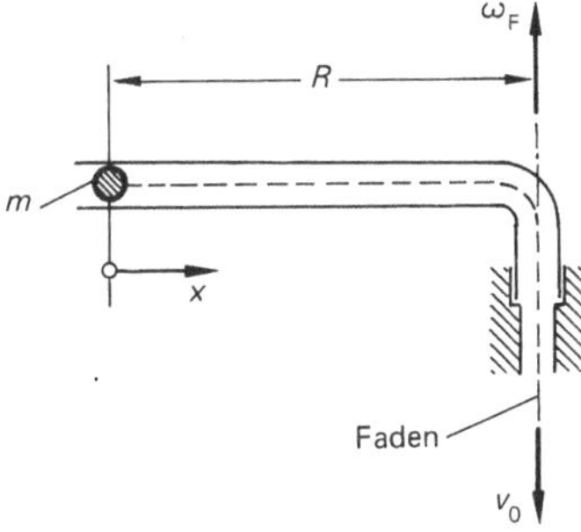


**1313** Ein Rohr dreht um die vertikale Achse mit konstanter Winkelgeschwindigkeit $\omega_F$, es ist gegen die Vertikale um den Winkel $\alpha$ geneigt. Im Rohr befindet sich eine Punktmasse, die aus der skizzierten Anfangsposition mit einem Zugfaden in Richtung auf die Drehachse zubewegt wird. Die Relativbewegung der Masse ist gleichförmig: $v_0 = \text{konst.}$

a) Die größte Fadenkraft ist zu beschreiben.

b) Zu welchem Zeitpunkt $t_0$ wird die Fadenkraft null?

c) Welche Mindestdrehzahl muß das Führungssystem (Rohr) aufweisen, damit der Zugfaden in der skizzierten Anfangsposition der Masse nicht schon kräftefrei ist?

*Ergebnisse:*

a) $F(t) = m \cdot \sin^2\alpha \cdot (L - v_0 \cdot t) \cdot \omega_F^2 - m \cdot g \cdot \cos\alpha$

b) $t_0 = \frac{1}{v_0}\left(L - \frac{g \cdot \cos\alpha}{(\omega_F \cdot \sin\alpha)^2}\right)$; c) $n > \frac{30}{\pi \cdot \sin\alpha} \cdot \sqrt{\frac{g \cdot \cos\alpha}{L}}$

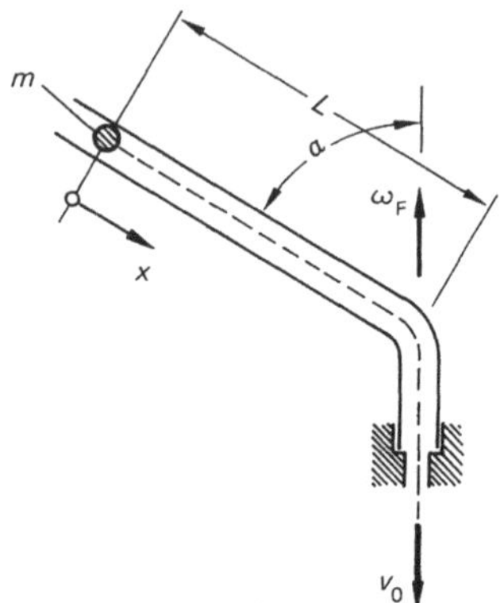


**1314** In eine in horizontaler Ebene mit konstanter Winkelgeschwindigkeit $\omega_F$ drehenden *Scheibe* ist eine gerade Führungsbahn wie skizziert eingearbeitet, in der sich eine Masse $m$ reibungsfrei bewegen kann. Welche Bahnbeschleunigung besitzt die Masse in der skizzierten augenblicklichen Stellung?

*Ergebnis:* $a_{\text{rel}} = y \cdot \omega_F^2$

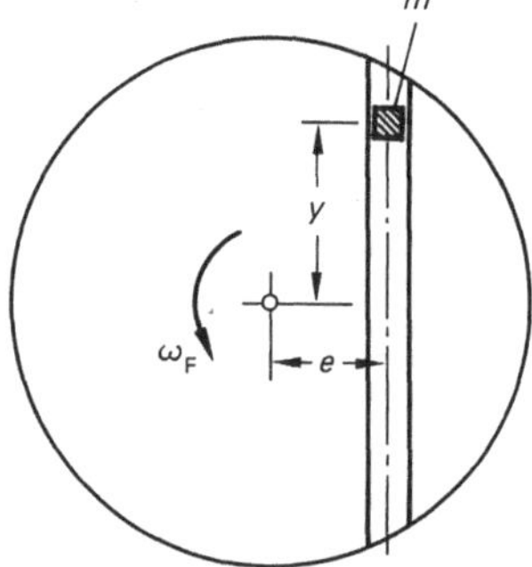


**1315** Eine *Punktmasse* ist in einem um die vertikale Achse mit konstanter Winkelgeschwindigkeit $\omega_F$ rotierenden Rohr frei beweglich und wird aus der skizzierten anfänglichen Ruhelage (Masse arretiert) ohne Anfangsradialgeschwindigkeit losgelassen (entriegelt). Wann und mit welcher Geschwindigkeit verläßt die Masse das vorne offene Rohr? Hinweis: die Austrittsgeschwindigkeit ist die vektorielle Summe aus Umfangsgeschwindigkeit des Rohraustritts und Radialgeschwindigkeit der Masse.

*Ergebnisse:* $t = \dfrac{1}{\omega_F} \ln \left[ \dfrac{1}{\dfrac{L}{a} - \sqrt{\left(\dfrac{L}{a}\right)^2 - 1}} \right]$; $v = \sqrt{(L \cdot \omega_F)^2 + (a \cdot \omega_F \cdot \sinh(\omega_F \cdot t))^2}$

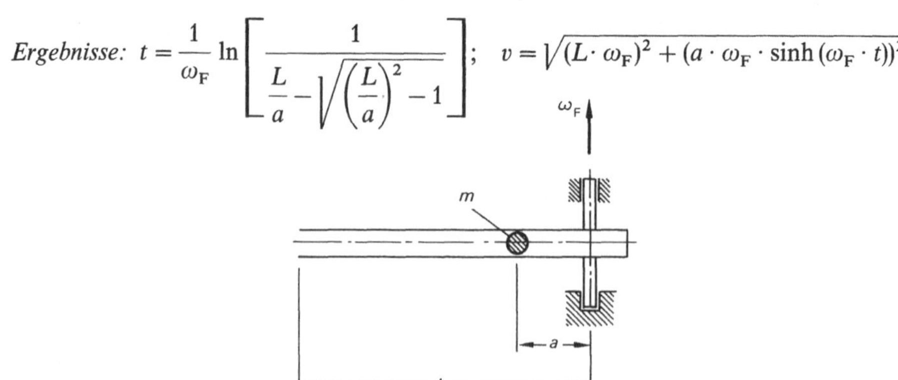

**1316** Für das in horizontaler Ebene bewegte System sind für die Daten $\omega_F = 20\,s^{-1}$ = konst, $\omega_{rel} = 30\ s^{-1}$ = konst, $L = 0{,}4$ m und $m = 0{,}1$ kg zu berechnen

a) die Momente $M_A$ und $M_B$ in der skizzierten Stellung des Systems,

b) die Lagerkraft $F_A$ für die Strecklage der Stangen,

c) die Lagerkraft $F_A$ für den Fall, daß sich die Masse über A befindet.

*Ergebnisse:*

a) $M_A = 33{,}6$ Nm;
$M_B = 6{,}4$ Nm;

b) $F_A = 116$ N;

c) $F_A = 84$ N

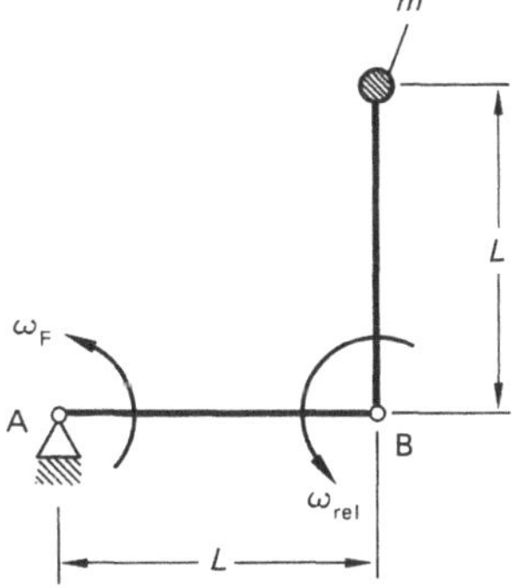


**1317** Eine schlanke Stange der Länge $L$ und der Masse $m$ dreht um die vertikale Achse in B mit $\omega_{rel} = 30\ s^{-1}$ gleichförmig. B ist das Ende einer als masselos anzusehenden Stange, die wiederum mit $\omega_F = 20\ s^{-1}$ gleichförmig um die vertikale Achse in A dreht. Für die skizzierte Stellung des Systems ist das Antriebsmoment $M_A$ zu beschreiben.

*Ergebnis:*

$$M_A = m \cdot L^2 \cdot \omega_{rel} \cdot \left(\omega_F + \frac{1}{2} \cdot \omega_{rel}\right)$$

**1318** Eine kreisrunde Führungsbahn dreht in horizontaler Ebene mit der konstanten Winkelgeschwindigkeit $\omega_F = 20\ s^{-1}$ um A. In der Führungsbahn befindet sich die Masse $m = 0{,}1$ kg mit der konstanten Bahngeschwindigkeit $v_{rel} = 6$ m/s (Antrieb!) in der skizzierten Stellung.

a) Welches Moment $M_A$ ist augenblicklich aufzubringen, wenn die Bewegung reibungsfrei ist?

b) Mit welcher Normalkraft drückt die Masse auf die Führungswand?

c) Wie groß ist die Lagerkraft $F_A$ bei größter Entfernung der Masse?

*Ergebnisse:*

a) $M_A = 15{,}6$ Nm;

b) $F_N = 51{,}2$ N;

c) $F_A = 71{,}2$ N

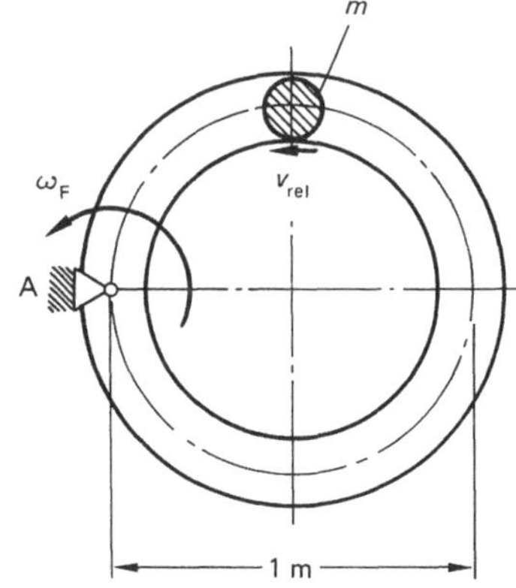


**1319** Die Masse $m = 15$ kg dreht in horizontaler Ebene um den Endpunkt B einer um A drehenden Stange. Die Stangen sind von vernachlässigbar kleiner Masse. In der skizzierten Stellung dreht die Führungsstange mit $n_A = 40 \text{ min}^{-1}$, die Drehzahl der Relativbewegung ist halb so groß. Während die Drehzahl der Relativbewegung gleichförmig ist, ist die Drehung der Führungsstange gleichförmig beschleunigt mit $\alpha_F = 2 \text{ s}^{-2}$.

a) Welches Antriebsmoment $M_A$ ist in der skizzierten Stellung des Systems aufzubringen?

b) Welche Zugkraft wirkt in der kurzen Stange?

c) Welche Zugkraft wirkt in der langen Stange?

*Ergebnisse:*

a) $M_A = 2521{,}42$ Nm;

b) $F = 1008{,}26$ N;

c) $F = 1007{,}76$ N

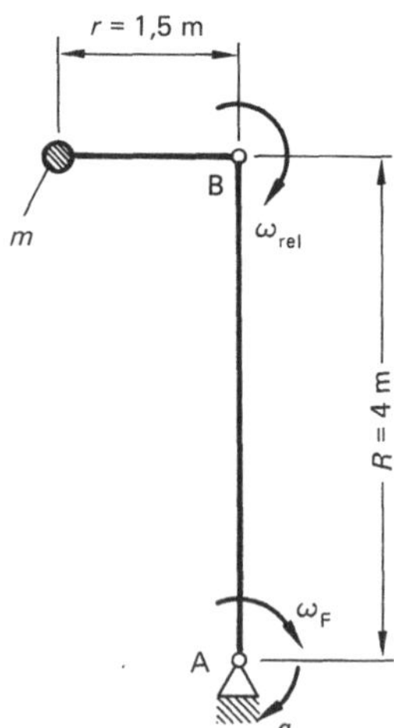


**1320** Das skizzierte System aus masselos anzunehmenden Stangen und Punktmasse $m = 0{,}7$ kg bewegt sich in horizontaler Ebene. Die augenblicklichen Winkelgeschwindigkeiten sind $\omega_A = 30 \text{ s}^{-1}$, $\omega_B = 20 \text{ s}^{-1}$. Die Drehbewegung der Führungsstange ist gleichförmig beschleunigt mit $\alpha_A = 12 \text{ s}^{-2}$, die Relativbewegung ist gleichförmig. Es sind für die skizzierte Getriebestellung die in A und B aufzubringenden Momente zu berechnen.

*Ergebnisse:*

$M_A = 6510$ Nm;

$M_B = 7484{,}4$ Nm

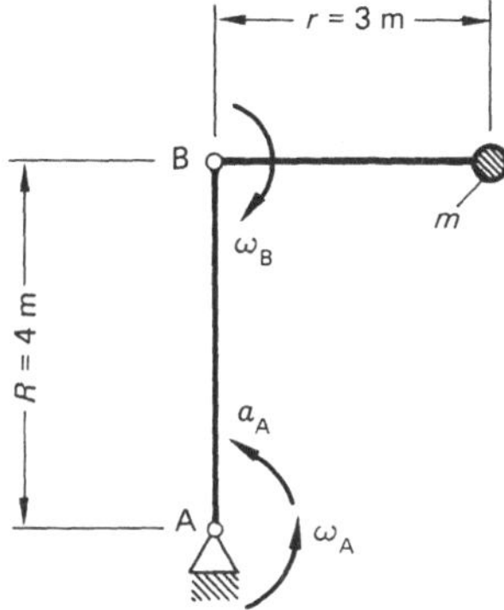


**1321** Eine Masse $m = 200$ g bewegt sich mit konstanter Bahngeschwindigkeit $v_{rel} = 8$ m/s in einer in horizontaler Ebene um A drehenden Führung. Die augenblickliche Winkelgeschwindigkeit ist $\omega_A = 20\ s^{-1}$. Die Drehbewegung ist gleichförmig beschleunigt mit $\alpha_A = 70\ s^{-2}$. Mit welcher Normalkraft drückt die Masse derzeit auf die seitliche Führungswand?

*Ergebnis:*

$F_N = 74{,}4$ N

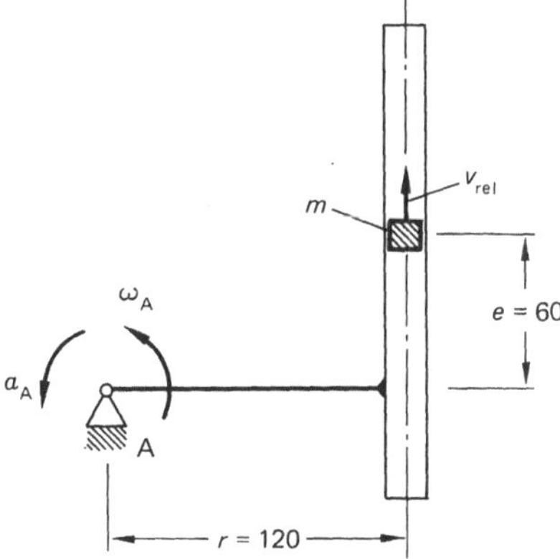


**1322** Eine *Führungsscheibe* dreht in horizontaler Ebene mit konstanter Winkelgeschwindigkeit $\omega_A = 24\ s^{-1}$. Am Scheibenrand ist eine Stange von vernachlässigbar kleiner Masse drehbar gelagert, an deren Ende die Punktmasse $m = 2$ kg eine beschleunigte Drehbewegung ausführt: $\alpha_{rel} = 9\ s^{-2}$; die augenblickliche Winkelgeschwindigkeit der Relativbewegung ist $\omega_{rel} = 15\ s^{-1}$.

a) Welches Antriebsmoment $M_A$ muß in der skizzierten Position des Systems aufgebracht werden?

b) Welches Moment ist in B aufzubringen?

c) In welcher Zeit ist die Masse der Drehachse A am nächsten, und wie groß sind in dieser Stellung der Masse die Momente in A und B?

*Ergebnisse:*

a) $M_A = 13{,}5$ Nm;

b) $M_B = 4{,}5$ Nm;

c) $t = 0{,}8355\ \mathrm{s}$;
$M_A = 4{,}5\ \mathrm{Nm}$;
$M_B = 4{,}5\ \mathrm{Nm}$

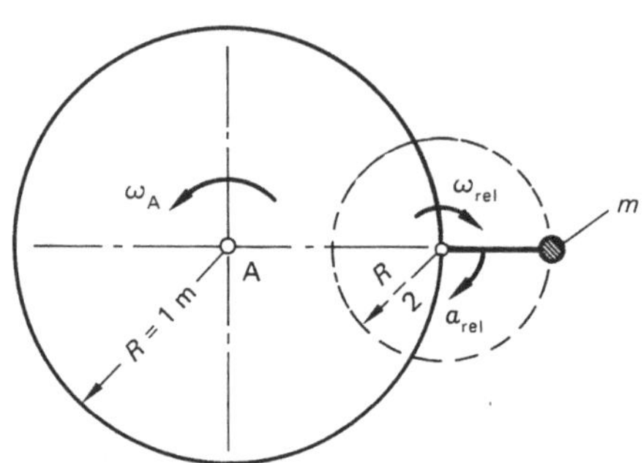


**1323** Eine in horizontaler Ebene mit konstanter Winkelgeschwindigkeit $\omega_A = 12\ \mathrm{s}^{-1}$ drehende Führungsscheibe besitzt eine kreisrunde Relativbahn, in der die Masse $m = 0{,}4\ \mathrm{kg}$ eine gleichförmige Bewegung mit $v_{rel} = 35\ \mathrm{m/s}$ ausführt. Im betrachteten Augenblick befindet sich die Masse über der Drehachse A. Welche Normalkraft übt die Masse auf ihre Führungswand aus?

*Ergebnis:*

$F_N = 826\ \mathrm{N}$

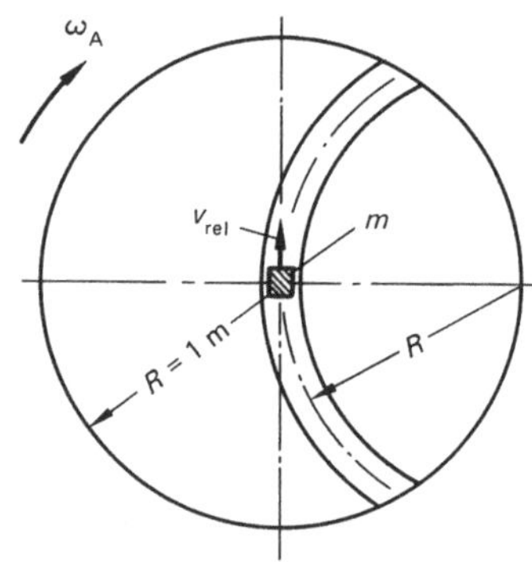


**1324** Auf einer in horizontaler Ebene drehenden Scheibe vom Radius $R = 4\ \mathrm{m}$ bewegt sich die Masse $m = 3\ \mathrm{kg}$ auf einer geraden Bahn durch den Scheibenmittelpunkt vom einen Scheibenrand zum anderen. Das Geschwindigkeitsgesetz längs der Bahn lautet $v_{rel} = 2\ \mathrm{m/s}^2 \cdot t$. Die Scheibe führt eine ebenfalls gleichförmig beschleunigte Bewegung aus nach dem Gesetz $\omega_F = 7\ \mathrm{s}^{-2} \cdot t$.

Anfänglich ($t = 0$) befindet sich die Masse wie skizziert auf ruhender Scheibe in Ruhe. Es ist die Normalkraft zwischen der Masse und ihrer Führungswand zu berechnen

a) im Startzeitpunkt $t = 0$,

b) für den Zeitpunkt, da sich die Masse über dem Drehpunkt der Scheibe befindet,

c) für den Zeitpunkt, da die Masse das Ende der Bahn erreicht hat.

*Ergebnisse:*

a) $F_N = 84\ \mathrm{N}$;

b) $F_N = 336\ \mathrm{N}$;

c) $F_N = 784\ \mathrm{N}$

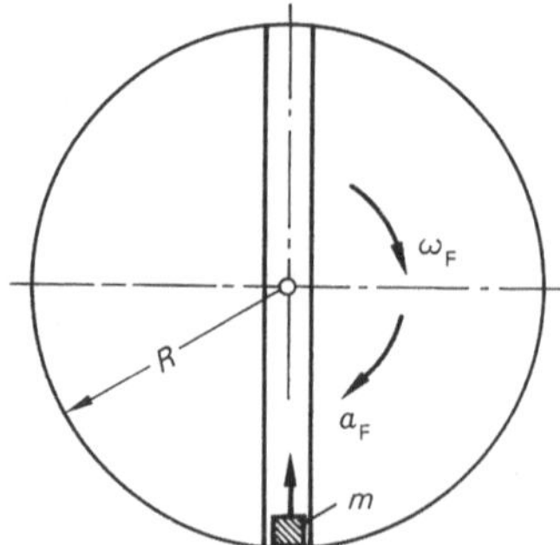